“十二五”国家重点图书出版规划项目

CHINA WETLANDS RESOURCES
Henan Volume

中国湿地资源

河南卷

◎ 国家林业局组织编写

中国林业出版社

图书在版编目（CIP）数据

中国湿地资源·河南卷／国家林业局组织编写；王学会，卓卫华分册主编．－北京：中国林业出版社，2015.12

“十二五”国家重点图书出版规划项目

ISBN 978-7-5038-8276-0

Ⅰ.①中… Ⅱ.①国… ②王… ③卓… Ⅲ.①湿地资源－研究－河南省 Ⅳ.①P942.078

中国版本图书馆CIP数据核字（2015）第288232号

总 策 划：金 旻

策划编辑：徐小英

主要编辑：徐小英　刘香瑞　李　伟
何　鹏　于界芬

美术编辑：赵　芳

出版发行　中国林业出版社（100009　北京西城区刘海胡同7号）
http://lycb.forestry.gov.cn
E-mail:forestbook@163.com　电话：(010)83143515、83143543

设计制作　北京捷艺轩彩印制版有限公司

印刷装订　北京中科印刷有限公司

版　　次　2015年12月第1版

印　　次　2015年12月第1次

开　　本　787mm×1092mm　1/16

字　　数　319千字

印　　张　12.5

定　　价　95.00元

中国湿地资源系列图书
编撰工作领导小组

中国湿地资源系列图书
编撰工作领导小组办公室

《中国湿地资源·河南卷》
编辑委员会

《中国湿地资源·河南卷》
编写组

主　　编：王学会　卓卫华

副 主 编：张玉洁　孙银安　王春平　刘铁军　张全来　王华庚

编 著 者：（按姓氏笔画排序）
马宪霞　孔冬艳　王庆合　王华庚　王学会　王春平
方　佳　方保华　牛　墩　冯宝春　卢春霞　田雷芳
许小芬　刘冰许　刘　波　刘继平　刘铁军　刘晓辉
孙银安　沈文修　张玉洁　张全来　张苗苗　张　琳
杨　齐　李秀玲　卓卫华　赵丹阳　赵新振　姚现玉
姜林凯　索延星　郭　凌　康安成　霍宝民

主　　审：卓卫华　叶永忠　张玉洁　王春平

地图绘制：王华庚　刘铁军

插图编绘：王华庚　马宪霞

照片摄影：孙银安　王春平

总 序

湿地是地球表层系统的重要组成部分，是自然界最具生产力的生态系统和人类文明的发祥地之一。在联合国环境规划署（UNEP）委托世界自然保护联盟（IUCN）编制的《世界自然资源保护大纲》中，湿地与森林和海洋一起并称为全球三大生态系统。湿地具有类型多样、分布广泛的特点；湿地更重要的是还具有多种供给、调节、支持与文化服务功能，是人类重要的生存环境和资源资本。湿地与人类生产生活和社会经济发展息息相关。湿地的重要性受到世界各国和国际社会的普遍关注。早在1971年，国际社会就建立了全球第一个政府间多边环境公约，即《关于特别是作为水禽栖息地的国际重要湿地公约》（简称《湿地公约》）。同时，该公约也是全球最早针对单一生态系统保护的国际公约。1992年中国加入《湿地公约》，自此我国湿地保护事业进入了新的发展时期。

我国加入《湿地公约》后，在国家林业局设立了专门的湿地保护和履约机构，对内负责组织、协调、指导和监督全国湿地保护工作，对外负责《湿地公约》的履约工作。近年来，中国各级政府在湿地保护方面开展了大量卓有成效的工作，采取了一系列保护和合理利用湿地资源的措施，在湿地保护规划和重点工程建设、财政补贴政策制定实施、法规制度建设、保护体系建设、科研监测、宣传教育和国际合作等方面取得了长足进步。但我国湿地生态系统仍然面临着盲目围垦与改造、污染、水土流失、泥沙淤积、生物资源过度利用等多种因素的破坏和威胁，导致面积减少，生态功能下降，生物多样性丧失。因此，切实保护和合理利用湿地资源，既是保障生态安全和国土安全的当务之急，更是中国实施可持续发展战略势在必行的要务。

开展湿地资源调查，摸清湿地资源家底，把握湿地资源动态，是所有湿地保护工作的基础，也是履行《湿地公约》各项工作的根基。2009 ~ 2013年，在中央财政的支持下，国家林业局组织开展了第二次全国湿地资源调查工作。在此期间，我有幸作为第二次全国湿地资源调查专家技术委员会的主任委员，和其他专家一起全程参与了此次湿地资源调查的主要技术环节和成果鉴定。

我认为此次调查具有以下几个特点：一是，此次调查的湿地分类、界定标准、调查方法基本与《湿地公约》规定相接轨，使得调查数据符合《湿地公约》的要求，调查成果易于被国际认可，便于国际间的对比和交流。二是，制定了内容全面、方法科学、符合国际标准的统一技术规程《全国湿地资源调查技术规程（试行）》，进行了同标准、同口径的分期分批调查。三是，本次调查利用“3S”技术与现地验证相结合的技术方法，查清了全国范围内（未包括香港、澳门、台湾）8 公顷以上的湿地资源基本情况。四是，湿地调查分为一般调查和重点调查。重点调查包括，国际重要湿地、国家重要湿地、自然保护区（含自然保护小区）和湿地公园内的湿地以及其他特有、分布濒危物种和红树林等具有特殊保护价值的湿地。五是，组织保障有力。国家层面上，成立了第二次全国湿地资源调查领导小组、专家技术委员会、中央技术支撑单位和国家质量检查组；省级层面上，分别成立了湿地调查专职机构，组建了省级专业调查队伍。

需要指出的是，第二次全国湿地资源调查期间，我国湿地保护事业发展迅速。2009 年，中央启动了“湿地生态效益补偿试点”工作；2010 年开始，中央财政设立了湿地保护补助专项资金；2012 年，党的十八大将建设生态文明纳入中国特色社会主义事业“五位一体”总体布局，提出要“扩大森林、湖泊、湿地面积，保护生物多样性”。期间，国家林业局会同相关部门认真实施了《全国湿地保护工程实施规划 (2005 ～ 2010 年)》和《全国湿地保护工程“十二五”实施规划》。2013 年，国家林业局出台的《推进生态文明建设规划纲要》划定了湿地保护红线，到 2020 年中国湿地面积不少于 8 亿亩。2013 年，国家林业局出台了第一部国家层面的湿地保护部门规章《湿地保护管理规定》。应该说，历时 5 年的湿地资源调查与同期湿地保护事业的发展，是休戚相关，相互促进的。

第二次全国湿地资源调查取得了丰硕成果。在全球范围内，我国率先完成了《湿地公约》倡导的国家湿地资源调查，首次科学、系统地查明了《湿地公约》所定义的我国湿地资源情况。建立了完整的全国湿地资源空间数据库和属性数据库，掌握了近 10 年来湿地资源动态变化情况，建立了稳定的湿地资源调查专业队伍和专家团队，形成了较为完整的湿地资源调查监测技术规范，完成了全国湿地资源总报告、分省报告和多个专题报告，编制了系列成果图。调查成果达到国际先进水平。

党的十八大对建设生态文明作出了全面部署，强调把生态文明建设放在突出地位，融入经济建设、政治建设、文化建设、社会建设各方面和全过程。在全国第二次湿地资源调查成果的基础上，系统编著形成了中国湿地资源系列图书，为新时期我国湿地保护事业奠定了坚实基础。希望本系列图书能够为我国湿地工作者在开展湿地研究、保护与合理利用工作时提供参考和借鉴。

中国科学院院士

2015 年 9 月

前　言

湿地是重要的国土资源和自然资源，与森林、海洋并称为全球三大生态系统，被誉为“地球之肾”，与人类的生存、繁衍、发展息息相关。它不仅为人类的生产、生活提供食物、能源、原材料和旅游场所，而且具有巨大的环境功能和效益，在保持水土、净化水质、蓄洪防旱、调节气候和维护生物多样性以及促进经济社会可持续发展等方面具有不可替代的作用。随着社会经济的发展和人口的增长，特别是工业化、城市化进程的加快，人类对湿地资源的索取加剧，资源保护与经济发展之间的矛盾日益突出，湿地资源可持续利用问题已成为当今国际社会的热点，也是各国政府面临的当务之急。

河南跨海河、黄河、淮河、长江四大水系，境内 1500 多条河流纵横交织，流域面积 100 平方公里以上河流 493 条，区域内主要湿地类型包括河流、沼泽、湖泊等自然湿地和库塘、运河 / 输水河、水产养殖场等人工湿地。湿地总面积 62.79 万公顷（不含水稻田 63.38 万公顷），占全省国土总面积的 3.76%，占全国湿地总面积的 1.17%，属湿地类型较多，湿地资源紧缺省份。近年来，虽经各级政府和社会各界的不懈努力，通过完善湿地保护管理体系，建立自然保护区、湿地公园等措施，湿地保护与恢复工作取得了明显成效，但河南人多地少的客观现实没有改变，经济快速发展与资源现状制约的矛盾越发突出，湿地功能退化与湿地面积萎缩的趋势仍未得到扭转，保护与管理的压力和难度前所未有。

为切实扭转目前现状，更好地保护、管理湿地资源，完善我省湿地资源监测体系建设，为河南湿地资源保护、管理和合理利用提供完整、及时、准确的基础资料和决策依据，河南省林业厅根据国家林业局的统一部署，成立了河南省湿地资源调查工作领导小组、专家技术委员会，分别确定清华大学、河南省林业调查规划院为国家层面和省级调查技术支撑单位，抽调省市县林业部门、大专院校和科研院所共 200 个单位的 1250 名技术人员进行调查。

湿地资源调查以《河南省湿地资源调查工作方案》和《河南省湿地资源调查实施细则》为主要依据，采取“3S”技术与现地调查、访问调查和收集资料相结合的方式进行调查。调查工作从 2011 年 7 月开始，至 2013 年 3 月结束，分为准备、实施和成果汇总 3 个阶段。2011 年 7 月至 2012 年 1 月，完成了人员组织、技术培训和仪器设备等准备工作；2012 年 2 月至 10 月，完成了湿地斑块区划、遥感数据解译和现地验证工作，并通过野外调查、座谈访问、收集资料等方法获取湿地自然环境、野生动植物、保护利用等情况；2012 年 11 月至 2013 年 3 月，完成了统计汇总、报告撰写和成果上报等工作；2013 年 4 月 18 日，调查成果通过国家林业局组织的专家鉴定。

通过调查，基本摸清了全省湿地资源的分布、类型、数量以及主要生态特征，完成了河南湿地动植物资源调查，以及国家重要湿地、自然保护区、湿地公园和其他重点湿地的保护与利用情况调查，全面系统地编写了河南湿地资源调查报告，建立了河南湿地资源数据库，编绘了全省湿地资源分布图与重点调查湿地分布图。调查成果为今后加强湿地资源科研监测、湿地自然保护区建设、湿地公园建设、湿地保护与恢复工程建设以及湿地野生动植物资源保护和合理利用提供了科学依据。此外，本次调查采用新技术、新方法，培养了一大批湿地资源保护管理人员与专业技术人才，对于进一步提高全省湿地资源保护管理和科研能力具有重要意义。调查工作涉及全省所有县（市、区）的林业、农业、水利、环保等许多部门，客观上也起到了宣传湿地科普知识和强化社会公众湿地资源保护意识的作用。

为充分展现第二次全省湿地资源调查成果，为湿地保护管理工作提供技术支持，河南省林业厅根据《国家林业局湿地保护管理中心关于召开“中国湿地资源”系列图书编写工作布置会的函》（林湿函 [2014]33 号）的要求，组织技术人员编写了《中国湿地资源 · 河南卷》。该书以河南省湿地资源调查为基础，力求全面、准确地反映全省湿地资源状况。在编写体例方面严格遵守国家林业局湿地保护管理中心、中国林业出版社制定的《中国湿地资源 · 分卷》编写提纲和有关要求。

出版《中国湿地资源 · 河南卷》，旨在引起各级政府和社会各界对加强湿地保护重要意义的广泛认知；旨在为各级政府和社会组织制定湿地管理政策和保护措施提供科学依据，为相关专业技术人员和关注湿地资源保护的人士开展科学研究等活动提供参考资料；旨在通过社会各界的共同努力，使湿地资源在建设“富强河南、文明河南、平安河南、美丽河南”的进程中发挥重要作用。

《中国湿地资源 · 河南卷》编辑委员会

2015 年 12 月

目　录

第一章
基本情况

第一节
自然概况

1 地理位置

河南省位于我国中东部，黄河中下游，黄淮海平原西南部，地理位置处于东经110°21′～116°39′，北纬31°23′～36°22′之间。河南东接安徽、山东，北靠河北、山西，西接陕西，南临湖北。南北纵跨538公里，东西横越580公里，全省国土面积16.7万平方公里，约占全国总面积的1.73%，居全国各省（自治区、直辖市）的第十七位。

2 地质地貌

在地质构造上，河南省的地层基本上以华北地台为基础，其基底层为元古宙的变质岩系，上覆层由新元古代及其以后各纪的地层组成，这些地层多属未经变质的沉积岩。此外，还有侵入的岩浆岩和火山喷出岩等。黄淮海平原、南阳盆地以及山间盆地、山间河流谷地多为新近纪冲积平原；小秦岭、崤山、熊耳山、外方山、大别山、桐柏山以中生代的岩浆岩和元古代的沉积岩为主；太行山、伏牛山多为古生代的沉积岩出露。

河南省地跨我国第二和第三两级地貌台阶，境内地表形态复杂，地貌类型较多，平原盆地、山地、丘陵分别占全省总面积的55.7%、26.6%、17.7%。西部的伏牛山和北部的太行山等山地属于第二级地貌台阶；东部的黄淮海平原、南阳盆地及其东南部山地、丘陵则属于第三级地貌台阶的组成部分。全省地势基本上是西高东低。北、西、南三面有太行山、伏牛山、桐柏山、大别山沿省界呈半环形分布；中、东部为黄淮海冲积平原；西南部为南阳盆地。全省最高峰为灵宝市境内的老鸦岔，海拔2413.8米。最低处在固始县的淮河出省处，海拔仅23.2米。

2.1 豫北太行山

太行山脉由北而南至黄河北岸转向西，绵延于河南省西北部，主要地貌类型有中山、低山、丘陵和山间盆地。中山海拔一般为1000～1500米，因断层作用常形成1500米左右的单面山，挺拔雄伟，气势磅礴，最高峰斗顶海拔1955米（在济源市境内）。山前为低山丘陵地貌，一般海拔400～800米，低山丘陵间多为平缓的宽谷和山间盆地，至京广铁路附近即进入黄淮海平原。

2.2 豫西山地

豫西山地地处黄河以南，渭河平原及秦巴山地以东，黄淮海平原以西，汉江流域以北。南临南阳盆地，跨越丹江流域、洛河流域，囊括小秦岭、崤山、熊耳山、外方山、伏牛山等山脉。大部分区域海拔高于1000米，在洛河等流域形成谷地，海拔在500米以下，且穿插迂回于山地中，使山地呈不规则延伸状。

2.3 豫南大别山、桐柏山

桐柏山、大别山横卧于河南省南部，山脉走向大致由西北向东南绵延，海拔一般500～800米，少部分山脉海拔1000米以上。桐柏山主峰太白顶海拔1140米（在桐柏县境内），大别山省内最高峰金刚台海拔1584米（在商城境内）。丘陵地带地势低缓，多系冲洪积而成，海拔为100～200米，坡度5°～15°，呈较平缓的垄岗，长达数公里到数十公里，宽约1～2公里。往北接平缓的河川地和沿淮河洼地。

2.4 豫东北黄淮海平原

豫东北黄淮海平原位于太行山、伏牛山东麓，南临沙河，北至漳卫河三角地带。地势以郑州市至兰考县东坝头的黄河河床为脊轴，分别向东北和东南倾斜，坡降1/5000～1/8000，海拔40～100米。地面坦荡，田连阡陌。由于黄河历史泛滥改道冲积和风力作用，形成比较复杂的地貌类型。区内分布有带状的沙丘、沙垄和丘间洼地、现黄河和故黄河河滩地与背河洼地，以及河间微倾斜平原和低平地。沙丘、沙垄主要分布于黄河故道所经之地带和现黄河两侧。黄河故道在豫北有数条，平均宽约6公里；在豫东主要一条在兰考至虞城一线，最窄处宽约2公里，最宽处达30公里。黄河故道一般高出地面2～8米，致使分布在其两侧的背河洼地排水困难。现黄河河床宽平均6～7公里，最宽达20公里，主槽宽1～3公里，其余是宽广的滩地。两侧浸润洼地，低于河床4～8米，常年受黄河侧渗影响。河间微倾平原和低平地，分布在马颊河、金堤河、天然文岩渠、沱河、浍河、涡河、惠河等诸河上游，地势相对较高。

2.5 淮北平原

淮北平原在伏牛山东麓，淮河以北，沙河以南。这里地势低，大部分属于河间微倾斜平原和低平地，坡降1/3000～1/5000，海拔一般为40～100米。沿洪河、汝河、汾泉河、淮河边的浅平洼地，海拔一般为27～35米，排水不畅。

2.6 南阳盆地

南阳盆地位于河南省西南部，盆地西、北、东三面为伏牛山和桐柏山所环绕，中间开阔，向南敞开，与湖北襄阳盆地相连，地势自西、北、东向盆内倾斜，坡降1/3000～1/5000，盆中平原海拔 80～100 米。地貌形态结构具有明显的环状和阶梯状特征，外围为低山丘陵所环抱，边缘地带为波状起伏的岗地和岗间凹地，岗地以下是倾斜、和缓的平原。南阳盆地与淮北平原之间有一宽约 10 公里左右的方城缺口相连通，是沟通长江与淮河的有利地形。

3 土 壤

河南省境内水文、地质、生物、气候、地形、地貌等成土因素复杂，形成了多种多样的土壤类型。根据河南省第二次土壤普查资料，全省土壤共分为 7 个土纲，11 个亚纲，17 个土类，40 个亚类，131 个土属和 441 个土种。土壤地带性规律明显。

土壤的水平分布特征是：大致以秦岭—淮河一线为界，南北土壤类型的分布有明显不同。在秦淮线以南的山地上部分布着黄棕壤；在秦淮线以北的伏牛山和太行山山地上部分布着棕壤；在低山、丘陵阶地和缓岗上则广泛分布着褐土。在秦淮线两侧的土壤类型有相互渗透的现象。

土壤的垂直地带性特征是：在南暖温带山地土壤的垂直带谱自下而上是褐土—淋溶褐土—棕壤—灰化棕壤—山地草甸土；而大别山、桐柏山和伏牛山南坡诸山地，位于北亚热带，其土壤的垂直带谱从下而上是黄褐土—黄棕壤—灰化棕壤—山地草甸土。但在两种地带内，也都有非地带性土壤的形成和分布。

4 气 候

河南省地处暖温带和亚热带地区，属暖温带—亚热带、湿润—半湿润季风气候。从秦岭余脉伏牛山和沿淮河干流以南为亚热带，面积约占全省总面积的 30%；北部为暖温带，面积约占全省总面积的 70%。受季风气候的影响，南北气候差异较大，南部为湿润半湿润气候，北部为半湿润半干旱气候，具有明显的过渡性特征。全省气候大致可概括为冬季寒冷而少雨雪，春季干旱而多风沙，夏季炎热而易水涝，秋季晴朗而日照长。

全省年平均气温 12～15℃，≥10℃的积温 4600～5600℃，无霜期 190～230 天。日照时数 2000～2600 小时。年平均水面蒸发量 900～1400 毫米，陆面蒸发量 500～700 毫米。平均降水量 500～1300 毫米，由南向北递减。因受季风影响，降水年内分配很不均匀，一般 6～9 月的雨量占全年降水量的 50%～70%。

5 水 文

河南省境内水系分属黄河、淮河、长江、海河四大水系。其中，黄河干流横贯河南省中北部，境内流域面积约 3.6 万平方公里，占全省面积的 21.7%。淮河水系主要流经河南省东南部，境内流域面积 8.8 万平方公里，占全省总面积的 52.8%。西南部的唐河、白河、丹江等属长江水系，为汉水支流，境内流域面积为 2.7 万平方公里，占全省总面积的 16.3%。北部的卫河、马颊河和徒骇河属海河水系，流域面积只有 1.5 万平方公里，占全省总面积的 9.2%。因受地形影响，大部分河流发源于西部、西北部和东南部的山区。

全省流域面积超过 100 平方公里的河流有 493 条。其中，超过 10000 平方公里的河流 9 条，为黄河、洛河、沁河、淮河、沙河、洪河、卫河、白河、丹江；5000～10000 平方公里的河流 8 条，为伊河、金堤河、史河、汝河、北汝河、颍河、贾鲁河、唐河；1000～5000 平方公里的河流

43 条；100～1000 平方公里的河流 433 条。按流域范围划分：100 平方公里以上的河流，黄河流域 93 条，淮河流域 271 条，海河流域 54 条，长江流域 75 条。

6 动物概况

河南省跨古北界与东洋界两大动物地理区，境内气候多样、地貌复杂、湿地丰富、植被类型较多，形成了多种多样的野生动物栖息地，蕴藏着丰富的野生动物资源。据统计，全省共有脊椎动物 5 纲 40 目 113 科 723 种。其中，鱼类 9 目 20 科 147 种，两栖类 2 目 9 科 29 种，爬行类 3 目 8 科 46 种，鸟类 18 目 55 科 421 种，兽类 8 目 21 科 80 种。

河南省分布的已列入国家重点保护野生动物名录的陆生脊椎动物有 94 种。其中，国家Ⅰ级保护动物 15 种(包括引进放归自然野化的 1 种)，国家Ⅱ级保护动物 79 种。列入河南省重点保护动物名录的陆生脊椎动物有 35 种。

据本次调查，河南省湿地脊椎动物有 498 种，隶属于 5 纲 35 目 93 科。其中，鱼纲 9 目 20 科 147 种、两栖纲 2 目 9 科 29 种、爬行纲 2 目 9 科 34 种、鸟纲 17 目 46 科 269 种、哺乳纲 5 目 9 科 19 种。

7 植物概况

河南省处于亚热带向暖温带过渡地带，植物种类丰富。据统计，河南省维管束植物有 197 科 1191 属 4473 种及变种。其中，蕨类植物 29 科 73 属 255 种，裸子植物 10 科 25 属 75 种，被子植物 158 科 1093 属 4143 种及变种。

河南省分布的已列入国家重点保护野生植物名录(第一批)的野生植物有 27 种。其中，国家Ⅰ级保护植物 3 种，Ⅱ级保护植物 24 种。列入河南省重点保护野生植物名录的植物有 98 种。

据本次调查，河南省共有湿地维管束植物 827 种，隶属于 130 科 455 属。其中，蕨类植物 13 科 14 属 17 种，裸子植物 5 科 7 属 8 种，被子植物 112 科 434 属 802 种。

第二节 社会经济状况

1 行政区划、人口、民族

河南省辖郑州市、开封市、洛阳市、平顶山市、安阳市、鹤壁市、新乡市、焦作市、濮阳市、许昌市、漯河市、三门峡市、南阳市、商丘市、信阳市、周口市、驻马店市等 17 个省辖市和济源市 1 个省直管市，20 个县级市，88 个县，50 个市辖区，1841 个乡镇，省会为郑州市。

河南省是全国人口大省。2012 年年末，全省总人口 10543 万人，常住人口 9406 万人，人口密度 631 人/平方公里，人口数量位居全国第一。

河南省是全国散居少数民族人口最多的省份之一。除汉族外，还有回族、蒙古族、满族、土家族、壮族、朝鲜族等 55 个少数民族。少数民族总人口为 112.16 万人，占全省常住人口的

1.2%。少数民族分布在全省各地，呈大分散、小聚居的显著特征。

2 经济发展及工农业生产情况

河南省是全国第一农业大省、第一粮食生产大省、第一粮食转化加工大省、第一劳动力输出大省，同时也是重要的经济大省、迅速发展的新型工业大省。近年来，河南省抢抓中原经济区建设重大战略机遇，齐心协力、开拓进取，全省国民经济在宏观形势错综复杂的情况下，保持了平稳增长的良好态势。

2012年，全省年生产总值29599.31亿元，比上年增长9.9%。其中：第一产业产值3769.54亿元，增长7.3%；第二产业产值16672.20亿元，增长8.1%；第三产业产值9157.57亿元，增长14.6%。三次产业结构为12.7∶56.3∶31.0。河南省全年全部工业增加值15017.56亿元，比上年增长11.5%，工业对全省的贡献率达到59.8%。规模以上工业增加值增长14.6%，其中，轻工业增长16.2%，重工业增长13.9%，轻、重工业比例为31.6∶68.4，产品销售率为98.4%。

河南省是全国农产品主产区之一，粮棉油肉等主要农产品产量居全国前列，粮食总产量占全国的十分之一，小麦产量占全国的四分之一，2012年粮食总产量达到563.86亿公斤，连续9年增产，连续7年超500亿公斤。全年农村居民人均纯收入7524.94元，扣除价格因素，比上年实际增长11.3%；农村居民人均生活消费支出5032.14元，实际增长16.5%。

3 湿地文化

湿地文化包括湿地物质文化和湿地非物质文化两大类。河南省地处中原，历史悠久，湿地文化资源比较丰富。考古发现证明，中原地区是中国有人类出现和开发最早的地区之一，并且长期处于全国政治、经济、文化中心，是中华民族最为重要的发祥地和发源地、华夏历史文明传承创新区。河南省跨海河、黄河、淮河、长江四大流域，河流纵横，湿地资源比较丰富，为人类社会的发展提供了极为重要的环境和物资。同时，在人类认识湿地、利用湿地和保护管理湿地的过程中积累了丰厚的湿地文化资源。

3.1 湿地物质文化

湿地物质文化，是指为了满足人类生存和发展需要所创造的，与湿地有关的物质产品及其所表现的文化，包括饮食、服饰、建筑、交通、生产工具以及乡村、城市等，是湿地文化要素或者文化景观的物质表现。河南省湿地物质文化资源以水利和农业设施为主，包括水库、堤坝、水闸、提灌站、水电站、灌渠、水田、水产养殖场等。据统计，全省共有水库2394座、堤坝14980公里、大中型水闸241座、固定提灌站11883处、水电站1267座、灌渠238处、水稻田面积约633800公顷，水产养殖场面积约18373公顷。著名的水利建筑有小浪底水库、三门峡水库、丹江水库、南湾水库、宿鸭湖水库、鸭河口水库、青天河水库、薄山水库、石漫滩水库、鲇鱼山水库、白沙水库、黄河大堤、沁河大堤、淮河大堤、洪河大堤、沙颍河大堤、涡河大堤、南水北调中线总干渠、红旗渠、人民胜利渠、共产主义渠等。此外，还有许多与湿地有关的其他建筑或建筑艺术品，如数量众多、风格迥异的各类桥梁，嘉应观、济渎庙、禹州禹王庙、浚县大伾山禹王庙、桐柏淮源禹王庙等宗教建筑，，开封镇河铁犀、孟州河工雕塑、黄河中下游分界碑等纪念性建筑，以及湿地自然保护区、湿地公园、黄河水利委员会等机构建造的保护、科研、宣教设施。

3.2 湿地非物质文化

湿地非物质文化，是指人类在社会历史实践过程中所创造的、与湿地密切相关的各种精神文化，包括自然科学、宗教、艺术、哲学、语言、文字、风俗、道德、法律以及使用器具、器械或仪器的方法等。河南省湿地非物质文化资源主要有诗词歌赋、民间文学、民间美术、民间音乐、民间舞蹈、曲艺、民间手工技艺、消费习俗、民俗等。据考证，仅历代吟咏淇河湿地的诗文就有316首，以黄河、淮河、伊河、洛河、颍河等及其他湿地为题材的诗文更是不计其数。著名诗人李白、杜甫、白居易、王维、王之涣等，都留下了千古绝唱。其他比较著名的湿地非物质文化资源有大禹神话传说(禹州市)、河图洛书传说(孟津县、洛宁县、巩义市)、洛神的传说(洛阳市、巩义市)、姜太公的传说(卫辉市)、王祥卧冰传说(遂平县)、黄河澄泥砚（郑州市惠济区、孟州市、陕县、新安县)、黄河号子(河南黄河河务局)、沙河船工号子(漯河市)、丹江号子(淅川县)、双人旱船舞(临颍县)、鱼灯花社舞(舞钢市)、蛤蟆嗡(淅川县)、河洛大鼓(洛阳市)、五里源松花蛋制作技艺(修武县)、开封又一新糖醋软熘鲤鱼焙面、新密溱洧婚俗(新密市)等。

第二章 湿地类型

第一节 湿地类型与面积

1　湿地类型

根据《湿地分类》(GB/T 24708—2009)和《全国湿地资源调查技术规程》(试行)的标准，将河南省湿地划分为河流湿地、湖泊湿地、沼泽湿地、人工湿地 4 类 8 型。其中，河流湿地包括永久性河流、季节性或间歇性河流、洪泛平原湿地 3 型；湖泊湿地仅有永久性淡水湖 1 型；沼泽湿地仅有草本沼泽 1 型；人工湿地包括库塘、输水河、水产养殖场 3 型。

2　湿地面积

根据第二次河南省湿地资源调查结果，全省湿地总面积为 627946.14 公顷。其中，各类湿地面积及其占全省湿地总面积的比例分别为：河流湿地 369005.50 公顷，占全省湿地总面积的 58.76%；湖泊湿地 6900.63 公顷，占 1.10%；沼泽湿地 4867.32 公顷，占 0.78%；人工湿地 247172.69 公顷，占 39.36%。各型湿地面积及其占全省湿地总面积的比例分别为：永久性河流 278766.85 公顷，占全省湿地总面积的 44.39%；季节性或间歇性河流 7088.35 公顷，占 1.13%；洪泛平原湿地 83150.30 公顷，占 13.24%；永久性淡水湖 6900.63 公顷，占 1.10%；草本沼泽 4867.32 公顷，占 0.78%；库塘 168410.98 公顷，占 26.82%；输水河 60387.90 公顷，占 9.62%；水产养殖场 18373.81 公顷，占 2.92%。

河南省湿地资源分布图，如图 2-1。

河南省重点调查湿地分布图，如图 2-2。

河南省各类型湿地面积及其占全省湿地总面积的比例分别如图 2-3 和表 2-1。

此外，河南省还有水稻田 633800.00 公顷，加上水稻田后河南省湿地总面积为 1261746.14 公顷(水稻田不在本次调查范围内)。

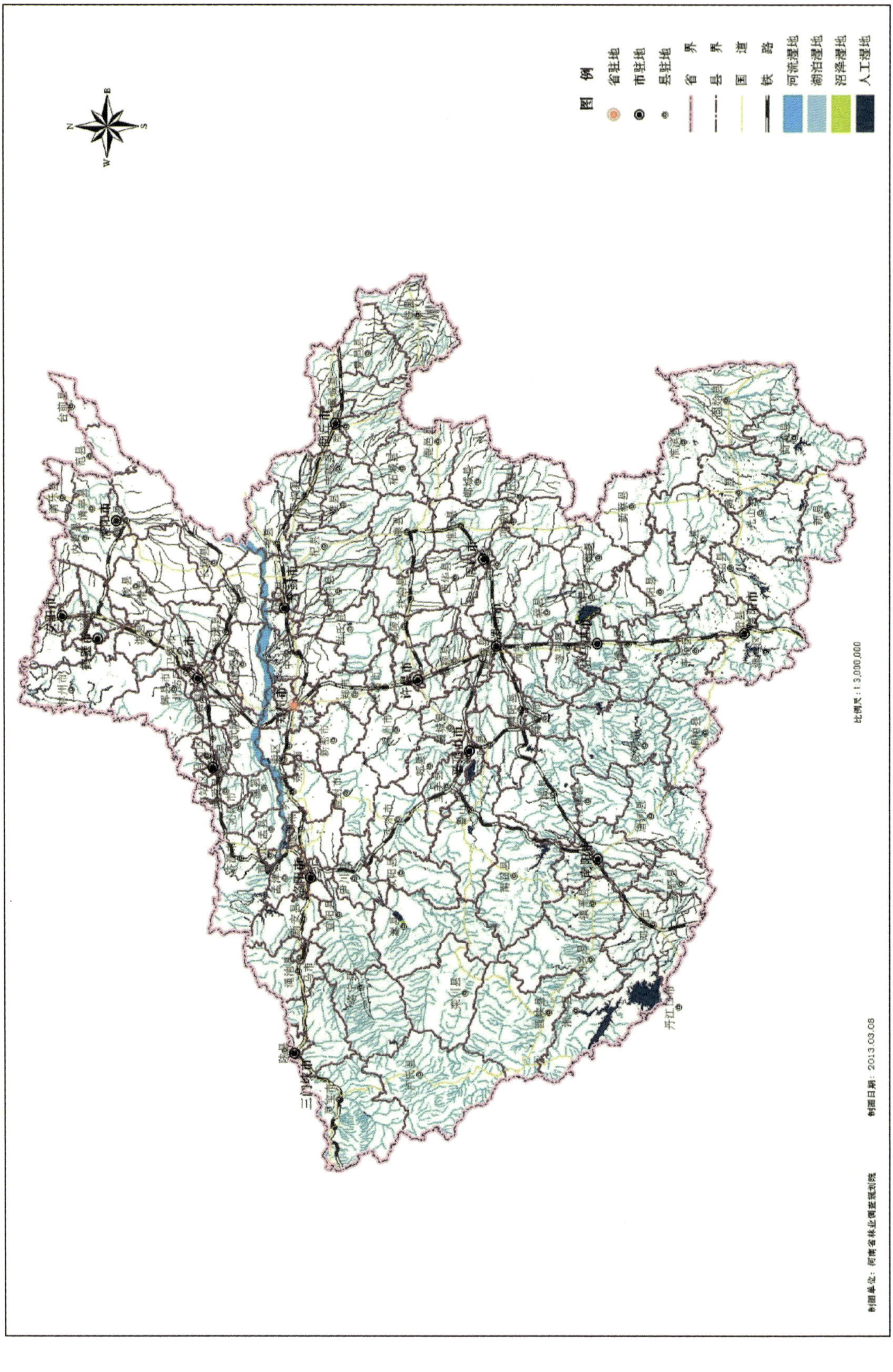

图 2-1 河南省湿地资源分布图

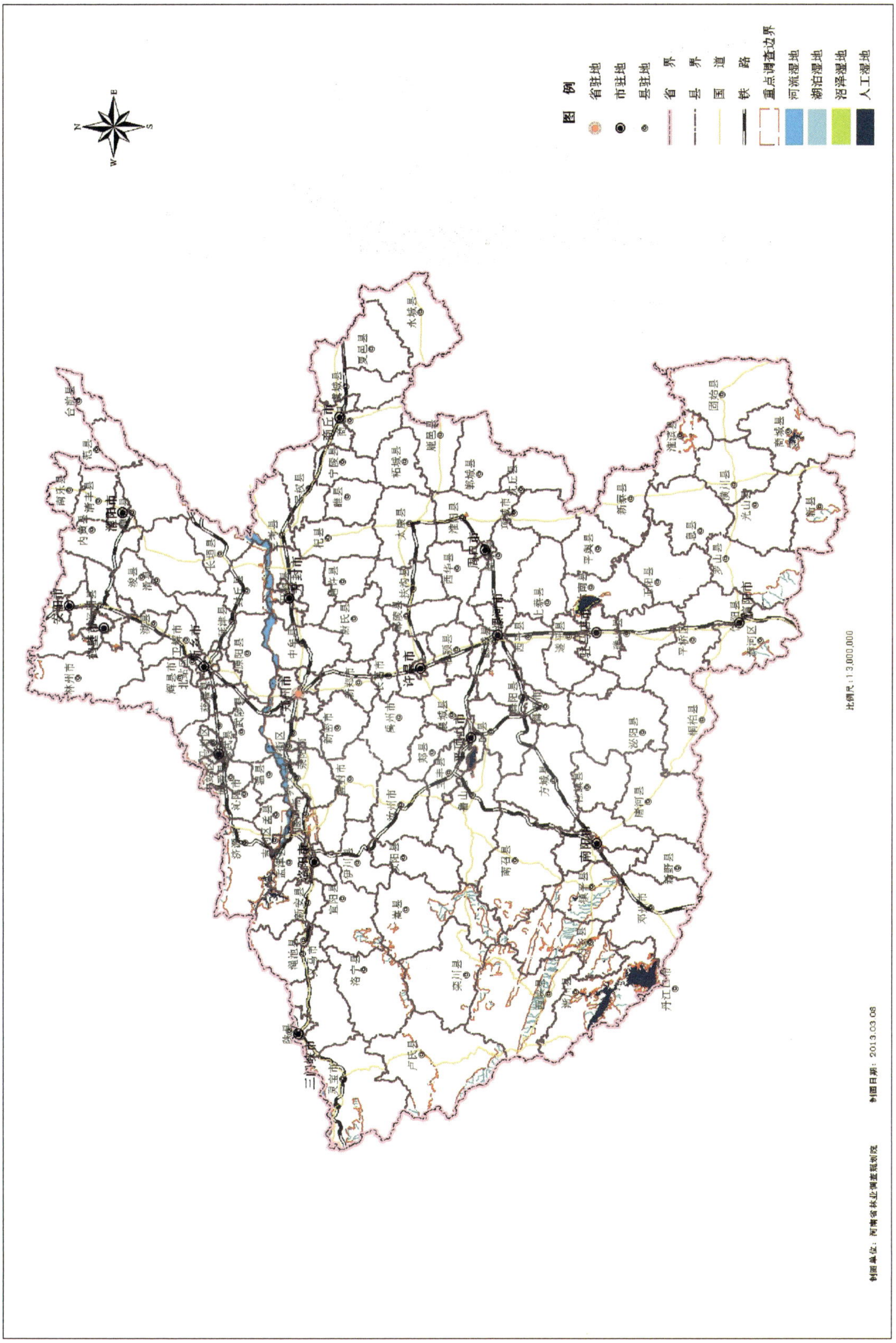

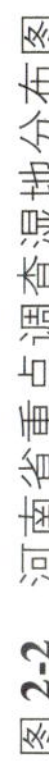

图 2-2　河南省重点调查湿地分布图

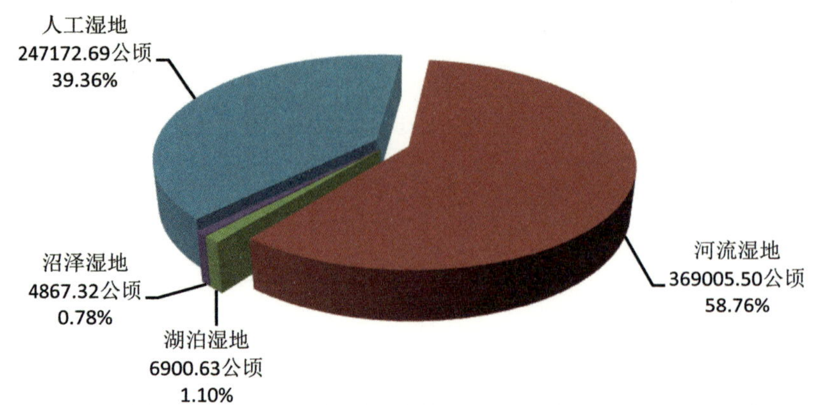

图 2-3 河南省各类湿地面积比例

表 2-1 河南省各湿地类型面积统计表

湿地类	湿地型	面积(公顷)	占全省湿地总面积的比例(%)
河流湿地	小　计	369005.50	58.76
	永久性河流	278766.85	44.39
	季节性或间歇性河流	7088.35	1.13
	洪泛平原湿地	83150.30	13.24
湖泊湿地	永久性淡水湖	6900.63	1.10
沼泽湿地	草本沼泽	4867.32	0.78
人工湿地	小　计	247172.69	39.36
	库塘	168410.98	26.82
	运河/输水河	60387.90	9.62
	水产养殖场	18373.81	2.92
合　计		627946.14	100.00

3 各湿地区的湿地类及面积

根据《技术规程》要求，本次调查河南省共区划 167 个湿地区，其中单独区划湿地区 8 个，零星湿地区 159 个。河南省 8 个单独区划湿地区湿地类和面积见表 2-2，河南省 159 个零星湿地区湿地类和面积见表 2-3。

表 2-2 河南省单独区划湿地区各湿地类概况表(公顷)

湿地类 湿地区	合　计	河流湿地	湖泊湿地	沼泽湿地	人工湿地
总　计	239497.69	130968.61	147.67	3490.96	104890.45
卫河	1228.57	1206.54			22.03
黄河	142363.66	112961.79	134.77	883.80	28383.30

（续）

湿地区＼湿地类	合　计	河流湿地	湖泊湿地	沼泽湿地	人工湿地
豫东黄河故道	3727.72	613.68		598.04	2516.00
宿鸭湖水库	12894.81	370.52	12.90	2009.12	10502.27
丹江口水库	51443.38	86.77			51356.61
南湾水库	6400.01	3.97			6396.04
白河	11855.98	6213.38			5642.60
淮河	9583.56	9511.96			71.60

表 2-3　河南省以县域为单位零星湿地区各湿地类概况表（公顷）

湿地区＼湿地类	合　计	河流湿地	湖泊湿地	沼泽湿地	人工湿地
总　计	388448.45	238036.89	6752.96	1376.36	142282.24
郑州市中原区零星湿地区	570.58	221.46			349.12
郑州市二七区零星湿地区	407.48	82.47			325.01
郑州市管城区零星湿地区	229.78				229.78
郑州市金水区零星湿地区	2629.84	93.45			2536.39
郑州市上街区零星湿地区	11.25	11.25			
郑州市惠济区零星湿地区	1160.28	308.58			851.70
中牟县零星湿地区	6845.00	333.51	437.57		6073.92
巩义市零星湿地区	711.56	662.03			49.53
荥阳市零星湿地区	1001.41	222.71			778.70
新密市零星湿地区	888.90	620.16			268.74
新郑市零星湿地区	1623.73	351.15	9.40		1263.18
登封市零星湿地区	2010.95	1029.36		13.37	968.22
开封市龙亭区零星湿地区	667.74		305.04		362.70
开封市顺河区零星湿地区	83.00				83.00
开封市鼓楼区零星湿地区	84.30	19.41			64.89
开封市禹王台区零星湿地区	125.73	37.62			88.11
开封市金明区零星湿地区	981.81	121.97	266.74		593.10
杞县零星湿地区	1806.62	1292.95			513.67
通许县零星湿地区	1349.69	850.49			499.20
尉氏县零星湿地区	1665.58	807.39			858.19

（续）

湿地区＼湿地类	合　计	河流湿地	湖泊湿地	沼泽湿地	人工湿地
开封县零星湿地区	2193.27	508.28			1684.99
兰考县零星湿地区	769.58	292.79			476.79
洛阳市老城区零星湿地区	99.70	99.70			
洛阳市西工区零星湿地区	198.23	176.91			21.32
洛阳市瀍河区零星湿地区	66.61	59.61			7.00
洛阳市涧西区零星湿地区	708.89	613.24			95.65
洛阳市吉利区零星湿地区	17.85	2.49			15.36
洛阳市洛龙区零星湿地区	1019.49	801.65			217.84
孟津县零星湿地区	457.83	169.88		10.71	277.24
新安县零星湿地区	1727.40	1646.35			81.05
栾川县零星湿地区	3111.57	3099.84			11.73
嵩县零星湿地区	7837.01	4786.27		500.81	2549.93
汝阳县零星湿地区	3789.79	3423.45			366.34
宜阳县零星湿地区	5768.83	5375.70		37.40	355.73
洛宁县零星湿地区	7106.77	5344.00			1762.77
伊川县零星湿地区	1965.00	1304.05			660.95
偃师市零星湿地区	1549.53	1100.42	55.36		393.75
平顶山市新华区零星湿地区	193.15	71.45		21.76	99.94
平顶山市卫东区零星湿地区	293.05	170.27	20.27		102.51
平顶山市石龙区零星湿地区	37.66	12.55			25.11
平顶山市湛河区零星湿地区	6220.08	316.97			5903.11
宝丰县零星湿地区	2804.77	2020.68			784.09
叶县零星湿地区	6847.63	3995.07	17.54		2835.02
鲁山县零星湿地区	9997.50	6191.33		87.40	3718.77
郏县零星湿地区	1792.80	1465.65			327.15
舞钢市零星湿地区	2132.02	469.38		20.27	1642.37
汝州市零星湿地区	4883.26	4325.53	27.21	35.72	494.80
安阳市文峰区零星湿地区	233.66	155.32			78.34
安阳市北关区零星湿地区	99.14	83.22			15.92
安阳市殷都区零星湿地区	182.15	78.62			103.53
安阳市龙安区零星湿地区	495.37	63.96			431.41

（续）

湿地类 湿地区	合　计	河流湿地	湖泊湿地	沼泽湿地	人工湿地
安阳县零星湿地区	1838.40	748.45			1089.95
汤阴县零星湿地区	1391.88	735.61			656.27
滑县零星湿地区	1465.86	117.98			1347.88
内黄县零星湿地区	710.26	435.87			274.39
林州市零星湿地区	3572.86	2459.58			1113.28
鹤壁市鹤山区零星湿地区	33.16	33.16			
鹤壁市山城区零星湿地区	170.68	70.74			99.94
鹤壁市淇滨区零星湿地区	712.89	210.38			502.51
浚县零星湿地区	1426.01	102.91			1323.10
淇县零星湿地区	692.19	209.04			483.15
新乡市红旗区零星湿地区	79.74	27.71			52.03
新乡市卫滨区零星湿地区	169.81	24.76			145.05
新乡市凤泉区零星湿地区	124.84	17.47			107.37
新乡市牧野区零星湿地区	117.69				117.69
新乡县零星湿地区	394.76	96.69			298.07
获嘉县零星湿地区	605.82	160.34			445.48
原阳县零星湿地区	1582.18				1582.18
延津县零星湿地区	713.75	181.26			532.49
封丘县零星湿地区	1178.79		53.97	171.29	953.53
长垣县零星湿地区	1065.66				1065.66
卫辉市零星湿地区	1498.42	645.44			852.98
辉县市零星湿地区	2863.33	1827.98			1035.35
焦作市解放区零星湿地区	40.19				40.19
焦作市中站区零星湿地区	127.63	89.40			38.23
焦作市马村区零星湿地区	151.16				151.16
焦作市山阳区零星湿地区	139.48				139.48
修武县零星湿地区	625.41	402.90			222.51
博爱县零星湿地区	765.40	462.44			302.96
武陟县零星湿地区	853.63	454.45			399.18
温县零星湿地区	730.26	501.87			228.39
沁阳市零星湿地区	756.68	642.18			114.50

（续）

湿地类 / 湿地区	合　计	河流湿地	湖泊湿地	沼泽湿地	人工湿地
孟州市零星湿地区	1047.87	548.57			499.30
濮阳市华龙区零星湿地区	257.91	110.61			147.30
清丰县零星湿地区	695.00	344.57			350.43
南乐县零星湿地区	490.34	196.31	14.04		279.99
范县零星湿地区	721.37	575.05			146.32
台前县零星湿地区	1542.12	1446.50			95.62
濮阳县零星湿地区	1785.79	573.73	69.01	22.04	1121.01
许昌市魏都区零星湿地区	134.18	75.36			58.82
许昌县零星湿地区	1073.13	812.33	25.66		235.14
鄢陵县零星湿地区	1455.70	1279.74			175.96
襄城县零星湿地区	2587.64	1927.71	41.25		618.68
禹州市零星湿地区	2214.46	1188.74		42.91	982.81
长葛市零星湿地区	876.74	473.96			402.78
漯河市源汇区零星湿地区	433.98	359.61			74.37
漯河市郾城区零星湿地区	851.85	572.20			279.65
漯河市召陵区零星湿地区	935.35	935.35			
舞阳县零星湿地区	1701.65	1591.47	23.44		86.74
临颍县零星湿地区	1458.97	868.09			590.88
三门峡市湖滨区零星湿地区	195.02	172.27			22.75
渑池县零星湿地区	1017.60	892.28			125.32
陕县零星湿地区	1525.41	1237.75			287.66
卢氏县零星湿地区	5197.11	5161.13			35.98
义马市零星湿地区	130.89	120.44			10.45
灵宝市零星湿地区	5625.47	4678.35	40.32		906.80
南阳市宛城区零星湿地区	2710.46	1484.22			1226.24
南阳市卧龙区零星湿地区	4359.81	2568.32			1791.49
桐柏县零星湿地区	4726.20	3708.52			1017.68
方城县零星湿地区	6047.72	3477.28	94.81		2475.63
淅川县零星湿地区	2848.55	2585.92	18.00		244.63
镇平县零星湿地区	5041.68	3194.08			1847.60
唐河县零星湿地区	9309.74	7224.64	22.00		2063.10

（续）

湿地类 湿地区	合　计	河流湿地	湖泊湿地	沼泽湿地	人工湿地
南召县零星湿地区	6567.94	5992.36			575.58
内乡县零星湿地区	6131.40	5532.25	20.98		578.17
新野县零星湿地区	1518.74	1166.41			352.33
社旗县零星湿地区	2251.80	1902.88			348.92
西峡县零星湿地区	6605.70	6110.93			494.77
邓州市零星湿地区	5530.52	2811.29	31.07		2688.16
商丘市梁园区零星湿地区	1526.85	719.86			806.99
商丘市睢阳区零星湿地区	2638.29	1559.24	129.79		949.26
民权县零星湿地区	1679.83	672.12			1007.71
睢县零星湿地区	2123.82	1156.96	292.93		673.93
宁陵县零星湿地区	1538.49	1093.29			445.20
柘城县零星湿地区	1897.48	1160.16	110.63		626.69
虞城县零星湿地区	3525.25	1912.77	131.42		1481.06
夏邑县零星湿地区	4270.20	2367.61	173.84		1728.75
永城市零星湿地区	7817.55	3485.56			4331.99
信阳市浉河区零星湿地区	2374.61	2189.46	31.51		153.64
信阳市平桥区零星湿地区	5490.77	1831.26			3659.51
罗山县零星湿地区	8135.34	3334.81	477.93	24.36	4298.24
光山县零星湿地区	8018.49	2804.42	594.91	44.43	4574.73
新县零星湿地区	3401.15	2704.08			697.07
商城县零星湿地区	9537.03	4877.17	69.66	66.02	4524.18
固始县零星湿地区	11948.49	8894.99	198.05		2855.45
潢川县零星湿地区	7474.03	3067.28	599.41		3807.34
淮滨县零星湿地区	3433.01	1304.63	492.73		1635.65
息县零星湿地区	3583.85	1790.17	172.34		1621.34
周口市川汇区零星湿地区	423.29	289.62			133.67
扶沟县零星湿地区	1985.48	1492.76	15.23		477.49
西华县零星湿地区	3854.86	1580.10	14.53		2260.23
商水县零星湿地区	3180.59	2104.56	31.94		1044.09
沈丘县零星湿地区	2032.67	1362.40	19.77		650.50
郸城县零星湿地区	2914.54	1854.28			1060.26

（续）

湿地区＼湿地类	合　计	河流湿地	湖泊湿地	沼泽湿地	人工湿地
淮阳县零星湿地区	3525.61	1619.96	515.70	235.43	1154.52
太康县零星湿地区	2982.24	2166.63			815.61
鹿邑县零星湿地区	1862.45	1349.88		19.00	493.57
项城市零星湿地区	2080.44	1324.49			755.95
驻马店市驿城区零星湿地区	6951.47	5044.28			1907.19
西平县零星湿地区	4459.12	3627.25			831.87
上蔡县零星湿地区	2166.88	1932.49			234.39
平舆县零星湿地区	2912.24	1763.72	182.74	11.25	954.53
正阳县零星湿地区	1850.12	1188.17	98.62		563.33
确山县零星湿地区	7511.93	5812.29			1699.64
泌阳县零星湿地区	9806.03	6359.23		12.19	3434.61
汝南县零星湿地区	3905.62	2794.14	269.64		841.84
遂平县零星湿地区	2903.39	2031.73			871.66
新蔡县零星湿地区	2475.80	1548.56	511.43		415.81
济源市零星湿地区	4589.70	4014.09	24.53		551.08

4　各流域的湿地类及面积

根据全国流域划分标准，河南省划分为4个一级流域、10个二级流域、20个三级流域。河南省各流域湿地概况见表2-4。

表2-4　河南省一级、二级、三级流域湿地类面积构成表(公顷)

流域级别			河流湿地	湖泊湿地	沼泽湿地	人工湿地	合　计
一级流域	二级流域	三级流域					
总　计			369005.50	6900.63	4867.32	247172.69	627946.14
海河区	合计(一级流域)		10689.30	14.04		10933.13	21636.47
	海河南系	小计(二级流域)	9994.11			10312.28	20306.39
		漳卫河平原	5672.64			5033.61	10706.25
		漳卫河山区	4321.47			5278.67	9600.14
	徒骇马颊河	小计(二级流域)	695.19	14.04		620.85	1330.08
		徒骇马颊河	695.19	14.04		620.85	1330.08

（续）

流域级别			河流湿地	湖泊湿地	沼泽湿地	人工湿地	合 计
一级流域	二级流域	三级流域					
淮河区	合计(一级流域)		145539.01	6397.89	3241.27	117703.55	272881.72
	淮河上游（王家坝以上）	小计(二级流域)	59214.00	3479.92	2121.62	49184.36	113999.90
		王家坝以上北岸	33994.77	1303.41	2052.83	24429.05	61780.06
		王家坝以上南岸	25219.23	2176.51	68.79	24755.31	52219.84
	淮河中游（王家坝至洪泽湖出口）	小计(二级流域)	85099.99	2917.97	521.61	65105.69	153645.26
		蚌洪区间北岸	8382.49	305.26		8262.44	16950.19
		王蚌区间北岸	63416.23	2380.76	455.59	49756.18	116008.76
		王蚌区间南岸	13301.27	231.95	66.02	7087.07	20686.31
	沂沭泗河	小计(二级流域)	1225.02		598.04	3413.50	5236.56
		湖西区	1225.02		598.04	3413.50	5236.56
黄河区	合计(一级流域)		156461.34	377 .96	1626.05	45459.28	203924.63
	花园口以下	小计(二级流域)	75441.04	238.25	630.57	9720.82	86030.68
		花园口以下干流区间	72516.86	225.10	608.53	3085.45	76435.94
		金堤河和天然文岩渠	2924.18	13.15	22.04	6635.37	9594.74
	龙门至三门峡	小计(二级流域)	11099.00	40.32	386.01	7119.67	18645.00
		龙门至三门峡干流区间	11099.00	40.32	386.01	7119.67	18645.00
	三门峡至花园口	小计(二级流域)	69921.30	99.39	609.47	28618.79	99248.95
		沁丹河	2366.19			522.15	2888.34
		三门峡至小浪底区间	3448.82			13371.59	16820.41
		小浪底至花园口干流区间	36905.67	44.03	60.55	7981.21	44991.46
		伊洛河	27200.62	55.36	548.92	6743.84	34548.74
长江区	合计(一级流域)		56315.85	110.74		73076.73	129503.32
	汉 江	小计(二级流域)	55898.33	110.74		72639.34	128648.41
		丹江口以上	10015.72	9.88		51963.16	61988.76
		唐白河	45882.61	100.86		20676.18	66659.65
	宜昌至湖口	小计(二级流域)	417.52			437.39	854.91
		武汉至湖口左岸	417.52			437.39	854.91

4.1 一级流域

河南省一级流域为淮河、黄河、长江、海河 4 个区域。

淮河区分布有3个二级流域、6个三级流域，涉及11个省辖市，分别为开封市、洛阳市、漯河市、南阳市、平顶山市、商丘市、信阳市、许昌市、郑州市、周口市、驻马店市。湿地总面积272881.72公顷，其中河流湿地145539.01公顷，湖泊湿地6397.89公顷，沼泽湿地3241.27公顷，人工湿地117703.55公顷。

黄河区分布有3个二级流域、7个三级流域，涉及9个省辖市，分别为鹤壁市、济源市、焦作市、开封市、洛阳市、濮阳市、三门峡市、新乡市、郑州市。湿地总面积203924.63公顷，其中河流湿地156461.34公顷，湖泊湿地377.96公顷，沼泽湿地1626.05公顷，人工湿地45459.28公顷。

长江区分布有2个二级流域、3个三级流域，涉及5个省辖市，分别为洛阳市、南阳市、三门峡市、信阳市、驻马店市。湿地总面积129503.32公顷，其中河流湿地56315.85公顷，湖泊湿地110.74公顷，人工湿地73076.73公顷。

海河区分布有2个二级流域、3个三级流域，涉及5个省辖市，分别为安阳市、鹤壁市、焦作市、濮阳市、新乡市。湿地总面积21636.47公顷，其中河流湿地10689.30公顷，湖泊湿地14.04公顷，人工湿地10933.13公顷。

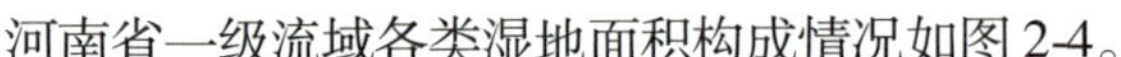

河南省一级流域各类湿地面积构成情况如图2-4。

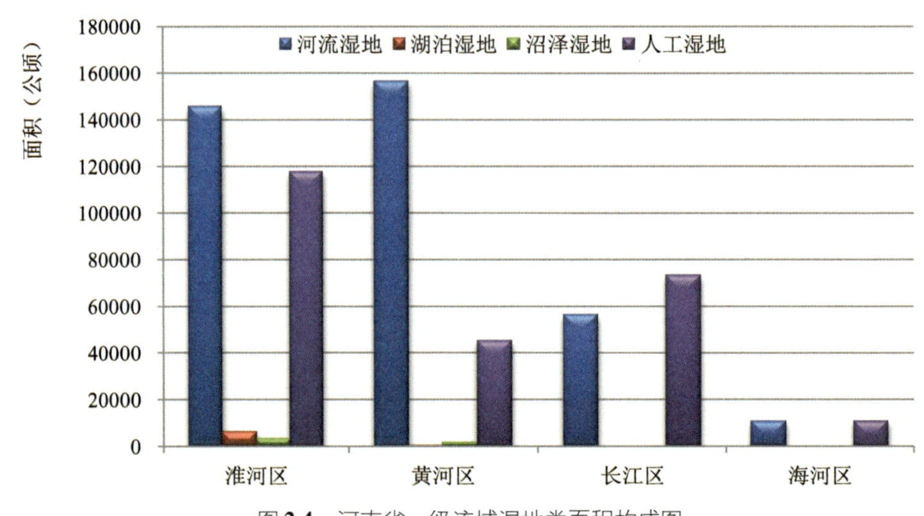

图2-4　河南省一级流域湿地类面积构成图

4.2　二级流域

河南省二级流域有海河南系、徒骇马颊河、淮河上游(王家坝以上)、淮河中游(王家坝至洪泽湖出口)、沂沭泗河、花园口以下、龙门至三门峡、三门峡至花园口、汉江、宜昌至湖口10个二级流域。河南省二级流域各类湿地面积见表2-4，河南省二级流域湿地类面积构成如图2-5。

4.3　三级流域

河南省三级流域有漳卫河平原、漳卫河山区、徒骇马颊河、王家坝以上北岸、王家坝以上南岸、蚌洪区间北岸、王蚌区间北岸、王蚌区间南岸、湖西区、花园口以下干流区间、金堤河和天然文岩渠、龙门至三门峡干流区间、沁丹河、三门峡至小浪底区间、小浪底至花园口干流区间、

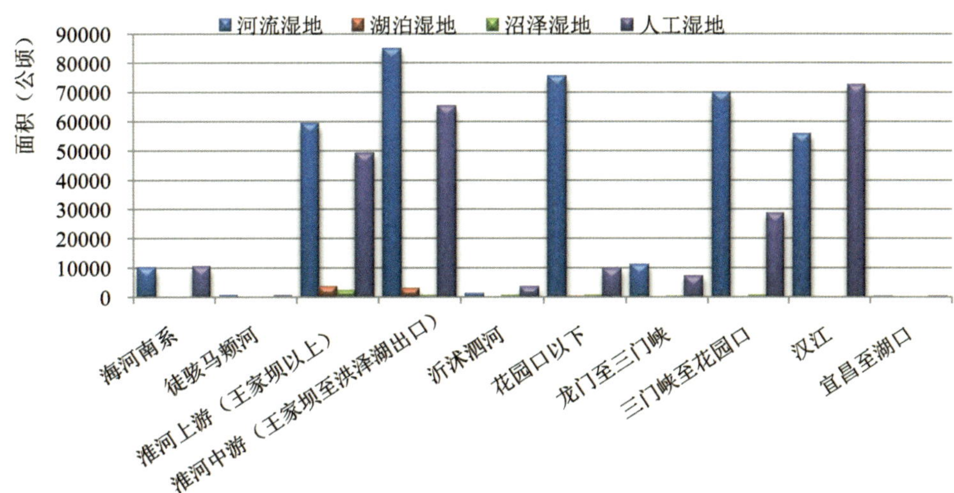

图 **2-5** 河南省二级流域湿地类面积构成图

伊洛河、丹江口以上、唐白河、武汉至湖口左岸等 19 个三级流域。河南省三级流域各类湿地面积见表 2-4，河南省三级流域各类湿地面积构成如图 2-6。

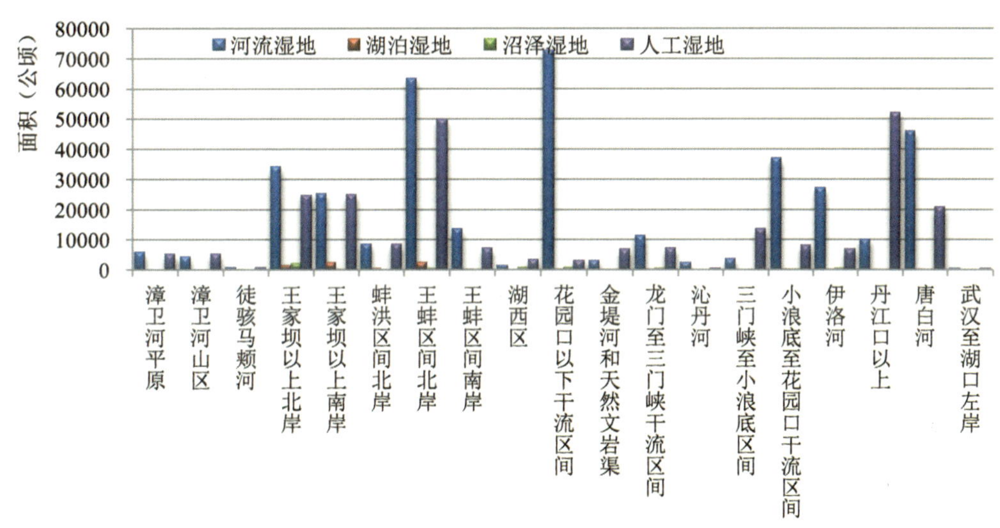

图 **2-6** 河南省三级流域湿地类面积构成图

5 各行政区的湿地类及面积

河南省 17 个省辖市及济源市各类湿地分布情况见表 2-5。

表 2-5 河南省及各市湿地类面积表

分类 行政区	合 计 （公顷）	湿地类（公顷）				所占比例 （%）
		河流湿地	湖泊湿地	沼泽湿地	人工湿地	
河南省	627946. 14	369005. 50	6900. 63	4867. 32	247172. 69	100
郑州市	56242. 19	39952. 42	466. 47	73. 92	15749. 38	8. 96

（续）

行政区＼分类	合 计（公顷）	湿地类（公顷）				所占比例（%）
		河流湿地	湖泊湿地	沼泽湿地	人工湿地	
开封市	25672. 05	19701. 83	620. 95		5349. 27	4. 09
洛阳市	49683. 98	31900. 05	55. 36	548. 92	17179. 65	7. 91
平顶山市	35201. 92	19038. 88	65. 02	165. 15	15932. 87	5. 61
安阳市	10281. 21	5170. 24			5110. 97	1. 64
鹤壁市	3385. 49	976. 79			2408. 70	0. 54
新乡市	40765. 57	32391. 37	120. 07	608. 53	7645. 60	6. 49
焦作市	21552. 01	19174. 35			2377. 66	3. 43
濮阳市	13851. 44	10223. 56	83. 05	22. 04	3522. 79	2. 21
许昌市	8341. 85	5757. 84	66. 91	42. 91	2474. 19	1. 33
漯河市	5381. 80	4326. 72	23. 44		1031. 64	0. 86
三门峡市	27656. 10	17812. 91	40. 32	386. 01	9416. 86	4. 40
南阳市	127257. 51	54377. 78	186. 86		72692. 87	20. 26
商丘市	30745. 48	14741. 25	838. 61	598. 04	14567. 58	4. 90
信阳市	78123. 22	41064. 99	2636. 54	134. 81	34286. 88	12. 43
周口市	24842. 17	15144. 68	597. 17	254. 43	8845. 89	3. 96
驻马店市	58600. 78	33235. 75	1075. 33	2032. 56	22257. 14	9. 33
济源市	10361. 37	4014. 09	24. 53		6322. 75	1. 65

注：表中所占比例为各市湿地面积与河南省湿地面积之比。

河南省 17 个省辖市及济源市的湿地面积及各湿地类型的面积构成分别如图 2-7 至图 2-11。

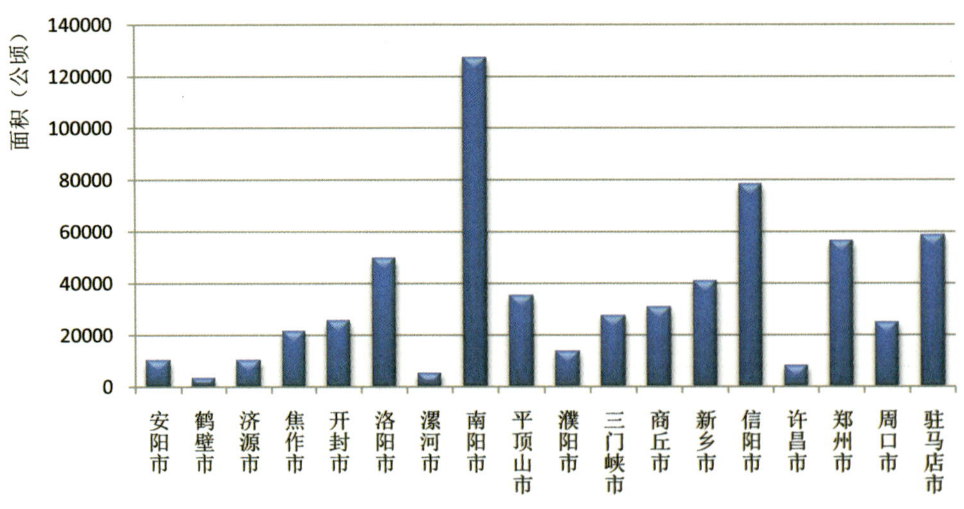

图 **2-7** 河南省 **17** 个省辖市及济源市湿地面积构成图

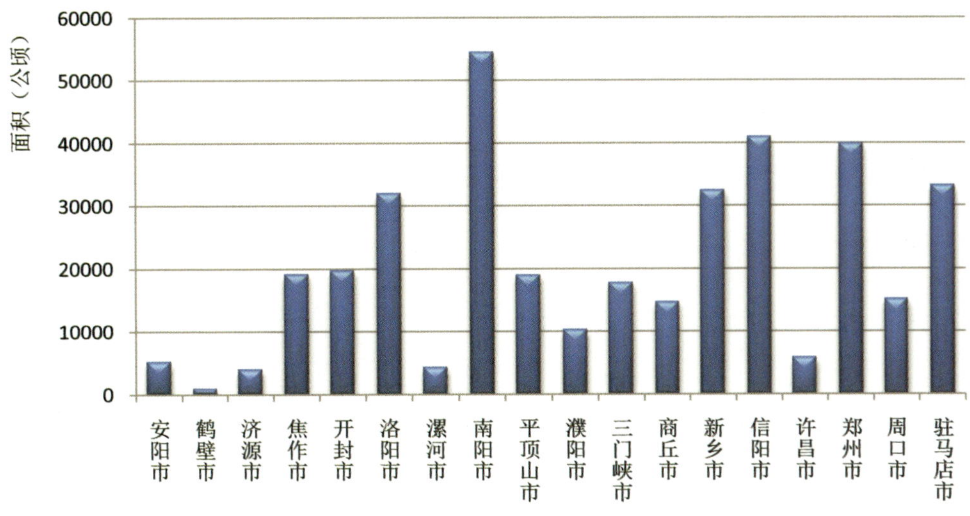

图 **2-8**　河南省 **17** 个省辖市及济源市河流湿地面积构成图

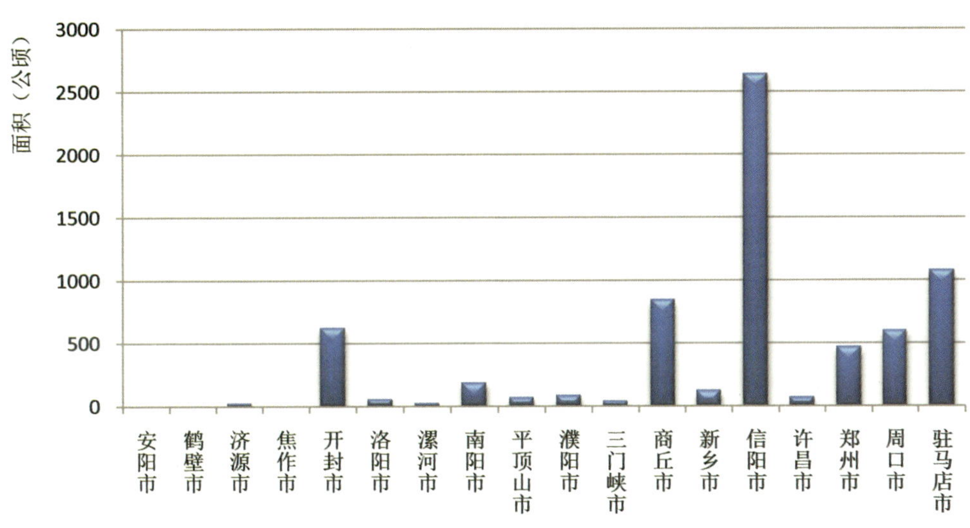

图 **2-9**　河南省 **17** 个省辖市及济源市湖泊湿地面积构成图

5.1　安阳市

安阳市本次共调查湿地斑块 176 个。其中重点调查斑块 9 个，一般调查斑块 167 个。调查结果显示，安阳市各类湿地总面积为 10281.21 公顷，占河南省湿地总面积的 1.64%。其中河流湿地面积为 5170.24 公顷，占河南省同类型湿地总面积的 1.40%；人工湿地面积为 5110.97 公顷，占河南省同类型湿地总面积的 2.07%。

5.2　鹤壁市

鹤壁市本次共调查湿地斑块 62 个。其中重点调查斑块 8 个，一般调查斑块 54 个。调查结果显示，鹤壁市各类湿地总面积为 3385.49 公顷，占河南省湿地总面积的 0.54%。其中河流湿地面

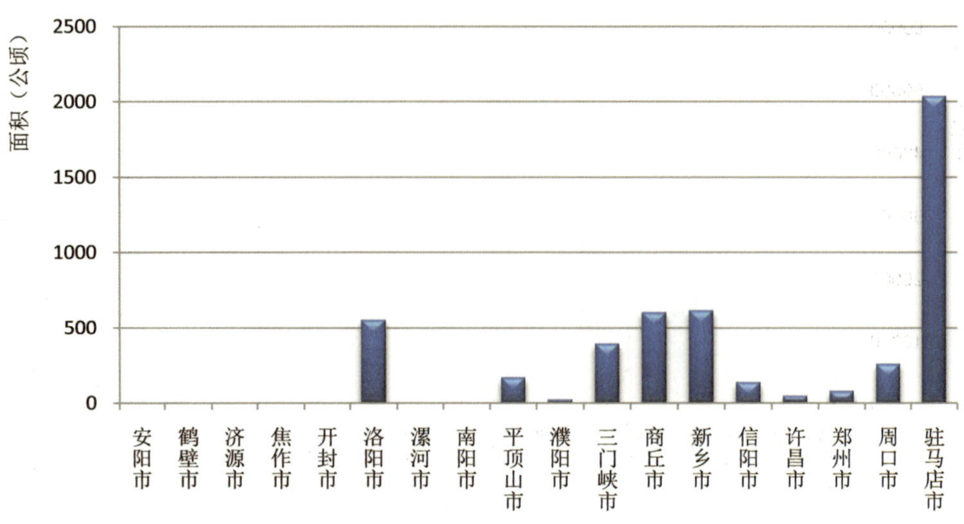

图 **2-10** 河南省 **17** 个省辖市及济源市沼泽湿地面积构成图

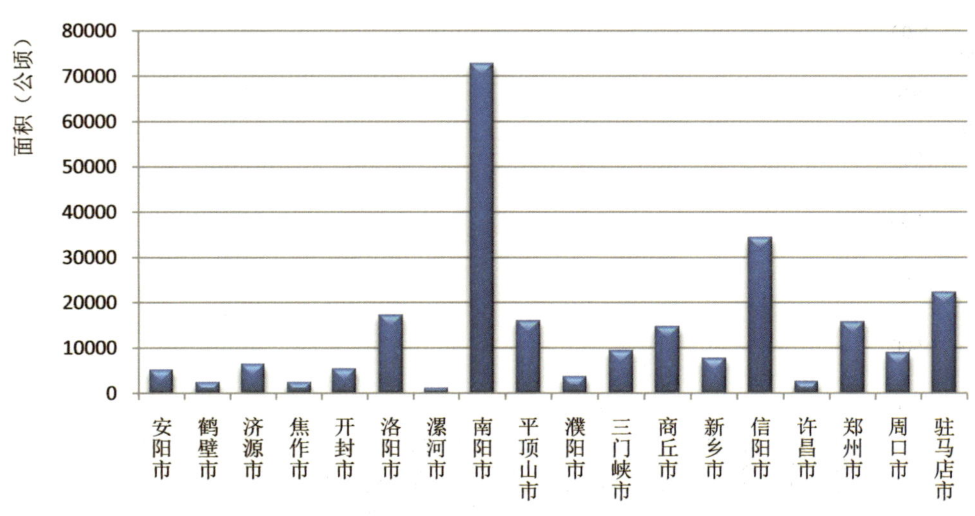

图 **2-11** 河南省 **17** 个省辖市及济源市人工湿地面积构成图

积为 976.79 公顷，占河南省同类型湿地总面积的 0.26%；人工湿地面积为 2408.70 公顷，占河南省同类型湿地总面积的 0.97%。

5.3 济源市

济源市本次共调查湿地斑块 61 个。其中重点调查斑块 17 个，一般调查斑块 44 个。调查结果显示，济源市各类湿地总面积为 10361.37 公顷，占河南省湿地总面积的 1.65%。其中河流湿地面积为 4014.09 公顷，占河南省同类型湿地总面积的 1.09%；湖泊湿地面积为 24.53 公顷，占河南省同类型湿地总面积的 0.36%；人工湿地面积为 6322.75 公顷，占河南省同类型湿地总面积的 2.56%。

5.4 焦作市

焦作市本次共调查湿地斑块 180 个。其中重点调查斑块 18 个，一般调查斑块 162 个。调查结果显示，焦作市各类湿地总面积为 21552.01 公顷，占河南省湿地总面积的 3.43%。其中河流湿地面积为 19174.35 公顷，占河南省同类型湿地总面积的 5.20%；人工湿地面积为 2377.66 公顷，占河南省同类型湿地总面积的 0.96%。

5.5 开封市

开封市本次共调查湿地斑块 265 个。其中重点调查斑块 31 个，一般调查斑块 234 个。调查结果显示，开封市各类湿地总面积为 25672.05 公顷，占河南省湿地总面积的 4.09%。其中河流湿地面积为 19174.35 公顷，占河南省同类型湿地总面积的 5.34%；湖泊湿地面积为 620.95 公顷，占河南省同类型湿地总面积的 9.00%；人工湿地面积为 5349.27 公顷，占河南省同类型湿地总面积的 2.16%。

5.6 洛阳市

洛阳市本次共调查湿地斑块 542 个。其中重点调查斑块 74 个，一般调查斑块 468 个。调查结果显示，洛阳市各类湿地总面积为 49683.98 公顷，占河南省湿地总面积的 7.91%。其中河流湿地面积为 31900.05 公顷，占河南省同类型湿地总面积的 8.64%；湖泊湿地面积为 620.95 公顷，占河南省同类型湿地总面积的 0.80%；沼泽湿地面积为 548.92 公顷，占河南省同类型湿地总面积的 11.28%；人工湿地面积为 17179.65 公顷，占河南省同类型湿地总面积的 6.95%。

5.7 漯河市

漯河市本次共调查湿地斑块 86 个。其中重点调查斑块 8 个，一般调查斑块 78 个。调查结果显示，漯河市各类湿地总面积为 5381.8 公顷，占河南省湿地总面积的 0.86%。其中河流湿地面积为 4326.72 公顷，占河南省同类型湿地总面积的 1.17%；湖泊湿地面积为 23.44 公顷，占河南省同类型湿地总面积的 0.34%；人工湿地面积为 1031.64 公顷，占河南省同类型湿地总面积的 0.42%。

5.8 南阳市

南阳市本次共调查湿地斑块 1064 个。其中重点调查斑块 135 个，一般调查斑块 929 个。调查结果显示，南阳市各类湿地总面积为 127257.51 公顷，占河南省湿地总面积的 20.26%。其中河流湿地面积为 54377.78 公顷，占河南省同类型湿地总面积的 14.74%；湖泊湿地面积为 186.86 公顷，占河南省同类型湿地总面积的 2.71%；人工湿地面积为 72692.89 公顷，占河南省同类型湿地总面积的 29.41%。

5.9 平顶山市

平顶山市本次共调查湿地斑块 300 个。其中重点调查斑块 16 个，一般调查斑块 284 个。调查结果显示，平顶山市各类湿地总面积35201.92公顷，占河南省湿地总面积的5.61%。其中河流湿地面积为19038.88公顷，占河南省同类型湿地总面积的5.16%；湖泊湿地面积为65.02公顷，占河南省同类型湿地总面积的0.94%；沼泽湿地面积为165.15公顷，占河南省同类型湿地总面积的3.39%；人工湿地面积为15932.87公顷，占河南省同类型湿地总面积的6.45%。

5.10 濮阳市

濮阳市本次共调查湿地斑块154个。其中重点调查斑块5个，一般调查斑块149个。调查结果显示，濮阳市各类湿地总面积为13851.44公顷，占河南省湿地总面积的2.21%。其中河流湿地面积为10223.56公顷，占河南省同类型湿地总面积的2.77%；湖泊湿地面积为83.05公顷，占河南省同类型湿地总面积的1.20%；沼泽湿地面积为22.04公顷，占河南省同类型湿地总面积的0.45%；人工湿地面积为3522.79公顷，占河南省同类型湿地总面积的1.43%。

5.11 三门峡市

三门峡市本次共调查湿地斑块394个。其中重点调查斑块65个，一般调查斑块329个。调查结果显示，三门峡市各类湿地总面积为27656.10公顷，占河南省湿地总面积的4.40%。其中河流湿地面积为17812.91公顷，占河南省同类型湿地总面积的4.83%；湖泊湿地面积为40.32公顷，占河南省同类型湿地总面积的0.59%；沼泽湿地面积为386.01公顷，占河南省同类型湿地总面积的7.93%；人工湿地面积为9416.86公顷，占河南省同类型湿地总面积的3.81%。

5.12 商丘市

商丘市本次共调查湿地斑块395个，全部为一般调查。调查结果显示，商丘市各类湿地总面积为30745.48公顷，占河南省湿地总面积的4.90%。其中河流湿地面积为14741.25公顷，占河南省同类型湿地总面积的3.99%；湖泊湿地面积为838.61公顷，占河南省同类型湿地总面积的12.15%；沼泽湿地面积为598.04公顷，占河南省同类型湿地总面积的12.29%；人工湿地面积为14567.58公顷，占河南省同类型湿地总面积的5.89%。

5.13 新乡市

新乡市本次共调查湿地斑块297个。其中重点调查斑块33个，一般调查斑块264个。调查结果显示，新乡市各类湿地总面积为40765.57公顷，占河南省湿地总面积的6.49%。其中河流湿地面积为32391.37公顷，占河南省同类型湿地总面积的8.78%；湖泊湿地面积为120.07公顷，占河南省同类型湿地总面积的1.74%；沼泽湿地面积为608.53公顷，占河南省同类型湿地总面积的12.50%；人工湿地面积为7645.6公顷，占河南省同类型湿地总面积的3.09%。

5.14 信阳市

信阳市本次共调查湿地斑块1132个。其中重点调查斑块58个，一般调查斑块1074个。调查结果显示，信阳市各类湿地总面积为78123.22公顷，占河南省湿地总面积的12.43%。其中河流湿地面积为41064.99公顷，占河南省同类型湿地总面积的11.13%；湖泊湿地面积为2636.54公顷，占河南省同类型湿地总面积的 38. 21%；沼泽湿地面积为 134. 81 公顷，占河南省同类型湿地总面积的 2. 77%；人工湿地面积为 34286. 88 公顷，占河南省同类型湿地总面积的 13. 87%。

5.15　许昌市

许昌市本次共调查湿地斑块 113 个，全部为一般调查。调查结果显示，许昌市各类湿地总面积为 8341. 85 公顷，占河南省湿地总面积的 1. 33%。其中河流湿地面积为 5757. 84 公顷，占河南省同类型湿地总面积的 1. 56%；湖泊湿地面积为 66. 91 公顷，占河南省同类型湿地总面积的 0. 97%；沼泽湿地面积为 42. 91 公顷，占河南省同类型湿地总面积的 0. 88%；人工湿地面积为 2474. 19 公顷，占河南省同类型湿地总面积的 1. 00%。

5.16　郑州市

郑州市本次共调查湿地斑块 441 个。其中重点调查斑块 82 个，一般调查斑块 359 个。调查结果显示，郑州市各类湿地总面积为 56242. 19 公顷，占河南省湿地总面积的 8. 96%。其中河流湿地面积为 39952. 42 公顷，占河南省同类型湿地总面积的 10. 83%；湖泊湿地面积为 466. 47 公顷，占河南省同类型湿地总面积的 6. 76%；沼泽湿地面积为 73. 92 公顷，占河南省同类型湿地总面积的 1. 52%；人工湿地面积为 15749. 38 公顷，占河南省同类型湿地总面积的 6. 37%。

5.17　周口市

周口市本次共调查湿地斑块 382 个。其中重点调查斑块 7 个，一般调查斑块 375 个。调查结果显示，周口市各类湿地总面积为 24842. 17 公顷，占河南省湿地总面积的 3. 96%。其中河流湿地面积为 15144. 68 公顷，占河南省同类型湿地总面积的 4. 10%；湖泊湿地面积为 597. 17 公顷，占河南省同类型湿地总面积的 8. 65%；沼泽湿地面积为 254. 43 公顷，占河南省同类型湿地总面积的 5. 23%；人工湿地面积为 8845. 89 公顷，占河南省同类型湿地总面积的 3. 58%。

5.18　驻马店市

驻马店市本次共调查湿地斑块 612 个。其中重点调查斑块 15 个，一般调查斑块 597 个。调查结果显示，驻马店市各类湿地总面积为 58600. 78 公顷，占河南省湿地总面积的 9. 33%。其中河流湿地面积为 33235. 75 公顷，占河南省同类型湿地总面积的 9. 01%；湖泊湿地面积为 1075. 33 公顷，占河南省同类型湿地总面积的 15. 58%；沼泽湿地面积为 2032. 56 公顷，占河南省同类型湿地总面积的 41. 76%；人工湿地面积为 22257. 14 公顷，占河南省同类型湿地总面积的 9. 01%。

6　河流湿地

6.1　河流各湿地型及面积

河南省河流湿地包括永久性河流、季节性或间歇性河流和洪泛平原湿地三个湿地型（图 2-12 至图 2-14）。河流湿地总面积 369005. 50 公顷。其中，永久性河流湿地总面积 278766. 85 公顷，占河流湿地总面积的 75. 55%；季节性或间歇性河流湿地总面积 7088. 35 公顷，占河流湿地总面积的

1.92%；洪泛平原湿地总面积83150.30公顷，占河流湿地总面积的22.53%。

图**2-12** 永久性河流

图**2-13** 季节性或间歇性河流

图**2-14** 洪泛平原湿地

河南省河流湿地各湿地型面积比例构成如图 2-15。

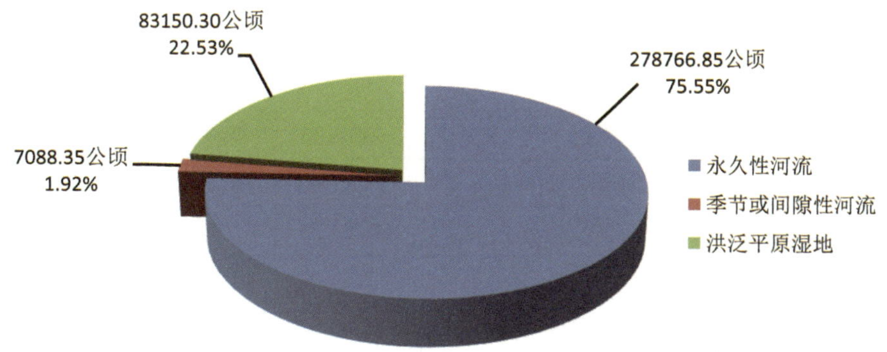

图 2-15 河南省河流湿地各湿地型面积比例构成图

6.2 各流域的河流湿地型及面积

河南省河流湿地主要分布在海河区、淮河区、黄河区、长江区 4 个一级流域内。各流域湿地类型和面积见表 2-6。

表 2-6 河南省各流域河流湿地分布概况表(公顷)

流域级别			永久性河流	季节性或间歇性河流	洪泛平原湿地	合 计
一级流域	二级流域	三级流域				
总 计			278766.85	7088.35	83150.30	369005.50
海河区	合计(一级流域)		8784.00	1873.13	32.17	10689.30
	海河南系	小计(二级流域)	8088.81	1873.13	32.17	9994.11
		漳卫河平原	5500.24	152.00	20.40	5672.64
		漳卫河山区	2588.57	1721.13	11.77	4321.47
	徒骇马颊河	小计(二级流域)	695.19			695.19
		徒骇马颊河	695.19			695.19
淮河区	合计(一级流域)		140606.04	3322.62	1610.35	145539.01
	淮河上游(王家坝以上)	小计(二级流域)	58130.07	789.00	294.93	59214.00
		王家坝以上北岸	33023.03	789.00	182.74	33994.77
		王家坝以上南岸	25107.04		112.19	25219.23
	淮河中游(王家坝至洪泽湖出口)	小计(二级流域)	81250.95	2533.62	1315.42	85099.99
		蚌洪区间北岸	7573.43	809.06		8382.49
		王蚌区间北岸	60622.00	1724.56	1069.67	63416.23
		王蚌区间南岸	13055.52		245.75	13301.27
	沂沭泗河	小计(二级流域)	1225.02			1225.02
		湖西区	1225.02			1225.02

（续）

流域级别			永久性河流	季节性或间歇性河流	洪泛平原湿地	合　计
一级流域	二级流域	三级流域				
黄河区	合计(一级流域)		73583.13	1863.70	81014.51	156461.34
	花园口以下	小计(二级流域)	21592.40	55.16	53793.48	75441.04
		花园口以下干流区间	18723.38		53793.48	72516.86
		金堤河和天然文岩渠	2869.02	55.16		2924.18
	龙门至三门峡	小计(二级流域)	5368.82	220.15	5510.03	11099.00
		龙门至三门峡干流区间	5368.82	220.15	5510.03	11099.00
	三门峡至花园口	小计(二级流域)	46621.91	1588.39	21711.00	69921.30
		沁丹河	1913.32	452.87		2366.19
		三门峡至小浪底区间	3367.03	81.79		3448.82
		小浪底至花园口干流区间	15594.09	102.97	21208.61	36905.67
		伊洛河	25747.47	950.76	502.39	27200.62
长江区	合计(一级流域)		55793.68	28.90	493.27	56315.85
	汉　江	小计(二级流域)	55376.16	28.90	493.27	55898.33
		丹江口以上	9986.82	28.90		10015.72
		唐白河	45389.34		493.27	45882.61
	宜昌至湖口	小计(二级流域)	417.52			417.52
		武汉至湖口左岸	417.52			417.52

6.3 各湿地区的河流湿地型及面积

从湿地区分布面积比较，河南省河流湿地面积较大的有黄河、淮河、固始县零星湿地区、唐河县零星湿地区、泌阳县零星湿地区、白河。按湿地型分布，永久性河流湿地面积最大的是黄河；季节性或间歇性河流湿地面积最大的是林州市零星湿地区；洪泛平原湿地面积最大的是黄河。各湿地区河流湿地类型及面积见表2-7。

表2-7　河南省各湿地区河流湿地概况表(公顷)

湿地型 湿地区	合　计	永久性河流	季节性河流	洪泛平原
总　计	369005.50	278766.85	7088.35	83150.30
卫河	1206.54	1206.54		
黄河	112961.79	32449.67		80512.12
豫东黄河故道	613.68	613.68		

（续）

湿地型 湿地区	合 计	永久性河流	季节性河流	洪泛平原
宿鸭湖水库	370.52	370.52		
丹江口水库	86.77	86.77		
南湾水库	3.97	3.97		
白河	6213.38	5808.62		404.76
淮河	9511.96	9339.19		172.77
郑州市中原区零星湿地区	221.46	221.46		
郑州市二七区零星湿地区	82.47	82.47		
郑州市金水区零星湿地区	93.45	93.45		
郑州市上街区零星湿地区	11.25	11.25		
郑州市惠济区零星湿地区	308.58	308.58		
中牟县零星湿地区	333.51	333.51		
巩义市零星湿地区	662.03	620.66	41.37	
荥阳市零星湿地区	222.71	222.71		
新密市零星湿地区	620.16	573.77	46.39	
新郑市零星湿地区	351.15	351.15		
登封市零星湿地区	1029.36	815.31	214.05	
开封市鼓楼区零星湿地区	19.41	19.41		
开封市禹王台区零星湿地区	37.62	37.62		
开封市金明区零星湿地区	121.97	121.97		
杞县零星湿地区	1292.95	930.41	362.54	
通许县零星湿地区	850.49	648.07	202.42	
尉氏县零星湿地区	807.39	807.39		
开封县零星湿地区	508.28	508.28		
兰考县零星湿地区	292.79	292.79		
洛阳市老城区零星湿地区	99.70	99.70		
洛阳市西工区零星湿地区	176.91	176.91		
洛阳市瀍河区零星湿地区	59.61	45.51		14.10
洛阳市涧西区零星湿地区	613.24	613.24		
洛阳市吉利区零星湿地区	2.49	2.49		
洛阳市洛龙区零星湿地区	801.65	741.53		60.12
孟津县零星湿地区	169.88	96.36	73.52	

（续）

湿地区 \ 湿地型	合 计	永久性河流	季节性河流	洪泛平原
新安县零星湿地区	1646.35	1408.72	237.63	
栾川县零星湿地区	3099.84	3099.84		
嵩县零星湿地区	4786.27	4611.53		174.74
汝阳县零星湿地区	3423.45	3423.45		
宜阳县零星湿地区	5375.70	4525.65	617.31	
洛宁县零星湿地区	5344.00	5323.31		20.69
伊川县零星湿地区	1304.05	1304.05		
偃师市零星湿地区	1100.42	1067.06	33.36	
平顶山市新华区零星湿地区	71.45	71.45		
平顶山市卫东区零星湿地区	170.27	170.27		
平顶山市石龙区零星湿地区	12.55	12.55		
平顶山市湛河区零星湿地区	316.97	316.97		
宝丰县零星湿地区	2020.68	1674.21		346.47
叶县零星湿地区	3995.07	3995.07		
鲁山县零星湿地区	6191.33	6167.81		23.52
郏县零星湿地区	1465.65	1020.86		444.79
舞钢市零星湿地区	469.38	469.38		
汝州市零星湿地区	4325.53	3583.99	486.65	254.89
安阳市文峰区零星湿地区	155.32	93.67	61.65	
安阳市北关区零星湿地区	83.22	72.94		10.28
安阳市殷都区零星湿地区	78.62	78.62		
安阳市龙安区零星湿地区	63.96	63.96		
安阳县零星湿地区	748.45	748.45		
汤阴县零星湿地区	735.61	729.92	5.69	
滑县零星湿地区	117.98	117.98		
内黄县零星湿地区	435.87	425.75		10.12
林州市零星湿地区	2459.58	1144.06	1303.75	11.77
鹤壁市鹤山区零星湿地区	33.16	33.16		
鹤壁市山城区零星湿地区	70.74	70.74		
鹤壁市淇滨区零星湿地区	210.38	210.38		
浚县零星湿地区	102.91	102.91		

（续）

湿地型 湿地区	合　计	永久性河流	季节性河流	洪泛平原
淇县零星湿地区	209.04	209.04		
新乡市红旗区零星湿地区	27.71	27.71		
新乡市卫滨区零星湿地区	24.76	24.76		
新乡市凤泉区零星湿地区	17.47	17.47		
新乡县零星湿地区	96.69	96.69		
获嘉县零星湿地区	160.34	160.34		
延津县零星湿地区	181.26	126.10	55.16	
卫辉市零星湿地区	645.44	207.69	437.75	
辉县市零星湿地区	1827.98	1763.69	64.29	
焦作市中站区零星湿地区	89.40	89.40		
修武县零星湿地区	402.90	402.90		
博爱县零星湿地区	462.44	462.44		
武陟县零星湿地区	454.45	454.45		
温县零星湿地区	501.87	501.87		
沁阳市零星湿地区	642.18	454.94	187.24	
孟州市零星湿地区	548.57	548.57		
濮阳市华龙区零星湿地区	110.61	110.61		
清丰县零星湿地区	344.57	344.57		
南乐县零星湿地区	196.31	196.31		
范县零星湿地区	575.05	575.05		
台前县零星湿地区	1446.50	1446.50		
濮阳县零星湿地区	573.73	573.73		
许昌市魏都区零星湿地区	75.36	75.36		
许昌县零星湿地区	812.33	812.33		
鄢陵县零星湿地区	1279.74	1279.74		
襄城县零星湿地区	1927.71	1927.71		
禹州市零星湿地区	1188.74	1188.74		
长葛市零星湿地区	473.96	473.96		
漯河市源汇区零星湿地区	359.61	359.61		
漯河市郾城区零星湿地区	572.20	572.20		
漯河市召陵区零星湿地区	935.35	935.35		

（续）

湿地区 \ 湿地型	合　计	永久性河流	季节性河流	洪泛平原
舞阳县零星湿地区	1591.47	1591.47		
临颍县零星湿地区	868.09	671.43	196.66	
三门峡市湖滨区零星湿地区	172.27	172.27		
渑池县零星湿地区	892.28	892.28		
陕县零星湿地区	1237.75	1213.87	23.88	
卢氏县零星湿地区	5161.13	5161.13		
义马市零星湿地区	120.44	120.44		232.74
灵宝市零星湿地区	4678.35	4482.08	196.27	
南阳市宛城区零星湿地区	1484.22	1484.22		
南阳市卧龙区零星湿地区	2568.32	2568.32		
桐柏县零星湿地区	3708.52	3708.52		
方城县零星湿地区	3477.28	3477.28		
淅川县零星湿地区	2585.92	2557.02	28.90	
镇平县零星湿地区	3194.08	3194.08		
唐河县零星湿地区	7224.64	7136.13		88.51
南召县零星湿地区	5992.36	5992.36		
内乡县零星湿地区	5532.25	5532.25		
新野县零星湿地区	1166.41	1166.41		
社旗县零星湿地区	1902.88	1902.88		
西峡县零星湿地区	6110.93	6110.93		
邓州市零星湿地区	2811.29	2811.29		
商丘市梁园区零星湿地区	719.86	719.86		
商丘市睢阳区零星湿地区	1559.24	1559.24		
民权县零星湿地区	672.12	664.38	7.74	
睢县零星湿地区	1156.96	1156.96		
宁陵县零星湿地区	1093.29	1093.29		
柘城县零星湿地区	1160.16	1160.16		
虞城县零星湿地区	1912.77	1912.77		
夏邑县零星湿地区	2367.61	2367.61		
永城市零星湿地区	3485.56	2676.50	809.06	
信阳市浉河区零星湿地区	2189.46	2189.46		

（续）

湿地区＼湿地型	合　计	永久性河流	季节性河流	洪泛平原
信阳市平桥区零星湿地区	1831.26	1831.26		
罗山县零星湿地区	3334.81	3294.45		40.36
光山县零星湿地区	2804.42	2761.32		43.10
新县零星湿地区	2704.08	2704.08		
商城县零星湿地区	4877.17	4877.17		
固始县零星湿地区	8894.99	8649.24		245.75
潢川县零星湿地区	3067.28	3067.28		
淮滨县零星湿地区	1304.63	1191.88	112.75	
息县零星湿地区	1790.17	1790.17		
周口市川汇区零星湿地区	289.62	289.62		
扶沟县零星湿地区	1492.76	1492.76		
西华县零星湿地区	1580.10	1572.24	7.86	
商水县零星湿地区	2104.56	2104.56		
沈丘县零星湿地区	1362.40	1362.40		
郸城县零星湿地区	1854.28	1854.28		
淮阳县零星湿地区	1619.96	1619.96		
太康县零星湿地区	2166.63	2144.34	22.29	
鹿邑县零星湿地区	1349.88	1349.88		
项城市零星湿地区	1324.49	1324.49		
驻马店市驿城区零星湿地区	5044.28	5044.28		
西平县零星湿地区	3627.25	3627.25		
上蔡县零星湿地区	1932.49	1036.61	895.88	
平舆县零星湿地区	1763.72	1763.72		
正阳县零星湿地区	1188.17	1188.17		
确山县零星湿地区	5812.29	5773.59		38.70
泌阳县零星湿地区	6359.23	6359.23		
汝南县零星湿地区	2794.14	2794.14		
遂平县零星湿地区	2031.73	2027.28	4.45	
新蔡县零星湿地区	1548.56	1548.56		
济源市零星湿地区	4014.09	3662.25	351.84	

6.4 各行政区的河流湿地型及面积

从行政区分布比较，河流湿地面积最大的是南阳市，其次是信阳市，第三位是郑州市。分别占河南省河流总面积的14.74%、11.13%和10.83%。其中南阳市的永久性河流面积最大，安阳市季节性河流面积最大，郑州市洪泛平原面积均最大，分别为53855.61公顷、1371.09公顷和24950.76公顷，分别占全省永久性河流、季节性河流和洪泛平原面积的19.32%、19.34%和30.01%，见表2-8。

表2-8 河南省各行政区河流湿地概况表(公顷)

行政区 \ 湿地型	合 计	永久性河流	季节性河流	洪泛平原
总 计	369005.50	278766.85	7088.35	83150.30
郑州市	39952.42	14699.85	301.81	24950.76
开封市	19701.83	7910.82	564.96	11226.05
洛阳市	31900.05	28263.37	961.82	2674.86
平顶山市	19038.88	17482.56	486.65	1069.67
安阳市	5170.24	3766.98	1371.09	32.17
鹤壁市	976.79	976.79		
新乡市	32391.37	9465.30	557.20	22368.87
焦作市	19174.35	8136.96	187.24	10850.15
濮阳市	10223.56	6789.77		3433.79
许昌市	5757.84	5757.84		
漯河市	4326.72	4130.06	196.66	
三门峡市	17812.91	12082.73	220.15	5510.03
南阳市	54377.78	53855.61	28.90	493.27
商丘市	14741.25	13924.45	816.80	
信阳市	41064.99	40450.26	112.75	501.98
周口市	15144.68	15114.53	30.15	
驻马店市	33235.75	32296.72	900.33	38.70
济源市	4014.09	3662.25	351.84	

7 湖泊湿地

7.1 湖泊各湿地型及面积

湖泊是湖盆、湖水及水中所含物质(矿物质、溶解质、有机质以及水生生物等)组成的自然综合体。河南省符合湿地调查规程要求的湖泊湿地总面积6900.63公顷，占全省湿地总面积1.10%。

河南省湖泊湿地全部为永久性淡水湖(图 2-16)。

图 **2-16** 永久性淡水湖

7.2 各流域的湖泊湿地型及面积

从流域分布比较，河南省湖泊湿地主要分布在本省淮河上游(王家坝以上)、淮河中游(王家坝至洪泽湖出口)、花园口以下等流域内，均为永久性淡水湖。河南省一级、二级、三级流域湖泊湿地分布情况见表 2-9。

表 2-9 河南省各流域湖泊湿地分布概况表(公顷)

<table>
<tr><th colspan="3">流域级别</th><th rowspan="2">永久性淡水湖</th></tr>
<tr><th>一级流域</th><th>二级流域</th><th>三级流域</th></tr>
<tr><td colspan="3">总 计</td><td>6900. 63</td></tr>
<tr><td rowspan="3">海河区</td><td colspan="2">合计(一级流域)</td><td>14. 04</td></tr>
<tr><td rowspan="2">徒骇马颊河</td><td>小计(二级流域)</td><td>14. 04</td></tr>
<tr><td>徒骇马颊河</td><td>14. 04</td></tr>
<tr><td rowspan="8">淮河区</td><td colspan="2">合计(一级流域)</td><td>6397. 89</td></tr>
<tr><td rowspan="3">淮河上游(王家坝以上)</td><td>小计(二级流域)</td><td>3479. 92</td></tr>
<tr><td>王家坝以上北岸</td><td>1303. 41</td></tr>
<tr><td>王家坝以上南岸</td><td>2176. 51</td></tr>
<tr><td rowspan="4">淮河中游(王家坝至洪泽湖出口)</td><td>小计(二级流域)</td><td>2917. 97</td></tr>
<tr><td>蚌洪区间北岸</td><td>305. 26</td></tr>
<tr><td>王蚌区间北岸</td><td>2380. 76</td></tr>
<tr><td>王蚌区间南岸</td><td>231. 95</td></tr>
</table>

（续）

流域级别			永久性淡水湖
一级流域	二级流域	三级流域	
黄河区	合计(一级流域)		377.96
	花园口以下	小计(二级流域)	238.25
		花园口以下干流区间	225.10
		金堤河和天然文岩渠	13.15
	龙门至三门峡	小计(二级流域)	40.32
		龙门至三门峡干流区间	40.32
	三门峡至花园口	小计(二级流域)	99.39
		小浪底至花园口干流区间	44.03
		伊洛河	55.36
长江区	合计(一级流域)		110.74
	汉江	小计(二级流域)	110.74
		丹江口以上	9.88
		唐白河	100.86

7.3 各湿地区的湖泊湿地型及面积

从湿地区分布面积比较，湖泊湿地面积较大的湿地区主要有潢川县零星湿地区、光山县零星湿地区、淮阳县零星湿地区等，都是永久性淡水湖。湿地的类型和面积见表2-10。

表2-10 河南省各湿地区湖泊湿地概况表(公顷)

湿地型 湿地区	永久性淡水湖	湿地型 湿地区	永久性淡水湖
总 计	6900.63	淅川县零星湿地区	18.00
黄河	134.77	唐河县零星湿地区	22.00
宿鸭湖水库	12.90	内乡县零星湿地区	20.98
中牟县零星湿地区	437.57	邓州市零星湿地区	31.07
新郑市零星湿地区	9.40	商丘市睢阳区零星湿地区	129.79
开封市龙亭区零星湿地区	305.04	睢县零星湿地区	292.93
开封市金明区零星湿地区	266.74	柘城县零星湿地区	110.63
偃师市零星湿地区	55.36	虞城县零星湿地区	131.42
舞阳县零星湿地区	23.44	夏邑县零星湿地区	173.84
灵宝市零星湿地区	40.32	信阳市浉河区零星湿地区	31.51
方城县零星湿地区	94.81	罗山县零星湿地区	477.93

（续）

湿地型 湿地区	永久性淡水湖	湿地型 湿地区	永久性淡水湖
光山县零星湿地区	594.91	淮滨县零星湿地区	492.73
卫东区零星湿地区	20.27	息县零星湿地区	172.34
叶县零星湿地区	17.54	扶沟县零星湿地区	15.23
汝州市零星湿地区	27.21	西华县零星湿地区	14.53
封丘县零星湿地区	53.97	商水县零星湿地区	31.94
南乐县零星湿地区	14.04	沈丘县零星湿地区	19.77
濮阳县零星湿地区	69.01	淮阳县零星湿地区	515.70
许昌县零星湿地区	25.66	平舆县零星湿地区	182.74
襄城县零星湿地区	41.25	正阳县零星湿地区	98.62
商城县零星湿地区	69.66	汝南县零星湿地区	269.64
固始县零星湿地区	198.05	新蔡县零星湿地区	511.43
潢川县零星湿地区	599.41	济源市零星湿地区	24.53

7.4 各行政区的湖泊湿地型及面积

从行政区分布来看，河南省湖泊湿地主要集中分布于信阳市、驻马店市、商丘市等地市，均为永久性淡水湖。河南省湖泊湿地分布情况见表 2-11。

表 2-11 河南省各行政区湖泊湿地概况表(公顷)

湿地型 行政区	永久性淡水湖
总 计	6900.63
郑州市	466.47
开封市	620.95
洛阳市	55.36
平顶山市	65.02
新乡市	120.07
濮阳市	83.05
许昌市	66.91
漯河市	23.44
三门峡市	40.32
南阳市	186.86

（续）

湿地型 行政区	永久性淡水湖
商丘市	838.61
信阳市	2636.54
周口市	597.17
驻马店市	1075.33
济源市	24.53

8 沼泽湿地

8.1 沼泽各湿地型及面积

河南省符合调查规程要求的沼泽湿地总面积4867.32公顷，占湿地总面积0.78%，全部为草本沼泽(图2-17)。

图**2-17** 草本沼泽

8.2 各流域的沼泽湿地型及面积

按流域分布，河南省沼泽湿地主要分布在淮河上游(王家坝以上)、花园口以下、三门峡至花园口、沂沭泗河等二级流域。按三级流域划分，河南省沼泽湿地主要分布在王家坝以上北岸、花园口以下干流区间、湖西区、伊洛河、王蚌区间北岸、龙门至三门峡干流区间等三级流域。草本沼泽面积较大的三级流域有王家坝以上北岸、花园口以下干流区间、湖西区。

河南省一级、二级、三级流域沼泽湿地分布情况见表2-12。

表 2-12 河南省各流域沼泽湿地分布概况表(公顷)

一级流域	二级流域	三级流域	草本沼泽
总计			4867.32
淮河区	合计(一级流域)		3241.27
	淮河上游(王家坝以上)	小计(二级流域)	2121.62
		王家坝以上北岸	2052.83
		王家坝以上南岸	68.79
	淮河中游(王家坝至洪泽湖出口)	小计(二级流域)	521.61
		王蚌区间北岸	455.59
		王蚌区间南岸	66.02
	沂沭泗河	小计(二级流域)	598.04
		湖西区	598.04
黄河区	合计(一级流域)		1626.05
	花园口以下	小计(二级流域)	630.57
		花园口以下干流区间	608.53
		金堤河和天然文岩渠	22.04
	龙门至三门峡	小计(二级流域)	386.01
		龙门至三门峡干流区间	386.01
	三门峡至花园口	小计(二级流域)	609.47
		小浪底至花园口干流区间	60.55
		伊洛河	548.92

8.3 各湿地区的沼泽湿地型及面积

从湿地区分布面积比较，沼泽湿地面积较大的湿地区主要有宿鸭湖水库、黄河、豫东黄河故道。

河南省各湿地区沼泽湿地分布情况见表 2-13。

表 2-13 河南省各湿地区沼泽湿地概况表(公顷)

湿地区＼湿地型	草本沼泽
总计	4867.32
黄河	883.80
豫东黄河故道	598.04
宿鸭湖水库	2009.12

（续）

湿地型 湿地区	草本沼泽
登封市零星湿地区	13.37
孟津县零星湿地区	10.71
嵩县零星湿地区	500.81
宜阳县零星湿地区	37.40
平顶山市新华区零星湿地区	21.76
鲁山县零星湿地区	87.40
舞钢市零星湿地区	20.27
汝州市零星湿地区	35.72
封丘县零星湿地区	171.29
濮阳县零星湿地区	22.04
禹州市零星湿地区	42.91
罗山县零星湿地区	24.36
光山县零星湿地区	44.43
商城县零星湿地区	66.02
淮阳县零星湿地区	235.43
鹿邑县零星湿地区	19.00
平舆县零星湿地区	11.25
泌阳县零星湿地区	12.19

8.4 各行政区的沼泽湿地型及面积

从行政区分布比较，河南省沼泽湿地主要集中分布于驻马店市、新乡市、商丘市，见表2-14。

表2-14 河南省各行政区沼泽湿地概况表(公顷)

湿地型 行政区	草本沼泽
总 计	4867.32
郑州市	73.92
洛阳市	548.92
平顶山市	165.15
新乡市	608.53
濮阳市	22.04

（续）

湿地型 行政区	草本沼泽
许昌市	42.91
三门峡市	386.01
商丘市	598.04
信阳市	134.81
周口市	254.43
驻马店市	2032.56

9 人工湿地

9.1 人工各湿地型及面积

本次调查河南省符合调查规程要求的人工湿地总面积为247172.69公顷，占河南省湿地总面积的39.36%。其中库塘168410.98公顷，占人工湿地总面积的68.14%（图2-18）；运河/输水河60387.9公顷，占人工湿地总面积的24.43%（图2-19）；水产养殖场18373.81公顷，占人工湿地总面积的7.43%（图2-20）。河南省人工湿地各湿地型面积比例构成如图2-21。

图**2-18** 库塘

9.2 各流域的人工湿地型及面积

按三级流域划分，河南省人工湿地主要分布在丹江口以上（占人工湿地总面积的21.02%）、王蚌区间北岸（占人工湿地总面积的20.13%）和王家坝以上南岸（占人工湿地总面积的10.02%）。其中库塘湿地面积较大的三级流域有丹江口以上、王家坝以上南岸、王家坝以上北岸；输水河湿地面积较大的三级流域有王蚌区间北岸、唐白河、金堤河和天然文岩渠；水产养殖场湿地面积较

图 **2-19** 运河/输水河

图 **2-20** 水产养殖场

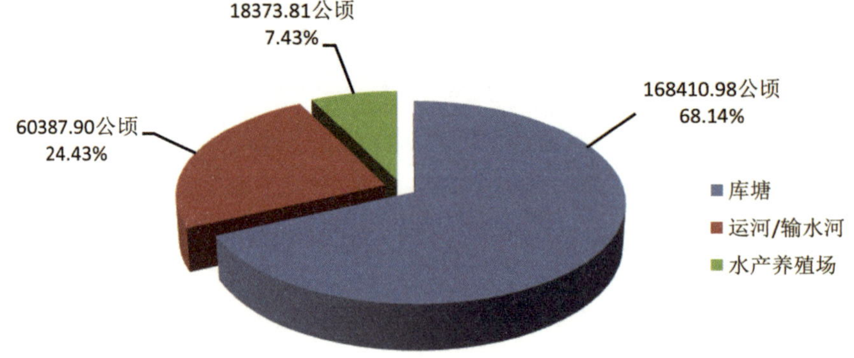

图 **2-21** 河南省人工湿地各湿地型面积比例构成图

大的三级流域有王蚌区间北岸、小浪底至花园口干流区间、金堤河和天然文岩渠；河南省各流域人工湿地分布情况见表 2-15。

表 2-15　河南省各流域人工湿地类型及面积统计表(公顷)

流域级别			库　塘	运河/输水河	水产养殖场	合　计
一级流域	二级流域	三级流域				
总　计			168410.98	60387.90	18373.81	247172.69
海河区	合计(一级流域)		2583.73	8180.36	169.04	10933.13
	海河南系	小计(二级流域)	2454.24	7729.49	128.55	10312.28
		漳卫河平原	342.18	4572.55	118.88	5033.61
		漳卫河山区	2112.06	3156.94	9.67	5278.67
	徒骇马颊河	小计(二级流域)	129.49	450.87	40.49	620.85
		徒骇马颊河	129.49	450.87	40.49	620.85
淮河区	合计(一级流域)		68308.76	37492.16	11902.63	117703.55
	淮河上游(王家坝以上)	小计(二级流域)	43222.23	4977.31	984.32	49184.36
		王家坝以上北岸	20136.67	3853.95	438.43	24429.05
		王家坝以上南岸	23085.56	1123.36	546.39	24755.31
	淮河中游(王家坝至洪泽湖出口)	小计(二级流域)	22617.64	31879.83	10608.22	65105.69
		蚌洪区间北岸	624.60	7504.66	133.18	8262.44
		王蚌区间北岸	16753.39	22527.75	10475.04	49756.18
		王蚌区间南岸	5239.65	1847.42		7087.07
	沂沭泗河	小计(二级流域)	2468.89	635.02	309.59	3413.50
		湖西区	2468.89	635.02	309.59	3413.50
黄河区	合计(一级流域)		30918.94	8425.05	6115.29	45459.28
	花园口以下	小计(二级流域)	2433.55	5788.79	1498.48	9720.82
		花园口以下干流区间	1904.59	436.45	744.41	3085.45
		金堤河和天然文岩渠	528.96	5352.34	754.07	6635.37
	龙门至三门峡	小计(二级流域)	6891.08		228.59	7119.67
		龙门至三门峡干流区间	6891.08		228.59	7119.67
	三门峡至花园口	小计(二级流域)	21594.31	2636.26	4388.22	28618.79
		沁丹河	98.22	386.58	37.35	522.15
		三门峡至小浪底区间	13130.27	160.96	80.36	13371.59
		小浪底至花园口干流区间	3213.75	732.87	4034.59	7981.21
		伊洛河	5152.07	1355.85	235.92	6743.84

（续）

流域级别			库　塘	运河/输水河	水产养殖场	合　计
一级流域	二级流域	三级流域				
长江区	合计(一级流域)		66599.55	6290.33	186.85	73076.73
	汉江	小计(二级流域)	66162.16	6290.33	186.85	72639.34
		丹江口以上	51825.17	137.99		51963.16
		唐白河	14336.99	6152.34	186.85	20676.18
	宜昌至湖口	小计(二级流域)	437.39			437.39
		武汉至湖口左岸	437.39			437.39

9.3 各湿地区的人工湿地型及面积

河南省人工湿地在大部分湿地区均有分布，其中面积较大的有丹江口水库单独区划湿地区、黄河单独区划湿地区、宿鸭湖水库单独区划湿地区、南湾水库单独区划湿地区。其中：库塘湿地的面积较大的有丹江口水库单独区划湿地区、黄河单独区划湿地区、宿鸭湖水库单独区划湿地区；输水河面积最大的是永城市零星湿地区、邓州市零星湿地区、西华县零星湿地区；水产养殖场面积最大的是中牟县零星湿地区、黄河单独区划湿地区、金水区零星湿地区。

河南省各湿地区人工湿地分布情况见表2-16。

表2-16 河南省各湿地区人工湿地分布概况表(公顷)

湿地区 \ 湿地型	合　计	库　塘	运河/输水河	水产养殖场
总　计	247172.69	168410.98	60387.90	18373.81
卫河	22.03		22.03	
黄河	28383.30	23377.44	440.29	4565.57
豫东黄河故道	2516.00	2395.53	120.47	
宿鸭湖水库	10502.27	10332.81	25.09	144.37
丹江口水库	51356.61	51337.16	19.45	
南湾水库	6396.04	6396.04		
白河	5642.60	5642.60		
淮河	71.60	50.80	20.80	
郑州市中原区零星湿地区	349.12	209.01	140.11	
郑州市二七区零星湿地区	325.01	255.40	69.61	
郑州市管城区零星湿地区	229.78	54.13	163.67	11.98
郑州市金水区零星湿地区	2536.39	25.07	200.69	2310.63

（续）

湿地型 湿地区	合　计	库　塘	运河/输水河	水产养殖场
郑州市惠济区零星湿地区	851.70	48.07	48.05	755.58
中牟县零星湿地区	6073.92	78.90	1422.64	4572.38
巩义市零星湿地区	49.53	49.53		
荥阳市零星湿地区	778.70	445.72	291.88	41.10
新密市零星湿地区	268.74	268.74		
新郑市零星湿地区	1263.18	859.97	390.75	12.46
登封市零星湿地区	968.22	955.89	12.33	
开封市龙亭区零星湿地区	362.70	130.84	97.17	134.69
开封市顺河区零星湿地区	83.00		53.45	29.55
开封市鼓楼区零星湿地区	64.89		64.89	
开封市禹王台区零星湿地区	88.11		35.37	52.74
开封市金明区零星湿地区	593.10	29.88	115.87	447.35
杞县零星湿地区	513.67		513.67	
通许县零星湿地区	499.20	83.88	406.83	8.49
尉氏县零星湿地区	858.19	18.19	263.40	576.60
开封县零星湿地区	1684.99	118.61	1358.14	208.24
兰考县零星湿地区	476.79	43.93	432.86	
洛阳市西工区零星湿地区	21.32	21.32		
洛阳市瀍河区零星湿地区	7.00		7.00	
洛阳市涧西区零星湿地区	95.65			95.65
洛阳市吉利区零星湿地区	15.36	15.36		
洛阳市洛龙区零星湿地区	217.84	39.41	152.80	25.63
孟津县零星湿地区	277.24	118.35	158.89	
新安县零星湿地区	81.05	81.05		
栾川县零星湿地区	11.73	11.73		
嵩县零星湿地区	2549.93	2495.02	54.91	
汝阳县零星湿地区	366.34	287.81	78.53	
宜阳县零星湿地区	355.73	166.76	115.32	73.65
洛宁县零星湿地区	1762.77	1392.94	340.33	29.50
伊川县零星湿地区	660.95	234.51	426.44	
偃师市零星湿地区	393.75	212.04	181.71	

（续）

湿地型 / 湿地区	合 计	库 塘	运河/输水河	水产养殖场
平顶山市新华区零星湿地区	99.94			99.94
平顶山市卫东区零星湿地区	102.51	32.66	57.72	12.13
平顶山市石龙区零星湿地区	25.11	25.11		
平顶山市湛河区零星湿地区	5903.11	5101.33	47.57	754.21
宝丰县零星湿地区	784.09	322.34	461.75	
叶县零星湿地区	2835.02	2147.01	688.01	
鲁山县零星湿地区	3718.77	2629.99	848.23	240.55
郏县零星湿地区	327.15	83.30	243.85	
舞钢市零星湿地区	1642.37	1582.48	59.89	
汝州市零星湿地区	494.80	323.97	170.83	
安阳市文峰区零星湿地区	78.34		67.53	10.81
安阳市北关区零星湿地区	15.92		15.92	
安阳市殷都区零星湿地区	103.53	14.06	89.47	
安阳市龙安区零星湿地区	431.41	161.65	269.76	
安阳县零星湿地区	1089.95	257.35	832.60	
汤阴县零星湿地区	656.27	304.65	351.62	
滑县零星湿地区	1347.88		1347.88	
内黄县零星湿地区	274.39	14.62	259.77	
林州市零星湿地区	1113.28	336.76	776.52	
鹤壁市山城区零星湿地区	99.94	90.27		9.67
鹤壁市淇滨区零星湿地区	502.51	446.74	55.77	
浚县零星湿地区	1323.10	11.40	1311.70	
淇县零星湿地区	483.15	73.39	409.76	
新乡市红旗区零星湿地区	52.03		52.03	
新乡市卫滨区零星湿地区	145.05	52.03	36.99	56.03
新乡市凤泉区零星湿地区	107.37		107.37	
新乡市牧野区零星湿地区	117.69		117.69	
新乡县零星湿地区	298.07	25.96	222.54	49.57
获嘉县零星湿地区	445.48		416.91	28.57
原阳县零星湿地区	1582.18	383.10	865.34	333.74
延津县零星湿地区	532.49		522.73	9.76

（续）

湿地型 湿地区	合 计	库 塘	运河/输水河	水产养殖场
封丘县零星湿地区	953.53		843.11	110.42
长垣县零星湿地区	1065.66		1009.68	55.98
卫辉市零星湿地区	852.98	134.28	718.70	
辉县市零星湿地区	1035.35	389.96	645.39	
焦作市解放区零星湿地区	40.19		40.19	
焦作市中站区零星湿地区	38.23		38.23	
焦作市马村区零星湿地区	151.16		151.16	
焦作市山阳区零星湿地区	139.48	40.03	89.99	9.46
修武县零星湿地区	222.51	91.89	130.62	
博爱县零星湿地区	302.96	60.51	242.45	
武陟县零星湿地区	399.18	35.42	135.80	227.96
温县零星湿地区	228.39		228.39	
沁阳市零星湿地区	114.50	37.71	76.79	
孟州市零星湿地区	499.30	463.69	35.61	
濮阳市华龙区零星湿地区	147.30	101.28	36.95	9.07
清丰县零星湿地区	350.43		319.01	31.42
南乐县零星湿地区	279.99		279.99	
范县零星湿地区	146.32	48.85	63.93	33.54
台前县零星湿地区	95.62		47.03	48.59
濮阳县零星湿地区	1121.01	269.22	711.98	139.81
许昌市魏都区零星湿地区	58.82	30.94	27.88	
许昌县零星湿地区	235.14	34.52	200.62	
鄢陵县零星湿地区	175.96		175.96	
襄城县零星湿地区	618.68	44.29	574.39	
禹州市零星湿地区	982.81	147.35	835.46	
长葛市零星湿地区	402.78	286.32	116.46	
漯河市源汇区零星湿地区	74.37		74.37	
漯河市郾城区零星湿地区	279.65		279.65	
舞阳县零星湿地区	86.74		21.60	65.14
临颍县零星湿地区	590.88		590.88	
三门峡市湖滨区零星湿地区	22.75	22.75		

（续）

湿地型 湿地区	合 计	库 塘	运河/输水河	水产养殖场
渑池县零星湿地区	125.32	125.32		
陕县零星湿地区	287.66	287.66		
卢氏县零星湿地区	35.98	24.49		11.49
义马市零星湿地区	10.45	10.45		
灵宝市零星湿地区	906.80	678.21		228.59
南阳市宛城区零星湿地区	1226.24	203.63	1022.61	
南阳市卧龙区零星湿地区	1791.49	1313.29	393.99	84.21
桐柏县零星湿地区	1017.68	1017.68		
方城县零星湿地区	2475.63	1202.15	1273.48	
淅川县零星湿地区	244.63	126.09	118.54	
镇平县零星湿地区	1847.60	1384.31	437.87	25.42
唐河县零星湿地区	2063.10	1552.75	501.70	8.65
南召县零星湿地区	575.58	552.20	23.38	
内乡县零星湿地区	578.17	538.54	39.63	
新野县零星湿地区	352.33		327.77	24.56
社旗县零星湿地区	348.92	159.68	168.59	20.65
西峡县零星湿地区	494.77	494.77		
邓州市零星湿地区	2688.16	468.70	2219.46	
商丘市梁园区零星湿地区	806.99	121.32	615.65	70.02
商丘市睢阳区零星湿地区	949.26		915.19	34.07
民权县零星湿地区	1007.71	50.48	647.64	309.59
睢县零星湿地区	673.93	49.85	624.08	
宁陵县零星湿地区	445.20		445.20	
柘城县零星湿地区	626.69	19.40	607.29	
虞城县零星湿地区	1481.06	86.91	1339.23	54.92
夏邑县零星湿地区	1728.75	7.97	1720.78	
永城市零星湿地区	4331.99	408.40	3915.35	8.24
信阳市浉河区零星湿地区	153.64	153.64		
信阳市平桥区零星湿地区	3659.51	3642.62	16.89	
罗山县零星湿地区	4298.24	3638.97	541.13	118.14
光山县零星湿地区	4574.73	4410.67	164.06	

（续）

湿地型 湿地区	合 计	库 塘	运河/输水河	水产养殖场
新县零星湿地区	697.07	697.07		
商城县零星湿地区	4524.18	4127.05	397.13	
固始县零星湿地区	2855.45	1364.64	1490.81	
潢川县零星湿地区	3807.34	3038.67	356.85	411.82
淮滨县零星湿地区	1635.65	1567.38	51.84	16.43
息县零星湿地区	1621.34	1148.44	256.56	216.34
周口市川汇区零星湿地区	133.67	74.34	59.33	
扶沟县零星湿地区	477.49	31.55	430.26	15.68
西华县零星湿地区	2260.23	140.02	2096.52	23.69
商水县零星湿地区	1044.09	41.38	983.36	19.35
沈丘县零星湿地区	650.50	18.26	591.79	40.45
郸城县零星湿地区	1060.26	163.44	871.50	25.32
淮阳县零星湿地区	1154.52	203.32	951.20	
太康县零星湿地区	815.61	126.66	660.98	27.97
鹿邑县零星湿地区	493.57	132.87	360.70	
项城市零星湿地区	755.95	120.83	635.12	
驻马店市驿城区零星湿地区	1907.19	1907.19		
西平县零星湿地区	831.87	376.85	455.02	
上蔡县零星湿地区	234.39		234.39	
平舆县零星湿地区	954.53	59.84	885.63	9.06
正阳县零星湿地区	563.33	314.93	235.75	12.65
确山县零星湿地区	1699.64	1533.88	165.76	
泌阳县零星湿地区	3434.61	2986.41	424.84	23.36
汝南县零星湿地区	841.84	41.38	773.30	27.16
遂平县零星湿地区	871.66	312.10	559.56	
新蔡县零星湿地区	415.81	117.32	281.15	17.34
济源市零星湿地区	551.08	91.39	403.58	56.11

9.4 各行政区的人工湿地类型及面积

从行政区分布来看，河南省人工湿地主要集中分布在南阳市、信阳市、驻马店市等地市，见表2-17。

表 2-17 河南省各行政区人工湿地概况表(公顷)

行政区 \ 湿地型	合 计	库 塘	运河/输水河	水产养殖场
合 计	247172.69	168410.98	60387.90	18373.81
郑州市	15749.38	3614.66	2739.73	9394.99
开封市	5349.27	479.70	3351.85	1517.72
洛阳市	17179.65	12878.78	1550.82	2750.05
平顶山市	15932.87	12248.19	2577.85	1106.83
安阳市	5110.97	1089.09	4011.07	10.81
鹤壁市	2408.70	621.80	1777.23	9.67
新乡市	7645.60	1065.31	5903.63	676.66
焦作市	2377.66	729.25	1229.82	418.59
濮阳市	3522.79	1788.07	1458.89	275.83
许昌市	2474.19	543.42	1930.77	
漯河市	1031.64		966.50	65.14
三门峡市	9416.86	9176.78		240.08
南阳市	72692.87	65982.91	6546.47	163.49
商丘市	14567.58	3139.86	10950.88	476.84
信阳市	34286.88	30228.08	3296.07	762.73
周口市	8845.89	1052.67	7640.76	152.46
驻马店市	22257.14	17982.71	4040.49	233.94
济源市	6322.75	5789.70	415.07	117.98

第二节 湿地的分布规律

1 河南省湿地特点

1.1 湿地生物多样性丰富

据调查，河南省湿地脊椎动物有498种，隶属于5纲35目93科，目、科、种分别占河南脊椎动物目、科、种总数的87.5%、82.3%和68.9%。其中，湿地鱼类种类数占河南鱼类总种数的100%，两栖类种类数占河南两栖类总种数的100%；爬行类种类数占河南爬行类总种数的73.9%；鸟类种类数占河南鸟类总种数的63.9%；哺乳类种类数占河南哺乳类总种数的23.8%。

由此可见，湿地是河南野生脊椎动物分布较为集中的地方之一，野生动物资源十分丰富。此外，湿地内还分布有维管束植物 827 种，隶属 130 科 455 属，约占全省维管束植物总种数的 21.4%，湿地植物资源也比较丰富。

1.2 类型多样，分布不均

河南省湿地类型包括河流湿地、湖泊湿地、沼泽湿地等自然湿地和人工湿地 4 类湿地，永久性河流、洪泛平原湿地、永久性淡水湖等 8 个湿地型，全国 34 个湿地型中有 8 个湿地类型在河南省分布。在 4 大湿地类中，河流湿地 369005.50 公顷，占湿地总面积 58.76%；湖泊湿地 6900.63 公顷，占湿地总面积 1.10%；沼泽湿地 4867.32 公顷，占湿地总面积 0.78%；人工湿地 247172.69 公顷，占湿地总面积的 39.36%，因此河流湿地是河南省的主要湿地类型。

河南省湿地的分布和河南省降水量以及河流分布是密切相关的。河南省降水量分布的特点是：总体呈纬向分布，自北向南逐渐增加，山区大于平原。河南大部分河流发源于西部、西北部和东南部的山区。而且同时表现为：一个地区内有多种类型湿地存在，一种湿地类型在几个地区分布，从而构成了遍及河南省丰富多样的湿地组合。

1.3 富营养化严重

大部分地处丘陵平原地区的湖泊、水库，水面开阔地势平坦，深度多在 1～5 米之间，光照充足，水中有机物含量丰富，水生浮游生物及水生植物繁衍很快，给湿地动物提供了丰富的饲料和良好的栖息地。但由于湖泊、水库富集了中上游的有机质，造成富营养化现象较为严重，矿化度升高，水质恶化，如宿鸭湖湿地、贾鲁河上游的尖岗水库、泼河水库等，在枯水期普遍存在富营养化现象。又如三门峡库区湿地，上游工业废水和生活污水、化肥等流入库区导致水体富营养化，降低湿地环境质量，造成部分水生动物死亡，生物多样性减少。

1.4 原生湿地的特征减弱或消失

人类生存的立足点必定是水域附近，由于经济活动的影响，已使许多原生湿地的特征减弱或消失，其原因是：①围垦。围垦主要发生在河流冲刷形成的新滩区，导致湿地面积减少，植被遭到破坏，湿地净化水的功能下降。此外，围垦还导致湿地生境破碎化，人为活动加剧，水禽栖息地环境质量下降，水禽数量减少。②污染。上游工业废水和生活污水、化肥等流入库区导致水体富营养化，降低湿地环境质量，造成部分水生动物死亡，生物多样性减少。③泥沙淤积。河床抬高，水位下降，湿地面积减少，湿地植被退化。④基建和城市化。城市发展占用库区湿地，被占区域原有的湿地植被遭到破坏，导致湿地面积减少，湿地调蓄洪水和净化水质的功能下降。

1.5 天然湿地占优势，国有湿地比重大

从本次调查的总体情况看，天然湿地占绝大多数，面积为 380773.45 公顷，占全省湿地总面积的 60.64%。人工湿地 247172.69 公顷，占全省湿地总面积的 39.36%。

河南省湿地土地权属分为两大类，一是土地所有权属于国有，二是集体所有。根据本次湿地资源调查结果，湿地资源国有土地所有权的比重较大，面积 428619.85 公顷，占全省湿地面积的

68.26%，湿地资源属集体所有的面积 199326.29 公顷，占全省湿地面积的 31.74%。

2 不同湿地类型湿地特点

2.1 河流类湿地特点

河流型湿地是以河流为主体构成的湿地类型。河南省因受地形影响，大部分河流发源于西部、西北部和东南部的山区，流经河南省的形式可分为 4 类：即穿越省境的过境河流；发源地在河南的出境河流；发源地在外省而在河南汇流及干流入境的河流；以及全部在省内的境内河流。

河南省河流型湿地主要补给形式为大气降水。补给时间集中在 6 ~8 月，季节性强，因此河流沿岸的湿地分布和消长也有明显的季节性。河流型湿地以河流为中心，沿河流两岸呈条带状分布。构成这种分布格局的条带状湿地植物群落类型依次是：河流中心的沉水植物群落，河流两侧的挺水植物群落以及河滩地和低阶地的沼泽草甸。

2.2 湖泊类湿地特点

湖泊型湿地是以内陆湖泊为中心形成的湿地类型。河南省内湖泊全部为淡水湖。大多是因为水流对河道的冲刷与侵蚀，致使河流愈来愈弯曲，最后导致河流自然截弯取直，原来弯曲的河道废弃，所形成的牛轭湖。例如黄河牛轭湖、汾河牛轭湖、洪河牛轭湖等。

2.3 沼泽类湿地特点

河南省的沼泽湿地大多是湖泊萎缩或在河流滩地、曲流废弃河段等部位形成的湿地类型，全部为草本沼泽。

河南省沼泽型湿地的分布呈斑块状，主要集中在豫北黄河故道、宿鸭湖水库周边。

2.4 人工类湿地特点

人工湿地分为库塘、输水渠、水产养殖场三型。近年来，河南省修建了大量水库，与已经干涸和缩小的湖泊面积基本相当，表现为自然湿地向人工湿地的转换。同时，渠系建设也不断发展。人工湿地的分布有斑状和网状两种形式，水库、坑塘、水田呈斑状散布于河南省各地，人工渠道则成网状分布于农田内，纵横交织，构成农田水网系统。

3 湿地成因分析

从调查数据来看，河南省湿地可分为河流湿地、湖泊湿地、沼泽湿地、人工湿地四大类型。面积比例上来说，河南省的湿地集中为河流湿地、人工湿地；湖泊湿地和沼泽湿地面积偏小。

河流的形成主要受地形影响，河南大部分河流发源于西部、西北部和东南部的山区，其主要水源补给为大气降水和地下水。河南省湖泊湿地形成主要分为两类：一是河成湖，这类湖泊的形成往往与河流的发育和河道变迁有着密切关系，且主要分布在河南的豫东平原地区，因受地形起伏和水量丰枯等影响，河道经常迁移，因而形成了多种类型的河成湖；二是在平原地区流淌的河流，河曲发育，流水对河面的冲刷与侵蚀，河流愈来愈曲，最后导致河流自然截弯取直，河水由取直部位径直流去，原来弯曲的河道被废弃，所形成湖泊，这类湖泊主要集中在黄河、淮河沿岸；湖泊的补给主要依靠河流、大气降水来补给。沼泽湿地主要分布在黄河故道和湖河旁，由河滩地淹没和湖泊进出水区淤积而成。人工湿地主要为人工修建的河道、水渠、鱼塘、水库等，其补给基本上通过人工渠系、大气降水进行补给。

4 河南省湿地分布

4.1 不同行政区域湿地分布

从表2-5可以看南阳市、信阳市、驻马店市、洛阳市、平顶山市、郑州市的湿地分布较多。由图2-7也可以看出河南省各省辖市湿地面积排序总体情况，由高到低依次是南阳市(湿地占河南省湿地面积的20.26%)、信阳市(湿地占河南省湿地面积的12.43%)、驻马店市(湿地占河南省湿地面积的9.33%)、郑州市(湿地占河南省湿地面积的8.96%)、洛阳市(湿地占河南省湿地面积的7.91%)、新乡市(湿地占河南省湿地面积的6.49%)、平顶山市(湿地占河南省湿地面积的5.61%)、商丘市(湿地占河南省湿地面积的4.90%)、三门峡市(湿地占河南省湿地面积的4.40%)、开封市(湿地占河南省湿地面积的4.09%)、周口市(湿地占河南省湿地面积的3.96%)、焦作市(湿地占河南省湿地面积的3.43%)、濮阳市(湿地占河南省湿地面积的2.21%)、济源市(湿地占河南省湿地面积的1.65%)、安阳市(湿地占河南省湿地面积的1.64%)、许昌市(湿地占河南省湿地面积的1.33%)、漯河市(湿地占河南省湿地面积的0.86%)、鹤壁市(湿地占河南省湿地面积的0.54%)。

4.2 河流湿地分布

按行政区分布，河南省河流湿地的分布最多的为南阳市，其次分布在信阳市和郑州市。

从表2-6的数据可以看出，按二级流域划分，河南省河流湿地主要分布在淮河中游(王家坝至洪泽湖出口)、花园口以下、三门峡至花园口、淮河上游(王家坝以上)、汉江、龙门至三门峡、海河南系、沂沭泗河等二级流域内。按三级流域划分，河南省河流湿地主要分布在花园口以下干流区间、王蚌区间北岸、小浪底至花园口干流区间、王家坝以上北岸、伊洛河、王家坝以上南岸、王蚌区间南岸等三级流域内。其中永久性河流主要分布在王蚌区间北岸、唐白河、王家坝以上北岸等三级流域内；季节性河流主要分布在王蚌区间北岸、漳卫河山区、伊洛河等三级流域内；洪泛平原湿地主要分布在花园口以下干流区间、小浪底至花园口干流区间、龙门至三门峡干流区间等三级流域内。

按照湿地区分布，永久性河流湿地面积最大的是黄河单独区划湿地区；季节性或间歇性河流湿地面积最大的是林州市零星湿地区；洪泛平原湿地面积最大的是黄河单独区划湿地区。

4.3 湖泊湿地分布

按行政区分布，河南省湖泊湿地面积分布最多的为信阳市、驻马店市和商丘市。

按二级流域划分，河南省湖泊湿地主要分布在淮河上游(王家坝以上)、淮河中游(王家坝至洪泽湖出口)、花园口以下、汉江等二级流域内，按三级流域不同，河南省湖泊湿地主要分布在王蚌区间北岸、王家坝以上南岸、王家坝以上北岸、蚌洪区间北岸等三级流域内。

按照湿地区划分，河南省湖泊湿地主要分布在潢川县零星湿地区、光山县零星湿地区、淮阳县零星湿地区。

4.4 沼泽湿地分布

按行政区分布，河南省沼泽湿地面积较大的省辖市有驻马店市、新乡市和商丘市。驻马店市沼泽湿地主要分布在宿鸭湖水库周边，新乡市和商丘市沼泽湿地主要分布在黄河以及黄河故道沿线。

按流域分布，河南省沼泽湿地主要分布在淮河上游(王家坝以上)、花园口以下、三门峡至花园口、沂沭泗河、淮河中游(王家坝至洪泽湖出口)等二级流域内，按三级流域划分，河南省沼泽湿地主要分布在王家坝以上北岸、花园口以下干流区间、湖西区等三级流域。

按湿地区分布，河南省沼泽湿地主要分布在宿鸭湖水库单独区划湿地区、黄河单独区划湿地区、豫东黄河故道单独区划湿地区、嵩县零星湿地区、淮阳县零星湿地区等。

4.5 人工湿地分布

按行政区分布，河南省人工湿地面积分布最多的为南阳市、信阳市、驻马店市 3 个地市。

按二级流域划分，河南省人工湿地主要分布在汉江、淮河中游(王家坝至洪泽湖出口)、淮河上游(王家坝以上)、三门峡至花园口、海河南系、花园口以下等二级流域，其中库塘分布面积最大是丹江口以上，运河/输水河和水产养殖场面积分布最大的是王蚌区间北岸。按三级流域划分，河南人工湿地主要部分在丹江口以上、王蚌区间北岸、王家坝以上南岸、王家坝以上北岸、唐白河等，其中库塘分布面积最大是丹江口以上，运河/输水河和水产养殖场面积分布最大都是王蚌区间北岸。

按湿地区分布，河南省人工湿地(10000 公顷以上)主要分布在丹江口水库、黄河、宿鸭湖水库。其中：库塘湿地的面积较大的有丹江口水库、黄河、宿鸭湖水库；运河/输水河面积最大的是永城市零星湿地区、邓州市零星湿地区、西华县零星湿地区；水产养殖场面积最大的是中牟县零星湿地区、黄河单独区划湿地区、金水区零星湿地区。

第三章 湿地生物资源

第一节 湿地植物和植被

1 湿地植物区系和植物种类

1.1 河南湿地植物物种组成与区系分布

河南处于北亚热带与南暖温带的过渡地带，植物种类丰富，区系成分复杂，显示出南北植物汇合的过渡性及湿地植物的隐域性特点。

据初步调查统计，河南省共有湿地维管束植物 827 种，隶属 130 科 455 属，约占全省维管束植物总种数的 18.49%。其中蕨类植物 17 种，隶属 13 科 14 属，约占全省蕨类植物总种数的 6.67%；裸子植物 8 种，隶属 5 科 7 属，约占全省裸子植物总种数的 10.67%；被子植物 802 种，隶属 112 科 434 属，约占全省被子植物总种数的 19.36%，见表 3-1。

表 3-1 河南省湿地维管束植物基本情况表

类　别	河南湿地维管束植物			河南省维管束植物			湿地维管束植物占河南同类物种比例(%)		
	科	属	种	科	属	种	科	属	种
蕨类植物	13	14	17	29	73	255	44.83	19.18	6.67
裸子植物	5	7	8	10	25	75	50.00	28.00	10.67
被子植物	112	434	802	158	1093	4143	70.89	39.71	19.36
合　计	130	455	827	197	1191	4473	65.99	38.20	18.49

1.1.1 科统计分析

含 30 种以上的科有 7 科 185 属 392 种，分别占湿地植物总科数的 5.38%，总属数的 40.66% 和总种数的 47.40%。由此可见，含 30 种以上的科是河南湿地植物的主要组成部分，在河南湿地高等植物区系组成中占主导地位。含有 30 种以上的科依次为：禾本科 103 种、菊科 91 种、莎草科 49 种、豆科 47 种、蓼科 35 种、蔷薇科 35 种、唇形科 32 种。含 10 ~ 30 种的科有 9 个，共 122 种，隶属 61 个属，分别占总科数的 6.92%，总属数的 13.41% 和总种数的 14.75%。含 10 种以下 1 种以上的科有 64 科，共 263 种，隶属 159 属，分别占总科数的 49.23%，总属数的 34.95% 和总种数的 31.80%；单属单种的科计 50 个，占总科数的 38.46%，总属数的 10.99% 和总种数的 6.05%。

含有 10 属以上的科有 7 科，依次排列是：禾本科 63 属、菊科 40 属、豆科 27 属、唇形科 20 属、蔷薇科 17 属、伞形科 12 属、莎草科 11 属。此 7 科按照所含种数多少依次排列是：禾本科 103 种、菊科 91 种、莎草科 49 种、豆科 47 种、蔷薇科 35 种、唇形科 32 种、伞形科 14 种。含 10 属以上的科虽然只有 7 科，但包含了 190 属，371 种，占总科数的 5.38%，总属数的 41.76%，总种数的 44.86%，因而这些是河南湿地植物的优势科，在湿地植物区系组成中占有重要地位。

1.1.2 属统计分析

含 10 个种以上的属共有 4 属，分别为蒿属 25 种、蓼属 21 种、薹草属 13 种、莎草属 12 种。占总属数的 0.88%，总种数 8.59%；含 2 ~ 9 个种的属有 155 个，460 种，占总属数的 34.07%，占总种数的 55.62%；仅含有 1 种的属有 296 个，占总属的 65.05%，占总种数的 35.79%。

1.1.3 种统计分析

按照生活型来划分，在 827 种高等植物中，乔木有 75 种，占总种数的 9.07%，主要集中在杨柳科、蔷薇科、豆科、胡桃科、木犀科、松科等；灌木有 99 种，占总种数的 11.97%，主要集中于蔷薇科、豆科、木犀科、鼠李科、马鞭草科、忍冬科。草本植物占绝对优势，共有 653 种，占总种数的 78.96%。

1.2 区系分布

在植物分类学上，属的形态特征相对比较稳定，占有比较固定的分布区，但也能随着地理环境条件的变化而产生分化，因此属能较好地反映植物系统发育过程中的进化分化情况和地区性特征。下面就以属为单位对河南湿地植物进行区系划分。

根据秦仁昌《中国蕨类植物科属志》，河南湿地蕨类植物有 13 科 14 属 17 种；其中世界分布 8 属，分别是槐叶苹属、木贼属、蕨属、鳞毛蕨属、满江红属、苹属、石韦属、卷柏属；泛热带分布 4 属，分别为海金沙属、金星蕨属、水蕨属、凤尾蕨属；北温带分布 1 属，为荚果蕨属；热带亚洲至热带非洲分布 1 属，为贯众属，见表 3-2。

表 3-2 河南湿地蕨类植物属、种分布类型统计表

分布类型	属　数	占总属数的比例(%)
1. 世界分布	8	57.14
2. 泛热带分布	4	28.57
6. 热带亚洲至热带非洲分布	1	7.14
8. 北温带分布	1	7.14
总　计	14	100

根据吴征镒(1991)的中国种子植物属分布类型的划分系统，将河南湿地种子植物 441 属划分

为表3-3所示的分布类型。

表3-3 河南湿地种子植物441属分布类型统计表

分布类型	湿地种子植物属(441属)
1. 世界分布	苋属、银莲花属、黄耆属、鬼针草属、碎米荠属、薹草属、金鱼藻属、藜属、铁线莲属、蒲儿根属、旋花属、莎草属、马唐属、荸荠属、飞蓬属、牛膝菊属、拉拉藤属、老鹳草属、鼠麴草属、杉叶藻属、金丝桃属、水莎草属、灯心草属、浮萍属、独行菜属、半边莲属、珍珠菜属、千屈菜属、狐尾藻属、茨藻属、豆瓣菜属、睡莲属、荇菜属、酢浆草属、黍属、芦苇属、酸浆属、商陆属、车前属、早熟禾属、蓼属、眼子菜属、毛茛属、鼠李属、刺子莞属、焊菜属、悬钩子属、酸模属、猪毛菜属、鼠尾草属、水葱属、藨草属、黄芩属、千里光属、泽芹属、茄属、槐属、紫萍属、水苏属、繁缕属、碱蓬属、水麦冬属、香蒲属、狸藻属、堇菜属、芜萍属、苍耳属(67属)
2. 泛热带分布	苘麻属、铁苋菜属、牛膝属、合萌属、莲子草属、马兜铃属、芦竹属、苎麻属、孔颖草属、醉鱼草属、球柱草属、黄杨属、紫珠属、打碗花属、决明属、青葙属、朴属、积雪草属、石胡荽属、金粟兰属、虎尾草属、金须茅属、木防己属、鸭跖草属、白酒草属、菟丝子属、鹅绒藤属、狗牙根属、曼陀罗属、薯蓣属、柿属、鳢肠属、䅟属、野黍属、卫矛属、泽兰属、大戟属、榕属、飘拂草属、算盘子属、大叶草属、耳草属、牛鞭草属、木槿属、天胡荽属、冬青属、凤仙花属、白茅属、木蓝属、番薯属、柳叶箬属、小牵牛属、素馨属、水蜈蚣属、假稻属、千金子属、母草属、丁香蓼属、含羞草属、罗勒属、求米草属、雀稗属、狼尾草属、牵牛属、菜豆属、叶下珠属、冷水花属、棒头草属、马齿苋属、节节菜属、甘蔗属、乌桕属、田菁属、狗尾草属、番杏属、蒺藜属、苦草属、马鞭草属、牡荆属、花椒属、枣属(82属)
3. 东亚及热带南美洲间断分布	蒲苇属、凤眼蓝属、砂引草属、苦树属(4属)
4. 旧世界热带分布	八角枫属、合欢属、水蔗草属、泽薹草属、乌蔹莓属、拟金茅属、吴茱萸属、白饭树属、扁担杆属、水鳖属、野桐属、楝属、雨久花属、海桐花属、爵床属、千金藤属(16属)
5. 热带亚洲至热带大洋洲分布	黑藻属、紫薇属、淡竹叶属、臭椿属、野扁豆属、通泉草属、香椿属、栝楼属、结缕草属(9属)
6. 热带亚洲至热带非洲分布	水团花属、芦荟属、荩草属、野茼蒿属、黄瓜属、蝎子草属、大豆属、芒属、杠柳属、香茶菜属、蓖麻属、豨莶属、菅属、赤瓟属(14属)
7. 热带亚洲分布	构属、薏苡属、芋属、蛇莓属、绞股蓝属、水禾属、箬竹属、苦荬菜属、山胡椒属、鸡矢藤属、葛属(11属)
8. 北温带分布	和尚菜属、龙芽草属、泽泻属、葱属、看麦娘属、香青属、楼斗菜属、无心菜属、蒿属、假升麻属、野古草属、紫菀属、燕麦属、水毛茛属、菵草属、小檗属、芸薹属、雀麦属、拂子茅属、驴蹄草属、荠属、鹅耳枥属、栗属、樱属、毒芹属、蓟属、风轮菜属、山茱萸属、紫堇属、黄栌属、山楂属、柏木属、胡萝卜属、播娘蒿属、野青茅属、稗属、胡颓子属、披碱草属、柳叶菜属、画眉草属、何首乌属、草莓属、梣属、路边青属、活血丹属、异燕麦属、葎草属、鸢尾属、胡桃属、地肤属、山黧豆属、火绒草属、赖草属、亚麻属、紫草属、忍冬属、枸杞属、地笋属、臭草属、薄荷属、桑属、萍蓬草属、虉草属、梯牧草属、松属、黄精属、杨属、委陵菜属、夏枯草属、李属、碱茅属、白头翁属、栎属、杜鹃属、盐肤木属、蔷薇属、茜草属、慈姑属、柳属、接骨木属、地榆属、虎耳草属、景天属、蝇子草属、苦苣菜属、黑三棱属、绣线菊属、针茅属、蒲公英属、唐松草属、车轴草属、碱菀属、三毛草属、榆属、荨麻属、缬草属、婆婆纳属、荚蒾属、野豌豆属、葡萄属、槭属(101属)

（续）

分布类型	湿地种子植物属(441 属)
9. 东亚及北美洲间断分布	菖蒲属、藿香属、紫穗槐属、蛇葡萄属、两型豆属、金线草属、罗布麻属、勾儿茶属、山核桃属、梓属、长白山蚂蝗属、山桃草属、皂荚属、向日葵属、绣球属、胡枝子属、枫香树属、橙桑属、木兰属、十大功劳属、蝙蝠葛属、乱子草属、莲属、木犀属、地锦属、扯根菜属、透骨草属、梭鱼草属、刺槐属、三白草属、漆属、络石属、菰属(33 属)
10. 旧世界温带分布	芨芨草属、水棘针属、桃属、飞廉属、天名精属、雪松属、白屈菜属、茼蒿属、隐子草属、蛇床属、隐花草属、菊属、川续断属、香薷属、山莴苣属、淫羊藿属、荞麦属、连翘属、萱草属、旋覆花属、莴苣属、夏至草属、益母草属、橐吾属、女贞属、黑麦草属、苜蓿属、草木犀属、乳苣属、鹅肠菜属、荆芥属、水芹属、牛至属、前胡属、糙苏属、梨属、鹅观草属、硬草属、漏芦属、柽柳属、窃衣属、菱属(42 属)
11. 温带亚洲分布	锦鸡儿属、米口袋属、马兰属、大黄属、防风属、苦马豆属、杏属、油芒属、狼毒属、附地菜属、女菀属(11 属)
12. 地中海、西亚至中亚分布	山羊草属、燕麦草属、芫荽属、牻牛儿苗属、糖芥属、茴香属、石头花属、盐生草属、雪柳属、角茴香属、小蓬属、黄连木属、石榴属(13 属)
13. 中亚分布	大麻属(1 属)
14. 东亚分布	猕猴桃属、木通属、斑种草属、莸属、三尖杉属、田麻属、芡属、裸菀属、泥胡菜属、狗娃花属、蕺菜属、棣棠花属、栾树属、鸡眼草属、山麦冬属、檵木属、博落回属、萝藦属、石荠苎属、沿阶草属、败酱属、泡桐属、紫苏属、刚竹属、侧柏属、枫杨属、地黄属、白马骨属、竹叶子属、油桐属、黄鹌菜属(31 属)
15. 中国特有分布	杜仲属、牛鼻栓属、银杏属、蝟实属、水杉属、翼蓼属(6 属)

河南湿地种子植物属的分布类型统计，见表 3-4。

表 3-4 河南湿地种子植物属的分布类型统计表

分布类型	属 数	占总属数比例(%)
1. 世界分布	67	15. 19
2. 泛热带分布	82	18. 59
3. 东亚及热带南美洲间断分布	4	0. 91
4. 旧世界热带分布	16	3. 63
5. 热带亚洲至热带大洋洲分布	9	2. 04
6. 热带亚洲至热带非洲分布	14	3. 17
7. 热带亚洲分布	11	2. 49
8. 北温带分布	101	22. 90
9. 东亚和北美洲间断分布	33	7. 48
10. 旧世界温带分布	42	9. 52
11. 温带亚洲分布	11	2. 49

（续）

分布类型	属 数	占总属数比例(%)
12. 地中海、西亚至中亚分布	13	2.95
13. 中亚分布	1	0.23
14. 东亚分布	31	7.03
15. 中国特有分布	6	1.36
总 计	441	100

2 河南湿地植物区系特点

2.1 河南湿地蕨类植物区系特点

从河南湿地蕨类属的区系组成看，其群系分布与河南所处的地理位置及气候条件是相一致的，其中世界成分类型占57.14%，泛热带成分类型占28.57%，北温带成分类型占7.14%，热带亚洲至热带非洲成分类型占7.14%。综上所述，河南湿地蕨类植物区系特点为：种类稀少，区系组成简单，世界分布类型占绝对优势，缺乏特有属。

2.2 河南湿地种子植物区系特点

2.2.1 湿地植物单种科、单种属所占比例大，分布类型较多

河南湿地植物区系丰富是由于河南处于暖温带与亚热带的过渡区，适于多种区系植物生存。湿地植物中，仅含1种的科有50科，占总科数的38.46%。仅含1种的属有296属，占总属数的65.05%。属分布类型多，没有绝对优势类型；分布类型前三的依次是北温带分布101属，占总属数的22.90%；泛热带分布82属，占18.59%；世界广布67属，占15.19%。

2.2.2 河南湿地种子植物区系的地理成分复杂

河南湿地种子植物以北温带成分占优势，占总属数22.90%，泛热带成分第二，占总属数的18.59%，世界广布成分占总属数的15.19%，旧世界温带分布成分占总属数9.52%，东亚及北美洲间断分布成分占总属数7.48%等，这充分说明河南湿地种子植物区系的来源是多方面的，各种成分在这里汇合交融，并在独特的环境中演化，形成现代如此复杂的区系特征。

2.2.3 河南湿地种子植物中科的优势现象明显

湿地种子植物中，含有30个种以上的科有7个，共有392个种，隶属185个属，占总科数的5.38%，却占总属数的40.66%和总种数的47.40%。这表明，河南湿地种子植物区系中科的优势现象十分显著，这7个科是河南湿地种子植物区系的优势科，按所含种数多少排列依次是：禾本科105种；菊科95种；莎草科49种；豆科48种；蓼科35种；蔷薇科35种；唇形科34种。

3 国家重点保护野生湿地植物

本次调查过程中记录的国家Ⅰ级保护野生植物有水杉、银杏2种；国家Ⅱ级保护野生植物有野大豆、水曲柳、莲、野菱4种；省级重点保护植物有粗榧、杜仲、枫香、胡桃楸、荚果蕨、绞股蓝、三尖杉共7种。

4 湿地植被类型和分布

依据植被型组—植被型—群系的分类系统，通过本次河南湿地植被调查发现，河南湿地植被共有 5 个植被型组，11 个植被型，531 个群系。其中，重点调查湿地中有 303 个群系，重点调查湿地中主要植被类型和分布状况如下：

4.1 针叶林湿地植被型组

4.1.1 暖性针叶林湿地植被型

水杉群系。河南省零星分布，本次调查仅发现于河南淮滨淮南湿地省级自然保护区。分布于间歇性积水区的堤埂上。

4.2 阔叶林湿地植被型组

4.2.1 落叶阔叶林湿地植被型

(1)腺柳群系。河南湿地零星分布，本次调查发现于河南董寨国家级自然保护区、河南商城鲇鱼山省级自然保护区。分布于河岸等地，伴生植物有枫杨、榆树等。

(2)榆树群系。河南湿地零星分布，本次调查发现于河南鹤壁淇河国家湿地公园、河南黄河湿地国家级自然保护区。分布于岸边。

(3)白花泡桐群系。河南湿地零星分布，本次调查发现于河南黄河湿地国家级自然保护区。分布于河岸老滩。

(4)欧美杨群系。河南湿地广布，本次调查发现于河南董寨国家级自然保护区、河南固始淮河湿地省级自然保护区、河南淮滨淮南湿地省级自然保护区。分布于河滩或渠埂上，主要伴生植物有枫杨、旱柳等。

(5)楝群系。河南湿地零星分布，本次调查发现于河南淮阳龙湖国家湿地公园、河南漯河市沙河国家湿地公园。分布于湖心高滩和渠岸等地。

(6)君迁子群系。河南湿地零星分布，本次调查发现于河南黄河湿地国家级自然保护区。分布于河滩高滩，主要伴生植物有黄连木等。

(7)黄花柳群系。河南湿地零星分布，本次调查发现于河南伏牛山国家级自然保护区。分布于河流两岸。

(8)槐群系。河南湿地零星分布，本次调查发现于河南漯河市沙河国家湿地公园。分布于河滩地。

(9)胡桃楸群系。河南湿地零星分布，本次调查发现于河南伏牛山国家级自然保护区。分布于河边高地上，伴生植物有麻栎、连翘等。

(10)旱柳群系。河南湿地广布，本次调查发现于河南平顶山白龟山湿地省级自然保护区、河南董寨国家级自然保护区、河南鹤壁淇河国家湿地公园、河南黄河湿地国家级自然保护区、河南开封柳园口省级湿地自然保护区、河南漯河市沙河国家湿地公园、河南平顶山白龟湖国家湿地公园、河南太行山猕猴国家级自然保护区、河南信阳四望山省级自然保护区、河南郑州黄河湿地省级自然保护区、洛河(卢氏县)。分布于河漫滩、岸边等地，主要伴生植物有枫杨、芦苇等。

(11)构树群系。河南湿地零星分布，本次调查发现于河南固始淮河湿地省级自然保护区、河南黄河湿地国家级自然保护区、河南漯河市沙河国家湿地公园。分布于河滩和渠岸等地，主要伴生植物有楝树等。

(12)枫杨群系。河南湿地广布，本次调查发现于河南董寨国家级自然保护区、河南商城金刚台省级自然保护区、河南连康山国家级自然保护区、河南信阳四望山省级自然保护区、南阳恐龙蛋化石群古生物国家级自然保护区。分布于河岸，主要伴生植物有腺柳、旱柳等。

(13)棣棠花群系。河南湿地零星分布，本次调查发现于河南洛阳熊耳山省级自然保护区。分布于河岸高地，主要伴生植物有麻栎、胡枝子等。

(14)枫香群系。河南湿地零星分布，本次调查发现于河南连康山国家级自然保护区。分布于河岸，伴生植物有枫杨、黄连木、盐肤木等。

4.3 灌草丛湿地植被型组

4.3.1 盐生灌丛湿地植被型

柽柳群系。河南湿地零星分布，本次调查发现于河南黄河湿地国家级自然保护区、河南开封柳园口省级湿地自然保护区、三门峡库区湿地。分布于沼泽湿地低洼处，河漫滩等地，伴生植物有杠柳、狗牙根等。

4.3.2 落叶阔叶灌丛湿地植被型

(1)杠柳群系。河南湿地广布，本次调查发现于河南平顶山白龟山湿地省级自然保护区、河南伏牛山国家级自然保护区、河南黄河湿地国家级自然保护区、三门峡库区湿地。分布于河滩、堤边，伴生植物有紫花地丁、茵陈蒿、白蒿、繁缕、鸭舌草等。

(2)黄荆群系。河南湿地广布，本次调查发现于河南董寨国家级自然保护区、河南黄河湿地国家级自然保护区、河南洛阳熊耳山省级自然保护区、河南内乡湍河湿地省级自然保护区、河南信阳四望山省级自然保护区、南阳恐龙蛋化石群古生物国家级自然保护区、三门峡库区湿地。分布于河滩、水库边，伴生植物有中国绣球、金灯藤、斑茅、胡枝子、糙苏、乌蔹莓等。

(3)金樱子群系。河南湿地零星分布，本次调查发现于河南黄河湿地国家级自然保护区。分布于水库岸边，伴生植物有葎草、艾等。

(4)李叶绣线菊群系。河南湿地零星分布，本次调查发现于河南小秦岭国家级自然保护区。分布于季节性河岸边。

(5)连翘群系。河南湿地零星分布，本次调查发现于河南伏牛山国家级自然保护区。分布于河岸边，伴生植物有卫矛、茅莓等。

(6)山胡椒群系。河南湿地零星分布，本次调查发现于河南信阳四望山省级自然保护区。分布于河岸，伴生植物有牛鼻栓、鱼子兰等。

(7)小果蔷薇群系。河南湿地零星分布，本次调查发现于丹江口库区湿地。分布于库区滩地，伴生植物有算盘子等。

(8)柘群系。河南湿地零星分布，本次调查发现于河南信阳四望山省级自然保护区。分布于河岸边，伴生植物有盐肤木等。

(9)紫穗槐群系。河南湿地零星分布，本次调查发现于河南黄河湿地国家级自然保护区。分布于河滩地。

(10)荆条群系。河南湿地零星分布，本次调查发现于河南黄河湿地国家级自然保护区。伴生植物有葎草、艾等。

4.4 草丛湿地植被型组

4.4.1 莎草型湿地植被型

(1)阿穆尔莎草群系。河南湿地零星分布，本次调查发现于河南开封柳园口省级湿地自然保护区。分布于河岸边，伴生植物有芒、苍耳、狗牙根等。

(2)扁穗莎草群系。河南湿地广布，本次调查发现于河南黄河湿地国家级自然保护区、河南商城鲇鱼山省级自然保护区、河南新乡黄河湿地鸟类国家级自然保护区、三门峡库区湿地。分布于水库岸边和河滩地，伴生植物有稗、小藜等。

(3)双穗飘拂草群系。河南湿地零星分布，本次调查发现于河南商城鲇鱼山省级自然保护区。分布于水库岸边，伴生植物有稗、小灯心草、一年蓬、灯心草等。

(4)短叶水蜈蚣群系。河南湿地零星分布，本次调查发现于河南商城鲇鱼山省级自然保护区。分布于水库边，伴生植物有狗牙根、鳢肠、鬼针草等。

(5)褐穗莎草群系。河南湿地零星分布，本次调查发现于洛河(卢氏县)。分布于河滩地，伴生植物有茅莓、稗等。

(6)红鳞扁莎群系。河南湿地零星分布，本次调查发现于河南伏牛山国家级自然保护区。分布于河岸，伴生植物有马唐、尼泊尔蓼等。

(7)花穗水莎草群系。河南湿地零星分布，本次调查发现于河南开封柳园口省级湿地自然保护区。分布于河岸，伴生植物有水蓼等。

(8)荆三棱群系。河南湿地广布，本次调查发现于河南黄河湿地国家级自然保护区、河南开封柳园口省级湿地自然保护区、三门峡库区湿地。分布于河滩地和岸边，伴生植物有芦苇、水蓼等。

(9)龙师草群系。河南湿地零星分布，本次调查发现于河南商城鲇鱼山省级自然保护区。分布于水库边，伴生植物有狗牙根。

(10)牛毛毡群系。河南湿地零星分布，本次调查发现于河南商城鲇鱼山省级自然保护区。分布于水库边，伴生植物有稗、野慈姑、狗牙根等。

(11)球穗扁莎群系。河南湿地零星分布，本次调查发现于南阳恐龙蛋化石群古生物国家级自然保护区。分布于河岸，伴生植物有鳢肠、鬼针草、稗等。

(12)日本薹草群系。河南湿地零星分布，本次调查发现于河南洛阳熊耳山省级自然保护区、嵩县大鲵自然保护区。分布于河滩地，伴生植物有节节草、葎草、荩草、旋覆花、狼尾草等。

(13)水葱群系。河南湿地零星分布，本次调查发现于河南黄河湿地国家级自然保护区、河南内乡湍河湿地省级自然保护区。分布于近岸浅水，伴生植物有假稻、喜旱莲子草等。

(14)水莎草群系。河南湿地广布，本次调查发现于河南黄河湿地国家级自然保护区、河南濮阳黄河湿地省级自然保护区、河南省南阳市白河国家城市湿地公园、河南省郑州黄河国家湿地公园、河南信阳四望山省级自然保护区、河南偃师伊洛河国家湿地公园、河南郑州黄河湿地省级自然保护区、盘石头水库。分布于滩地及浅水区，伴生植物有鳢肠、白羊草、水蓼、稗、鬼针草、双穗雀稗等。

(15)碎米莎草群系。河南湿地零星分布，本次调查发现于南阳恐龙蛋化石群古生物国家级自然保护区。分布于河岸及浅水区，伴生植物有丁香蓼、球穗扁莎、水蓼、鬼针草、水芹、马唐等。

(16)头状穗莎草群系。河南湿地零星分布，本次调查发现于河南偃师伊洛河国家湿地公园。分布于洪泛平原、河流、坑塘等地，伴生植物有稗、野慈姑、委陵菜。

(17)夏飘拂草群系。河南湿地广布，本次调查发现于河南鹤壁淇河国家湿地公园、河南商城鲇鱼山省级自然保护区、南阳恐龙蛋化石群古生物国家级自然保护区、彰武水库。分布于水边及浅水区，伴生植物有狗牙根、水蓼、一年蓬等。

(18)异型莎草群系。河南湿地广布，本次调查发现于丹江口库区湿地、河南固始淮河湿地省级自然保护区、河南黄河湿地国家级自然保护区、河南洛阳熊耳山省级自然保护区、河南商城鲇鱼山省级自然保护区、河南省南阳市白河国家城市湿地公园、河南太行山猕猴国家级自然保护区、河南新乡黄河湿地鸟类国家级自然保护区、河南偃师伊洛河国家湿地公园、南阳恐龙蛋化石群古生物国家级自然保护区、三门峡库区湿地、宿鸭湖湿地。分布于河边及滩地，伴生植物有长芒稗、益母草、银丁菜、葎草、马齿苋等。

(19)翼果薹草群系。河南湿地零星分布，本次调查发现于河南开封柳园口省级湿地自然保护区、河南洛阳熊耳山省级自然保护区。分布于河岸，伴生植物有芒、野大豆等。

(20)皱果薹草群系。河南湿地零星分布，本次调查发现于河南伏牛山国家级自然保护区。分布于河岸，伴生植物有求米草、活血丹等。

(21)猪毛草群系。河南湿地零星分布，本次调查发现于三门峡库区湿地。分布于河滩地，伴生植物有葎草等。

4.4.2 禾草型湿地植被型

(1)白茅群系。河南湿地广布，本次调查发现于丹江口库区湿地、河南平顶山白龟山湿地省级自然保护区、河南黄河湿地国家级自然保护区、河南开封柳园口省级湿地自然保护区、河南内乡湍河湿地省级自然保护区、河南漯河市沙河国家湿地公园、河南郑州黄河湿地省级自然保护区、河南省郑州黄河国家湿地公园、河南省南阳市白河国家城市湿地公园、南阳恐龙蛋化石群古生物国家级自然保护区、三门峡库区湿地、嵩县大鲵自然保护区。分布于滩地及岸边，伴生植物有荩草、艾、节节草、葎草、狗牙根、喜旱莲子草、风轮菜等。

(2)稗群系。河南湿地广布，本次调查发现于河南黄河湿地国家级自然保护区、河南开封柳园口省级湿地自然保护区、河南林州万宝山省级自然保护区、河南内乡湍河湿地省级自然保护区、河南濮阳黄河湿地省级自然保护区、河南商城鲇鱼山省级自然保护区、河南省南阳市白河国家城市湿地公园、河南偃师伊洛河国家湿地公园、河南郑州黄河湿地省级自然保护区、洛河(卢氏县)、南阳恐龙蛋化石群古生物国家级自然保护区、三门峡库区湿地、嵩县大鲵自然保护区、小南海水库、彰武水库。分布于滩地及岸边，伴生植物有反枝苋、牡蒿、紫菀、酸模叶蓼、水葱、鳢肠等。

(3)斑茅群系。河南湿地广布，本次调查发现于丹江口库区湿地、河南黄河湿地国家级自然保护区、河南内乡湍河湿地省级自然保护区、南阳恐龙蛋化石群古生物国家级自然保护区。分布于河滩及岸边，伴生植物有蒌蒿、白茅、小蓬草(即加拿大蓬)、臭草、荔枝草、马唐、狗牙根等。

(4)臭草群系。河南湿地零星分布，本次调查发现于河南黄河湿地国家级自然保护区。分布于岸边，伴生植物有大车前、鬼针草、牡蒿、小蓬草、荔枝草、斑茅等。

(5)刺芒群系。河南湿地零星分布，本次调查发现于河南开封柳园口省级湿地自然保护区。分布于河岸，伴生植物有芒、翼果薹草、狗牙根等。

(6)大狗尾草群系。河南湿地零星分布，本次调查发现于河南董寨国家级自然保护区。分布于水库边，伴生植物有小蓬草、苍耳等。

(7)荻群系。河南湿地广布，本次调查发现于河南伏牛山国家级自然保护区、河南濮阳黄河湿地省级自然保护区、河南省郑州黄河国家湿地公园、南阳恐龙蛋化石群古生物国家级自然保护区。分布于河滩及河岸，伴生植物有败酱、野大豆、双穗雀稗、异型莎草等。

(8)鹅观草群系。河南湿地广布，本次调查发现于河南鹤壁淇河国家湿地公园、河南黄河湿地国家级自然保护区、河南开封柳园口省级湿地自然保护区、三门峡库区湿地、宿鸭湖湿地。分布于河滩及河岸，伴生植物有臭草、野大豆、牡蒿、狗牙根、鬼针草、小蓬草等。

(9)狗尾草群系。河南湿地广布，本次调查发现于分布于丹江口库区湿地、河南固始淮河湿地省级自然保护区、河南黄河湿地国家级自然保护区、河南开封柳园口省级湿地自然保护区、河南林州万宝山省级自然保护区、河南商城鲇鱼山省级自然保护区、河南淮阳龙湖国家湿地公园、河南省南阳市白河国家城市湿地公园、河南太行山猕猴国家级自然保护区、河南郑州黄河湿地省级自然保护区、卢氏大鲵自然保护区、南阳恐龙蛋化石群古生物国家级自然保护区、盘石头水库、三门峡库区湿地。分布于河滩及岸边，伴生植物有鸡眼草、异型莎草、益母草、莲子草、马唐、无芒稗、反枝苋等。

(10)狗牙根群系。河南湿地广布，本次调查发现于丹江口库区湿地、河南平顶山白龟山湿地省级自然保护区、河南董寨国家级自然保护区、河南固始淮河湿地省级自然保护区、河南淮滨淮南湿地省级自然保护区、河南黄河湿地国家级自然保护区、河南开封柳园口省级湿地自然保护区、河南内乡湍河湿地省级自然保护区、河南商城鲇鱼山省级自然保护区、河南淮阳龙湖国家湿地公园、河南漯河市沙河国家湿地公园、河南省南阳市白河国家城市湿地公园、河南省郑州黄河国家湿地公园、河南太行山猕猴国家级自然保护区、河南新乡黄河湿地鸟类国家级自然保护区、河南偃师伊洛河国家湿地公园、河南郑州黄河湿地省级自然保护区、南阳恐龙蛋化石群古生物国家级自然保护区、三门峡库区湿地、汤河水库、宿鸭湖湿地。分布于河滩及河岸，伴生植物有长鬃蓼、田旋花、马唐、马齿苋、反枝苋、新月大戟等。

(11)菰群系。河南湿地零星分布，本次调查发现于河南黄河湿地国家级自然保护区。分布坑塘浅水区，伴生植物有浮萍等。

(12)虎尾草群系。河南湿地零星分布，本次调查发现于河南伏牛山国家级自然保护区、河南内乡湍河湿地省级自然保护区、南阳恐龙蛋化石群古生物国家级自然保护区。分布于滩地及河岸，伴生植物有茅莓等。

(13)黄背草群系。河南湿地零星分布，本次调查发现于南阳恐龙蛋化石群古生物国家级自然保护区。分布于河岸，伴生植物有狗尾草等。

(14)假稻群系。河南湿地零星分布，本次调查发现于河南内乡湍河湿地省级自然保护区、南阳恐龙蛋化石群古生物国家级自然保护区。分布于河岸及浅水区，伴生植物有稗、碎米莎草等。

(15)假苇拂子茅群系。河南湿地零星分布，本次调查发现于河南黄河湿地国家级自然保护区、河南省郑州黄河国家湿地公园、河南郑州黄河湿地省级自然保护区。分布于滩地及岸边，伴生植物有鬼针草、双穗雀稗、碱蓬等。

(16)节节麦群系。河南湿地零星分布，本次调查发现于河南黄河湿地国家级自然保护区。分布于河岸，伴生植物有葎草、酢浆草、狗尾草、阿尔泰狗娃花等。

(17)金色狗尾草群系。河南湿地零星分布，本次调查发现于丹江口库区湿地、河南商城鲇鱼山省级自然保护区。分布于河滩及水库边，伴生植物有长芒稗、狗牙根、马唐等。

(18)荩草群系。河南湿地广布，本次调查发现于丹江口库区湿地、河南鹤壁淇河国家湿地公园、河南省郑州黄河国家湿地公园、南阳恐龙蛋化石群古生物国家级自然保护区、盘石头水库。分布于滩地及岸边，伴生植物有狗尾草、齿果酸模、田旋花、异型莎草等。

(19)看麦娘群系。河南湿地零星分布，本次调查发现于河南太行山猕猴国家级自然保护区。分布于岸边，伴生植物有葎草、酢浆草、茵陈蒿等。

(20)孔雀稗群系。河南湿地零星分布，本次调查发现于河南偃师伊洛河国家湿地公园。分布于河漫滩，伴生植物有水蓼、狗牙根、碱蓬等。

(21)狼尾草群系。河南湿地广布，本次调查发现于河南平顶山白龟山湿地省级自然保护区、河南鹤壁淇河国家湿地公园、河南黄河湿地国家级自然保护区、河南洛阳熊耳山省级自然保护区、河南小秦岭国家级自然保护区、南阳恐龙蛋化石群古生物国家级自然保护区、嵩县大鲵自然保护区。分布于滩地及岸边，伴生植物有白茅、堇菜、灯心草、委陵菜等。

(22)柳叶箬群系。河南湿地零星分布，本次调查发现于分布于丹江口库区湿地。分布于滩地及浅水区，伴生植物有水芹、节节草、酸模等。

(23)芦苇、狗牙根群系。河南湿地零星分布，本次调查发现于河南郑州黄河湿地省级自然保护区。分布于河滩地，伴生植物有水莎草等。

(24)芦苇群系。河南湿地广布，本次调查发现于丹江口库区湿地、河南平顶山白龟山湿地省级自然保护区、河南董寨国家级自然保护区、河南伏牛山国家级自然保护区、河南固始淮河湿地省级自然保护区、河南鹤壁淇河国家湿地公园、河南黄河湿地国家级自然保护区、河南开封柳园口省级湿地自然保护区、河南林州万宝山省级自然保护区、河南洛阳熊耳山省级自然保护区、河南内乡湍河湿地省级自然保护区、河南濮阳黄河湿地省级自然保护区、河南淮阳龙湖国家湿地公园、河南漯河市沙河国家湿地公园、河南省南阳市白河国家城市湿地公园、河南平顶山白龟湖国家湿地公园、河南省平顶山市白鹭洲城市湿地公园、河南省郑州黄河国家湿地公园、河南太行山猕猴国家级自然保护区、河南小秦岭国家级自然保护区、河南连康山国家级自然保护区、河南新乡黄河湿地鸟类国家级自然保护区、河南信阳四望山省级自然保护区、河南偃师伊洛河国家湿地公园、河南郑州黄河湿地省级自然保护区、卢氏大鲵自然保护区、南阳恐龙蛋化石群古生物国家级自然保护区、盘石头水库、三门峡库区湿地、嵩县大鲵自然保护区。分布于滩地及浅水区，伴生植物有喜旱莲子草、水芹、水蓼、宽叶香蒲、水鳖、齿果酸模等。

(25)芦竹群系。河南湿地零星分布，本次调查发现于丹江口库区湿地。分布于河滩地，伴生植物有狗尾草、狗牙根、鸡眼草等。

(26)乱子草群系。河南湿地零星分布，本次调查发现于丹江口库区湿地。分布于河滩地，伴生植物有狗牙根等。

(27)马唐群系。河南湿地广布，本次调查发现于丹江口库区湿地、河南黄河湿地国家级自然保护区、河南开封柳园口省级湿地自然保护区、河南濮阳黄河湿地省级自然保护区、河南商城金刚台省级自然保护区、河南省南阳市白河国家城市湿地公园、河南偃师伊洛河国家湿地公园、南阳恐龙蛋化石群古生物国家级自然保护区、盘石头水库、三门峡库区湿地。分布于滩地及岸边，伴生植物有田旋花、无芒稗、叶下珠、狗牙根等。

(28)芒群系。河南湿地广布，本次调查发现于河南平顶山白龟山湿地省级自然保护区、河南伏牛山国家级自然保护区、河南开封柳园口省级湿地自然保护区、河南洛阳熊耳山省级自然保护区、河南偃师伊洛河国家湿地公园。分布于岸边，伴生植物有华北楼斗菜、魁蓟、鸡腿堇菜、毛华菊、求米草等。

(29)牛鞭草群系。河南湿地零星分布，本次调查发现于河南开封柳园口省级湿地自然保护区、河南黄河湿地国家级自然保护区、河南省南阳市白河国家城市湿地公园。分布于滩地及岸边，伴生植物有打碗花等。

(30)牛筋草群系。河南湿地零星分布，本次调查发现于河南黄河湿地国家级自然保护区、三门峡库区湿地。分布于滩涂地及岸边，伴生植物有猪毛菜、贼小豆等。

(31)披碱草群系。河南湿地零星分布，本次调查发现于河南伏牛山国家级自然保护区。分布于河岸，伴生植物有求米草、斑地锦等。

(32)千金子群系。河南湿地零星分布，本次调查发现于河南偃师伊洛河国家湿地公园。分布于河漫滩，伴生植物有水蓼、水莎草、棒头草、鳢肠等。

(33)求米草群系。河南湿地零星分布，本次调查发现于河南伏牛山国家级自然保护区、河南小秦岭国家级自然保护区。分布于河岸，伴生植物有过路黄、葎草、紫花地丁等。

(34)雀麦群系。河南湿地广布，本次调查发现于丹江口库区湿地、河南黄河湿地国家级自然保护区、河南漯河市沙河国家湿地公园、三门峡库区湿地。分布于滩地及塘埂，伴生植物有狗牙根、委陵菜、野胡萝卜等。

(35)双穗雀稗群系。河南湿地广布，本次调查发现于丹江口库区湿地、河南黄河湿地国家级自然保护区、河南淮阳龙湖国家湿地公园、河南省南阳市白河国家城市湿地公园、河南省郑州黄河国家湿地公园、河南偃师伊洛河国家湿地公园、河南郑州黄河湿地省级自然保护区、南阳恐龙蛋化石群古生物国家级自然保护区、三门峡库区湿地。分布于滩涂及河岸，伴生植物有狗牙根、鬼针草、酸模叶蓼、打碗花等。

(36)甜根子草群系。河南湿地零星分布，本次调查发现于丹江口库区湿地。分布于河滩地，伴生植物有白酒草、狗牙根、马唐等。

(37)菵草群系。河南湿地零星分布，本次调查发现于河南黄河湿地国家级自然保护区。分布于河岸，伴生植物有斑茅、臭草、夏飘拂草等。

(38)无芒稗群系。河南湿地零星分布，本次调查发现于丹江口库区湿地、南阳恐龙蛋化石群古生物国家级自然保护区。分布于河滩及岸边，伴生植物有狗牙根、水苦荬、田旋花等。

(39)五节芒群系。河南湿地零星分布，本次调查发现于卢氏大鲵自然保护区。分布于河滩地，伴生植物有节节草、一年蓬、葎草等。

(40)毛秆野古草群系。河南湿地零星分布，本次调查发现于河南开封柳园口省级湿地自然保护区。分布于河岸，伴生植物狗牙根、野大豆等。

(41)野燕麦群系。河南湿地零星分布，本次调查发现于河南开封柳园口省级湿地自然保护区。分布于河岸，伴生植物有狗牙根、鹅观草、地锦等。

(42)隐子草群系。河南湿地零星分布，本次调查发现于河南太行山猕猴国家级自然保护区。分布于河岸。

(43)油芒群系。河南湿地零星分布，本次调查发现于河南固始淮河湿地省级自然保护区、河南内乡湍河湿地省级自然保护区。分布于河岸，伴生植物反枝苋等。

(44)早熟禾群系。河南湿地零星分布，本次调查发现于河南平顶山白龟山湿地省级自然保护区、河南黄河湿地国家级自然保护区。分布于滩地及河岸，伴生植物有酢浆草、狗尾草、车前等。

(45)长芒稗群系。河南湿地广布，本次调查发现于河南黄河湿地国家级自然保护区、河南开封柳园口省级湿地自然保护区、河南商城鲇鱼山省级自然保护区、河南偃师伊洛河国家湿地公园。分布于滩地及河岸，伴生植物有狗牙根、牛毛毡、夏飘拂草、异型莎草等。

4.4.3　杂类草湿地植被型

(1)阿尔泰狗娃花群系。河南湿地零星分布，本次调查发现于河南黄河湿地国家级自然保护区、河南太行山猕猴国家级自然保护区。分布于河岸滩地，伴生植物有酢浆草、狗尾草、车前等。

(2)艾群系。河南湿地广布，本次调查发现于河南鹤壁淇河国家湿地公园、河南黄河湿地国家级自然保护区、河南开封柳园口省级湿地自然保护区、河南洛阳熊耳山省级自然保护区、三门峡库区湿地、嵩县大鲵自然保护区。分布于河岸及库区滩地，伴生植物有葎草、狗牙根、狗尾草、灰绿藜等。

(3)巴天酸模群系。河南湿地零星分布，本次调查发现于河南董寨国家级自然保护区。分布于水库滩地，伴生植物有灯心草等。

(4)白刺花群系。河南湿地零星分布，本次调查发现于河南黄河湿地国家级自然保护区、三门峡库区湿地。分布于河岸滩地。

(5)白花鬼针草群系。河南湿地零星分布，本次调查发现于河南信阳四望山省级自然保护区。伴生植物有马唐、鸭跖草等。

(6)白酒草群系。河南湿地广布，本次调查发现于丹江口库区湿地、河南黄河湿地国家级自然保护区、河南省南阳市白河国家城市湿地公园、南阳恐龙蛋化石群古生物国家级自然保护区、三门峡库区湿地。分布于河岸，伴生植物有狗牙根、纤毛鹅观草、鹅肠菜、通泉草、酢浆草等。

(7)白莲蒿群系。河南湿地零星分布，本次调查发现于河南黄河湿地国家级自然保护区、河南太行山猕猴国家级自然保护区。分布于河岸，伴生植物有狗牙根、葎草等。

(8)薄荷群系。河南湿地广布，本次调查发现于丹江口库区湿地、南阳恐龙蛋化石群古生物国家级自然保护区、三门峡库区湿地、嵩县大鲵自然保护区。分布于河岸滩地，伴生植物有水芹、荩草、老鹳草等。

(9)北萱草群系。河南湿地零星分布，本次调查发现于河南洛阳熊耳山省级自然保护区。分布于河岸。

(10)萹蓄群系。河南湿地零星分布，本次调查发现于三门峡库区湿地。分布于滩地。

(11)博落回群系。河南湿地零星分布，本次调查发现于河南洛阳熊耳山省级自然保护区、盘石头水库。分布于河流、水库岸边，伴生植物有茜草、芒、红足蒿等。

(12)苍耳群系。河南湿地广布，本次调查发现于丹江口库区湿地、河南董寨国家级自然保护区、河南固始淮河湿地省级自然保护区、河南黄河湿地国家级自然保护区、河南开封柳园口省级湿地自然保护区、河南内乡湍河湿地省级自然保护区、河南商城鲇鱼山省级自然保护区、河南省南阳市白河国家城市湿地公园、河南省郑州黄河国家湿地公园、河南偃师伊洛河国家湿地公园、南阳恐龙蛋化石群古生物国家级自然保护区、盘石头水库、三门峡库区湿地、小南海水库、宿鸭湖湿地。分布于河流、水库岸边滩地，伴生植物有狗牙根、白酒草、野胡萝卜、狗尾草、异型莎草等。

(13)草木犀群系。河南湿地零星分布，本次调查发现于河南淮阳龙湖国家湿地公园。分布于岸边滩地，伴生植物有野大豆、小蓬草等。

(14)朝天委陵菜群系。河南湿地零星分布，本次调查发现于三门峡库区湿地。分布于库区滩地。

(15)车前群系。河南湿地广布，本次调查发现于河南伏牛山国家级自然保护区、河南省郑州黄河国家湿地公园、三门峡库区湿地。分布于河岸及塘边，伴生植物有稗、黄精、异型莎草等。

(16)扯根菜群系。河南湿地零星分布，本次调查发现于南阳恐龙蛋化石群古生物国家级自然保护区、嵩县大鲵自然保护区。分布于河岸及滩地，伴生植物有节节草、荩草、薄荷等。

(17)齿果酸模群系。河南湿地广布，本次调查发现于河南平顶山白龟山湿地省级自然保护区、河南黄河湿地国家级自然保护区、河南开封柳园口省级湿地自然保护区、河南平顶山白龟湖国家湿地公园、河南新乡黄河湿地鸟类国家级自然保护区、河南偃师伊洛河国家湿地公园、三门峡库区湿地。分布于河岸、滩涂及坑塘，伴生植物有葎草、朝天委陵菜、石龙芮等。

(18)垂盆草群系。河南湿地零星分布，本次调查发现于河南伏牛山国家级自然保护区、河南小秦岭国家级自然保护区。分布于河流岸边，伴生植物有齿果酸模、荨麻等。

(19)垂序商陆群系。河南湿地零星分布，本次调查发现于河南董寨国家级自然保护区。分布于水库岸边，伴生植物有千里光、喜旱莲子草、小蓬草等。

(20)莼兰绣球群系。河南湿地零星分布，本次调查发现于河南洛阳熊耳山省级自然保护区。分布于河流岸边。

(21)刺儿菜群系。河南湿地零星分布，本次调查发现于河南开封柳园口省级湿地自然保护区。分布于河岸，伴生植物有狗牙根等。

(22)达乌里黄耆群系。河南湿地零星分布，本次调查发现于河南黄河湿地国家级自然保护区、三门峡库区湿地。分布于河滩地，伴生植物有狗牙根、藜、野大豆等。

(23)打碗花群系。河南湿地零星分布，本次调查发现于河南黄河湿地国家级自然保护区、河南开封柳园口省级湿地自然保护区。分布于滩地及河岸，伴生植物有异型莎草、刺儿菜、中国山莴苣等。

(24)白蒿群系。河南湿地零星分布，本次调查发现于河南伏牛山国家级自然保护区。分布于河岸。

(25)灯心草群系。河南湿地广布，本次调查发现于河南平顶山白龟山湿地省级自然保护区、河南董寨国家级自然保护区、河南鹤壁淇河国家湿地公园、河南黄河湿地国家级自然保护区、河南商城鲇鱼山省级自然保护区、南阳恐龙蛋化石群古生物国家级自然保护区、盘石头水库、三门峡库区湿地。分布于河滩地或近岸水体，伴生植物有马唐、水蓼、大车前、喜旱莲子草等。

(26)地肤群系。河南湿地零星分布，本次调查发现于河南黄河湿地国家级自然保护区、河南偃师伊洛河国家湿地公园。分布于河滩或坑塘，伴生植物有狗牙根等。

(27)地锦群系。河南湿地零星分布，本次调查发现于南阳恐龙蛋化石群古生物国家级自然保护区。分布于河岸，伴生植物有狗尾草、马唐、碱蓬等。

(28)地梢瓜群系。河南湿地零星分布，本次调查发现于盘石头水库。分布于水库边。

(29)地笋群系。河南湿地零星分布，本次调查发现于丹江口库区湿地、河南省郑州黄河国家湿地公园、三门峡库区湿地。分布于河岸滩涂地，伴生植物有狗牙根、白茅、双穗雀稗、假苇拂子茅等。

(30)地榆群系。河南湿地零星分布，本次调查发现于河南太行山猕猴国家级自然保护区。分布于河滩地。

(31)丁香蓼群系。河南湿地零星分布，本次调查发现于河南商城鲇鱼山省级自然保护区、南阳恐龙蛋化石群古生物国家级自然保护区。分布于河流或水库边，伴生植物有异型莎草、牛毛毡、长芒稗、皱果薹草、水蓼等。

(32)豆瓣菜群系。河南湿地零星分布，本次调查发现于洛河(卢氏县)。分布于河滩。

(33)独行菜群系。河南湿地零星分布，本次调查发现于河南黄河湿地国家级自然保护区、三门峡库区湿地。分布于坑塘边。

(34)鹅肠菜群系。河南湿地零星分布，本次调查发现于河南黄河湿地国家级自然保护区。分布于河滩地，伴生植物有黄花蒿、小蓬草、异型莎草、灰绿藜、狗尾草等。

(35)反枝苋群系。河南湿地广布，本次调查发现于丹江口库区湿地、河南黄河湿地国家级自然保护区、河南开封柳园口省级湿地自然保护区、河南太行山猕猴国家级自然保护区。分布于河滩地和河岸，伴生植物有马唐、异型莎草、稗、狗牙根等。

(36)飞廉群系。河南湿地零星分布，本次调查发现于三门峡库区湿地。分布于坑塘。

(37)风轮菜群系。河南湿地零星分布，本次调查发现于南阳恐龙蛋化石群古生物国家级自然保护区。分布于河岸，伴生植物有稗、野艾蒿、鬼针草等。

(38)甘野菊群系。河南湿地零星分布，本次调查发现于河南洛阳熊耳山省级自然保护区。分布于河岸，伴生植物有野艾蒿等。

(39)杠板归群系。河南湿地零星分布，本次调查发现于河南省南阳市白河国家城市湿地公园、河南信阳四望山省级自然保护区。分布于河岸，伴生植物有双穗雀稗、喜旱莲子草等。

(40)狗娃花群系。河南湿地零星分布，本次调查发现于河南省郑州黄河国家湿地公园。分布于滩涂地，伴生植物有白茅、异型莎草、苍耳等。

(41)鬼针草群系。河南湿地广布，本次调查发现于丹江口库区湿地、河南伏牛山国家级自然保护区、河南黄河湿地国家级自然保护区、河南商城鲇鱼山省级自然保护区、河南省南阳市白河国家城市湿地公园、河南太行山猕猴国家级自然保护区、洛河(卢氏县)、南阳恐龙蛋化石群古生物国家级自然保护区、盘石头水库、三门峡库区湿地、嵩县大鲵自然保护区、彰武水库。分布于河流浅滩或水库边，伴生植物有葎草、马唐、水蓼、狗尾草等。

(42)合萌群系。河南湿地零星分布，本次调查发现于河南商城鲇鱼山省级自然保护区。分布于水库边，伴生植物有狗牙根、石胡荽、狗尾草等。

(43)红蓼群系。河南湿地广布，本次调查发现于河南黄河湿地国家级自然保护区、河南商城鲇鱼山省级自然保护区、河南小秦岭国家级自然保护区、河南偃师伊洛河国家湿地公园、嵩县大鲵自然保护区。分布于河滩地或水库边，伴生植物有稗、马唐、狗牙根、葎草等。

(44)红马蹄草群系。河南湿地零星分布，本次调查发现于南阳恐龙蛋化石群古生物国家级自然保护区。分布于河岸，伴生植物有马唐、皱叶酸模、鳢肠等。

(45)红足蒿群系。河南湿地零星分布，本次调查发现于河南洛阳熊耳山省级自然保护区。分布于河岸，伴生植物有紫花地丁、野菊等。

(46)虎耳草群系。河南湿地零星分布，本次调查发现于河南连康山国家级自然保护区。分布于河岸边，伴生植物有元宝草、夏飘拂草等。

(47)华水苏群系。河南湿地零星分布，本次调查发现于三门峡库区湿地。分布于河滩地，伴生植物有芦苇、地笋等。

(48)黄花蒿群系。河南湿地广布，本次调查发现于河南伏牛山国家级自然保护区、河南固始淮河湿地省级自然保护区、河南黄河湿地国家级自然保护区、河南商城鲇鱼山省级自然保护区、河南太行山猕猴国家级自然保护区、河南偃师伊洛河国家湿地公园、盘石头水库、宿鸭湖湿地。分布于滩区或水库边，伴生植物有益母草、老鹳草、狗尾草、灰绿藜、鬼针草等。

(49)灰绿藜群系。河南湿地广布，本次调查发现于河南黄河湿地国家级自然保护区、河南洛阳熊耳山省级自然保护区、河南商城金刚台省级自然保护区、河南偃师伊洛河国家湿地公园。分布于河滩地或洪泛平原，伴生植物有打碗花、狗尾草、异型莎草、猪毛菜等。

(50)活血丹群系。河南湿地零星分布，本次调查发现于河南董寨国家级自然保护区。分布于河岸边，伴生植物有垂序商陆、苍耳等。

(51)火绒草群系。河南湿地零星分布，本次调查发现于河南商城鲇鱼山省级自然保护区。分布于水库岸边，伴生植物有一年蓬等。

(52)藿香群系。河南湿地零星分布，本次调查发现于河南董寨国家级自然保护区、河南伏牛山国家级自然保护区。分布于河流或水库岸边，伴生植物有黄花蒿、天名精、小蓬草、马唐、委陵菜等。

(53)鸡矢藤群系。河南湿地零星分布，本次调查发现于河南固始淮河湿地省级自然保护区。分布于河岸边，伴生植物有马唐、香丝草等。

(54)鸡眼草群系。河南湿地零星分布，本次调查发现于丹江口库区湿地、河南董寨国家级自然保护区、河南伏牛山国家级自然保护区、河南商城鲇鱼山省级自然保护区。分布于河滩地或水库边，伴生植物有白茅、白酒草、狗牙根、委陵菜等。

(55)蒺藜群系。河南湿地零星分布，本次调查发现于盘石头水库。分布于水库边。

(56)蓟群系。河南湿地广布，本次调查发现于河南黄河湿地国家级自然保护区、河南郑州黄河湿地省级自然保护区、三门峡库区湿地。分布于河滩地，伴生植物有苣荬菜、节节草、白茅等。

(57)小蓬草群系。河南湿地广布，本次调查发现于河南董寨国家级自然保护区、河南黄河湿地国家级自然保护区、河南开封柳园口省级湿地自然保护区、河南濮阳黄河湿地省级自然保护区、河南商城金刚台省级自然保护区、河南淮阳龙湖国家湿地公园、河南偃师伊洛河国家湿地公园、盘石头水库。分布于河滩地或岸边，伴生植物有狗牙根、马唐、苍耳、鸡眼草、灯心草等。

(58)碱蓬群系。河南湿地零星分布，本次调查发现于南阳恐龙蛋化石群古生物国家级自然保护区。分布于河边，伴生植物有狗尾草等。

(59)碱菀群系。河南湿地广布，本次调查发现于丹江口库区湿地、河南黄河湿地国家级自然保护区、河南省南阳市白河国家城市湿地公园、河南偃师伊洛河国家湿地公园、河南郑州黄河湿地省级自然保护区、三门峡库区湿地。分布于河岸或滩地，伴生植物有双穗雀稗、水芹、鳢肠、马唐等。

(60)箭叶蓼群系。河南湿地零星分布，本次调查发现于河南信阳四望山省级自然保护区。分布于河滩地，伴生植物有鸭跖草。

(61)金灯藤群系。河南湿地零星分布，本次调查发现于河南董寨国家级自然保护区、河南商城金刚台省级自然保护区、河南信阳四望山省级自然保护区。分布于河滩地或岸边，伴生植物有垂序商陆、狗牙根、毛华菊、稗、活血丹等。

(62)金盏银盘群系。河南湿地零星分布，本次调查发现于河南省郑州黄河国家湿地公园、南阳恐龙蛋化石群古生物国家级自然保护区。分布于河边，伴生植物有芦苇、稗等。

(63)苣荬菜群系。河南湿地零星分布，本次调查发现于河南黄河湿地国家级自然保护区、三门峡库区湿地。分布于坑塘或河滩地，伴生植物有春蓼、野大豆、节节草、牛皮消等。

(64)爵床群系。河南湿地零星分布，本次调查发现于南阳恐龙蛋化石群古生物国家级自然保护区。分布于河岸。

(65)苦苣菜群系。河南湿地零星分布，本次调查发现于河南开封柳园口省级湿地自然保护区、河南淮阳龙湖国家湿地公园。分布于河心滩或岸边，伴生植物有小蓬草、萝藦、朝天委陵菜、反枝苋、狗尾草等。

(66)苦马豆群系。河南湿地零星分布，本次调查发现于三门峡库区湿地。分布于河滩地。

(67)宽叶香蒲群系。河南湿地广布，本次调查发现于丹江口库区湿地、河南董寨国家级自然保护区、河南鹤壁淇河国家湿地公园、河南黄河湿地国家级自然保护区、河南开封柳园口省级湿地自然保护区、河南内乡湍河湿地省级自然保护区、河南濮阳黄河湿地省级自然保护区、河南商城鲇鱼山省级自然保护区、河南淮阳龙湖国家湿地公园、河南平顶山白龟湖国家湿地公园、河南省平顶山市白鹭洲城市湿地公园、河南省郑州黄河国家湿地公园、河南太行山猕猴国家级自然保护区、河南新乡黄河湿地鸟类国家级自然保护区、河南偃师伊洛河国家湿地公园、河南郑州黄河湿地省级自然保护区、南阳恐龙蛋化石群古生物国家级自然保护区、盘石头水库、三门峡库区湿地。分布于水边或浅水区，伴生植物有早熟禾、灯心草、喜旱莲子草、芦苇、马唐等。

（68）窄叶火炭母群系。河南湿地零星分布，本次调查发现于河南太行山猕猴国家级自然保护区。分布于河滩地，伴生植物有虎尾草等。

（69）狼杷草群系。河南湿地零星分布，本次调查发现于河南太行山猕猴国家级自然保护区。分布于河岸。

（70）老鹳草群系。河南湿地零星分布，本次调查发现于河南董寨国家级自然保护区。分布于河岸，伴生植物有白茅、狗尾草等。

（71）冷水花群系。河南湿地零星分布，本次调查发现于河南连康山国家级自然保护区、嵩县大鲵自然保护区。分布于河滩地或水边，伴生植物有一年蓬、藿香、水蓼、日本薹草等。

（72）藜群系。河南湿地广布，本次调查发现于河南商城金刚台省级自然保护区、河南商城鲇鱼山省级自然保护区、盘石头水库、三门峡库区湿地。分布于河滩或岸边，伴生植物有青蒿、马唐、狗牙根、一年蓬、鬼针草等。

（73）鳢肠群系。河南湿地广布，本次调查发现于丹江口库区湿地、河南开封柳园口省级湿地自然保护区、河南内乡湍河湿地省级自然保护区、河南商城鲇鱼山省级自然保护区、河南淮阳龙湖国家湿地公园、河南偃师伊洛河国家湿地公园、南阳恐龙蛋化石群古生物国家级自然保护区、盘石头水库、三门峡库区湿地、小南海水库。分布于浅滩地或浅水中，伴生植物有反枝苋、狗牙根、委陵菜、水莎草等。

（74）荔枝草群系。河南湿地零星分布，本次调查发现于丹江口库区湿地、南阳恐龙蛋化石群古生物国家级自然保护区。分布于河岸边，伴生植物有狗牙根、反枝苋、马唐、灯心草等。

（75）莲子草群系。河南湿地广布，本次调查发现于丹江口库区湿地、河南商城鲇鱼山省级自然保护区、南阳恐龙蛋化石群古生物国家级自然保护区。分布于浅滩或河流中，伴生植物有马唐、异型莎草、双穗雀稗、碱菀等。

（76）两栖蓼群系。河南湿地广布，本次调查发现于河南黄河湿地国家级自然保护区、河南偃师伊洛河国家湿地公园、三门峡库区湿地。分布于河滩地或洪泛平原，伴生植物有狗尾草、地肤、牛筋草等。

（77）春蓼群系。河南湿地广布，本次调查发现于河南黄河湿地国家级自然保护区、三门峡库区湿地。分布于河滩地或坑塘，伴生植物有葎草、节节草、稗、苣荬菜等。

（78）柳叶菜群系。河南湿地零星分布，本次调查发现于河南太行山猕猴国家级自然保护区。分布于河滩地。

（79）蒌蒿群系。河南湿地零星分布，本次调查发现于河南内乡湍河湿地省级自然保护区、南阳恐龙蛋化石群古生物国家级自然保护区。分布于河岸边，伴生植物有苍耳、鸭舌草、牛膝、狗牙根等。

（80）漏芦群系。河南湿地零星分布，本次调查发现于盘石头水库。分布于水库边。

（81）路边青群系。河南湿地零星分布，本次调查发现于河南连康山国家级自然保护区。分布于河边，伴生植物有竹节草等。

（82）罗布麻群系。河南湿地零星分布，本次调查发现于河南黄河湿地国家级自然保护区、河南郑州黄河湿地省级自然保护区、三门峡库区湿地。分布于河滩地，伴生植物有白酒草、狗尾草、茜草、灰绿藜等。

(83)萝藦群系。河南湿地零星分布，本次调查发现于河南开封柳园口省级湿地自然保护区。分布于河岸边，伴生植物有狗牙根、小蓬草、反枝苋等。

(84)绿穗苋群系。河南湿地零星分布，本次调查发现于南阳恐龙蛋化石群古生物国家级自然保护区。分布于河岸，伴生植物有马唐等。

(85)葎草群系。河南湿地广布，本次调查发现于丹江口库区湿地、河南董寨国家级自然保护区、河南黄河湿地国家级自然保护区、河南开封柳园口省级湿地自然保护区、河南林州万宝山省级自然保护区、河南洛阳熊耳山省级自然保护区、河南内乡湍河湿地省级自然保护区、河南商城金刚台省级自然保护区、河南商城鲇鱼山省级自然保护区、河南淮阳龙湖国家湿地公园、河南省南阳市白河国家城市湿地公园、河南太行山猕猴国家级自然保护区、河南小秦岭国家级自然保护区、河南偃师伊洛河国家湿地公园、卢氏大鲵自然保护区、洛河(卢氏县)、南阳恐龙蛋化石群古生物国家级自然保护区、盘石头水库、三门峡库区湿地、嵩县大鲵自然保护区、汤河水库。分布于滩地或岸边，伴生植物有狗尾草、碱菀、异型莎草、灯心草、酢浆草、节节麦等。

(86)马鞭草群系。河南湿地零星分布，本次调查发现于丹江口库区湿地。分布于水库岸边，伴生植物有马唐、狗尾草、狗牙根等。

(87)裂叶马兰群系。河南湿地零星分布，本次调查发现于丹江口库区湿地。分布于水库岸边，伴生植物有双穗雀稗、碱菀等。

(88)长鬃蓼群系。河南湿地零星分布，本次调查发现于丹江口库区湿地、南阳恐龙蛋化石群古生物国家级自然保护区。分布于河滩地或水库边，伴生植物有异型莎草、无芒稗、鬼针草、狗牙根等。

(89)马泡瓜群系。河南湿地零星分布，本次调查发现于河南开封柳园口省级湿地自然保护区。分布于岸边，伴生植物有艾、马唐、小蓬草等。

(90)曼陀罗群系。河南湿地零星分布，本次调查发现于三门峡库区湿地。分布于河滩地，伴生植物有苘麻、鼓子花、异型莎草、节节草等。

(91)毛华菊群系。河南湿地零星分布，本次调查发现于河南董寨国家级自然保护区。分布于岸边，伴生植物有南牡蒿、藿香、龙葵、小蓬草等。

(92)茅莓群系。河南湿地广布，本次调查发现于丹江口库区湿地、河南伏牛山国家级自然保护区、河南黄河湿地国家级自然保护区、河南开封柳园口省级湿地自然保护区、河南林州万宝山省级自然保护区、河南商城鲇鱼山省级自然保护区、河南省南阳市白河国家城市湿地公园、河南省郑州黄河国家湿地公园、河南偃师伊洛河国家湿地公园、河南郑州黄河湿地省级自然保护区、洛河(卢氏县)、南阳恐龙蛋化石群古生物国家级自然保护区。分布于河漫滩或水边，伴生植物有长鬃蓼、葎草、狗尾草、鬼针草、马齿苋、双穗雀稗等。

(93)蒙古蒿群系。河南湿地广布，本次调查发现于河南伏牛山国家级自然保护区、河南鹤壁淇河国家湿地公园、河南淮阳龙湖国家湿地公园、河南太行山猕猴国家级自然保护区、盘石头水库、汤河水库。分布于河滩地、湖心滩或岸边，伴生植物有茜草、三脉紫菀、过路黄、狗尾草、刺儿菜等。

(94)磨盘草群系。河南湿地零星分布，本次调查发现于河南伏牛山国家级自然保护区。分布于河边。

(95)陌上菜群系。河南湿地零星分布，本次调查发现于河南商城鲇鱼山省级自然保护区。分布于水库边，伴生植物有异型莎草、短叶水蜈蚣、野慈姑等。

(96)牡蒿群系。河南湿地零星分布，本次调查发现于丹江口库区湿地、河南偃师伊洛河国家湿地公园。分布于浅滩或河堤，伴生植物有无芒稗、反枝苋、田旋花、小蓬草、异型莎草等。

(97)牡荆群系。河南湿地广布，本次调查发现于丹江口库区湿地、河南董寨国家级自然保护区、河南商城金刚台省级自然保护区、河南小秦岭国家级自然保护区、南阳恐龙蛋化石群古生物国家级自然保护区。分布于河岸边。

(98)木香薷群系。河南湿地零星分布，本次调查发现于河南信阳四望山省级自然保护区、嵩县大鲵自然保护区。分布于河滩地，伴生植物有裂叶马兰、荩草、酢浆草、野菊等。

(99)南牡蒿群系。河南湿地零星分布，本次调查发现于河南董寨国家级自然保护区、彰武水库。分布于水库边，伴生植物有牛筋草、狗牙根等。

(100)内蒙古旱蒿群系。河南湿地零星分布，本次调查发现于河南淮滨淮南湿地省级自然保护区。分布于滩涂或堤埂，伴生植物有异型莎草、狗牙根等。

(101)尼泊尔蓼群系。河南湿地零星分布，本次调查发现于嵩县大鲵自然保护区。分布于河滩地，伴生植物有水蓼、马唐、狗尾草、鸭跖草等。

(102)牛皮消群系。河南湿地零星分布，本次调查发现于河南黄河湿地国家级自然保护区、三门峡库区湿地。分布于河滩地，伴生植物有节节草、罗布麻、茵陈蒿等。

(103)牛茄子群系。河南湿地零星分布，本次调查发现于丹江口库区湿地。分布于河滩地，伴生植物有狗尾草、狗牙根等。

(104)牛尾蒿群系。河南湿地零星分布，本次调查发现于丹江口库区湿地、河南董寨国家级自然保护区。分布于河滩地或河岸边，伴生植物有葎草、狗牙根、荩草、长鬃蓼等。

(105)牛膝群系。河南湿地零星分布，本次调查发现于河南伏牛山国家级自然保护区、河南省南阳市白河国家城市湿地公园、南阳恐龙蛋化石群古生物国家级自然保护区。分布于河岸，伴生植物有老鹳草、活血丹、无芒稗、马唐、水芹等。

(106)牛至群系。河南湿地零星分布，本次调查发现于嵩县大鲵自然保护区。分布于河滩地，伴生植物有水蓼、日本薹草等。

(107)女菀群系。河南湿地零星分布，本次调查发现于南阳恐龙蛋化石群古生物国家级自然保护区。分布于滩涂地，伴生植物有假稻等。

(108)欧亚旋覆花群系。河南湿地零星分布，本次调查发现于洛河(卢氏县)。分布于河滩地，伴生植物有茅莓、狗牙根、水芹、节节草等。

(109)片髓灯心草群系。河南湿地零星分布，本次调查发现于洛河(卢氏县)。分布于河滩地，伴生植物有狗牙根、节节草、褐穗莎草等。

(110)千金藤群系。河南湿地零星分布，本次调查发现于河南董寨国家级自然保护区。分布于岸边，伴生植物有络石、马唐等。

(111)千里光群系。河南湿地零星分布，本次调查发现于河南董寨国家级自然保护区、河南商城鲇鱼山省级自然保护区、河南省南阳市白河国家城市湿地公园。分布于水库或河流岸边，伴生植物有小蓬草、狗牙根、一年蓬、商陆、巴天酸模等。

(112)千屈菜群系。河南湿地广布，本次调查发现于河南董寨国家级自然保护区、河南黄河湿地国家级自然保护区、河南洛阳熊耳山省级自然保护区、卢氏大鲵自然保护区、嵩县大鲵自然保护区。分布于河滩地或岸边，伴生植物有灯心草、喜旱莲子草、稗、欧亚旋覆花、画眉草等。

(113)牵牛花群系。河南湿地零星分布，本次调查发现于三门峡库区湿地。分布于坑塘边。

(114)秦岭蒿群系。河南湿地零星分布，本次调查发现于河南小秦岭国家级自然保护区。分布于河岸，伴生植物有求米草等。

(115)苘麻群系。河南湿地广布，本次调查发现于丹江口库区湿地、河南黄河湿地国家级自然保护区、河南商城鲇鱼山省级自然保护区、河南太行山猕猴国家级自然保护区、河南偃师伊洛河国家湿地公园、南阳恐龙蛋化石群古生物国家级自然保护区、三门峡库区湿地、汤河水库。分布于滩地或河岸，伴生植物有白酒草、稗、马唐、反枝苋、田旋花、委陵菜、地锦、狗牙根等。

(116)乳苣群系。河南湿地零星分布，本次调查发现于三门峡库区湿地。分布于河滩地，伴生植物有节节草、葎草等。

(117)三白草群系。河南湿地零星分布，本次调查发现于河南连康山国家级自然保护区。分布于河边，伴生植物有路边青、竹节草等。

(118)三脉紫菀群系。河南湿地零星分布，本次调查发现于河南伏牛山国家级自然保护区。分布于河岸，伴生植物有假升麻、求米草等。

(119)山绿豆群系。河南湿地零星分布，本次调查发现于河南黄河湿地国家级自然保护区。分布于河滩地，伴生植物有异型莎草、黄花蒿等。

(120)山莴苣群系。河南湿地零星分布，本次调查发现于河南黄河湿地国家级自然保护区、三门峡库区湿地。分布于河滩地或坑塘，伴生植物有白酒草、牛皮消、鹅观草、猪毛菜等。

(121)商陆群系。河南湿地零星分布，本次调查发现于河南商城鲇鱼山省级自然保护区。分布于水库边，伴生植物有巴天酸模、一年蓬、苍耳等。

(122)蛇莓群系。河南湿地零星分布，本次调查发现于河南平顶山白龟山湿地省级自然保护区、河南开封柳园口省级湿地自然保护区。分布于河岸，伴生植物有堇菜、田旋花、狗牙根、鹅观草、地锦等。

(123)莳萝蒿群系。河南湿地零星分布，本次调查发现于河南黄河湿地国家级自然保护区。分布于河滩地，伴生植物有黄花蒿、异型莎草、狗尾草、葎草、狗牙根等。

(124)水棘针群系。河南湿地零星分布，本次调查发现于河南伏牛山国家级自然保护区。分布于河岸，伴生植物有水蓼、蔓首乌、马唐等。

(125)水苦荬群系。河南湿地零星分布，本次调查发现于南阳恐龙蛋化石群古生物国家级自然保护区。分布于河岸，伴生植物有水芹等。

(126)水蓼群系。河南湿地广布，本次调查发现于河南平顶山白龟山湿地省级自然保护区、河南伏牛山国家级自然保护区、河南固始淮河湿地省级自然保护区、河南黄河湿地国家级自然保护区、河南开封柳园口省级湿地自然保护区、河南洛阳熊耳山省级自然保护区、河南濮阳黄河湿地省级自然保护区、河南商城鲇鱼山省级自然保护区、河南淮阳龙湖国家湿地公园、河南省郑州黄河国家湿地公园、河南小秦岭国家级自然保护区、河南新乡黄河湿地鸟类国家级自然保护区、河南偃师伊洛河国家湿地公园、河南郑州黄河湿地省级自然保护区、卢氏大鲵自然保护区、洛河(卢氏县)、南阳恐龙蛋化石群古生物国家级自然保护区、三门峡库区湿地、嵩县大鲵自然保护区。分布于河滩边或浅水中，伴生植物有狗牙根、茇茇草、灯心草、一年蓬等。

(127)水芹群系。河南湿地广布，本次调查发现于丹江口库区湿地、河南董寨国家级自然保护区、河南伏牛山国家级自然保护区、河南开封柳园口省级湿地自然保护区、河南内乡湍河湿地省级自然保护区、洛河(卢氏县)、南阳恐龙蛋化石群古生物国家级自然保护区、盘石头水库、三门峡库区湿地。分布于浅滩或岸边，伴生植物有莲子草、羊草、荩草、鸭跖草等。

(128)水苏群系。河南湿地零星分布，本次调查发现于河南洛阳熊耳山省级自然保护区、河南信阳四望山省级自然保护区、嵩县大鲵自然保护区。分布于河岸，伴生植物有荩草、鸭跖草、香薷、冷水花、鳢肠等。

(129)酸模群系。河南湿地零星分布，本次调查发现于河南小秦岭国家级自然保护区。分布于河流边，伴生植物有葎草、水蓼等。

(130)酸模叶蓼群系。河南湿地广布，本次调查发现于河南黄河湿地国家级自然保护区、河南开封柳园口省级湿地自然保护区、河南省南阳市白河国家城市湿地公园、河南连康山国家级自然保护区。分布于河漫滩或河边，伴生植物有齿果酸模、鬼针草、苍耳、莳萝蒿、野艾蒿、狗牙根等。

(131)算盘子群系。河南湿地零星分布，本次调查发现于丹江口库区湿地。分布于岸边，伴生植物有木防己。

(132)碎米桠群系。河南湿地零星分布，本次调查发现于河南小秦岭国家级自然保护区。分布于河岸，伴生植物有狼尾草。

(133)天名精群系。河南湿地零星分布，本次调查发现于河南董寨国家级自然保护区。分布于库边，伴生植物有藿香、豨莶、野大豆等。

(134)田菁群系。河南湿地广布，本次调查发现于河南濮阳黄河湿地省级自然保护区、河南淮阳龙湖国家湿地公园、河南省郑州黄河国家湿地公园、河南新乡黄河湿地鸟类国家级自然保护区。分布于滩涂地或沼泽，伴生植物有荻、马唐、紫菀、异型莎草、鳢肠等。

(135)田旋花群系。河南湿地广布，本次调查发现于丹江口库区湿地、河南偃师伊洛河国家湿地公园、南阳恐龙蛋化石群古生物国家级自然保护区。分布于河滩或水库岸边，伴生植物有狗牙根、狗尾草、马齿苋、异型莎草、无芒稗等。

(136)钻叶紫菀群系。河南湿地零星分布，本次调查发现于三门峡库区湿地。分布于河滩地，伴生植物有苍耳、芦苇、节节草等。

(137)透茎冷水花群系。河南湿地零星分布，本次调查发现于南阳恐龙蛋化石群古生物国家级自然保护区。分布于河流边，伴生植物有扯根菜、稗、紫菀、丁香蓼等。

(138)土荆芥群系。河南湿地零星分布，本次调查发现于丹江口库区湿地。分布于河滩地，伴生植物有无芒稗、鳢肠等。

（139）菟丝子群系。河南湿地零星分布，本次调查发现于河南董寨国家级自然保护区、三门峡库区湿地。分布于岸边，伴生植物有狗尾草、喜旱莲子草、活血丹等。

（140）王瓜群系。河南湿地零星分布，本次调查发现于丹江口库区湿地。分布于河滩地，伴生植物有狗牙根、反枝苋、马唐等。

（141）委陵菜群系。河南湿地零星分布，本次调查发现于河南董寨国家级自然保护区。分布于水库边，伴生植物有狗牙根、灯心草、藿香、马唐、鸡眼草等。

（142）蜗儿菜群系。河南湿地零星分布，本次调查发现于河南董寨国家级自然保护区、河南连康山国家级自然保护区、河南信阳四望山省级自然保护区。分布于河滩地或岸边，伴生植物有小蓬草、狗牙根、马唐、茴香等。

（143）乌蔹莓群系。河南湿地零星分布，本次调查发现于河南内乡湍河湿地省级自然保护区。分布于河岸，伴生植物有野菊、苍耳、蒌蒿等。

（144）乌头叶蛇葡萄群系。河南湿地零星分布，本次调查发现于河南黄河湿地国家级自然保护区。分布于河滩地。

（145）豨莶群系。河南湿地零星分布，本次调查发现于河南董寨国家级自然保护区。分布于水库边，伴生植物有小蓬草、苍耳、天名精等。

（146）习见蓼群系。河南湿地零星分布，本次调查发现于河南伏牛山国家级自然保护区。分布于河岸。

（147）喜旱莲子草群系。河南湿地广布，本次调查发现于河南平顶山白龟山湿地省级自然保护区、河南董寨国家级自然保护区、河南固始淮河湿地省级自然保护区、河南淮滨淮南湿地省级自然保护区、河南黄河湿地国家级自然保护区、河南内乡湍河湿地省级自然保护区、河南淮阳龙湖国家湿地公园、河南漯河市沙河国家湿地公园、河南省南阳市白河国家城市湿地公园、河南平顶山白龟湖国家湿地公园、河南郑州黄河湿地省级自然保护区、南阳恐龙蛋化石群古生物国家级自然保护区、盘石头水库、三门峡库区湿地。分布于浅滩或浅水区，伴生植物有浮萍、水蓼、灯心草、双穗雀稗、马唐、异型莎草等。

（148）夏至草群系。河南湿地零星分布，本次调查发现于河南黄河湿地国家级自然保护区、河南省南阳市白河国家城市湿地公园。分布于河岸，伴生植物有鬼针草、喜旱莲子草、鸭跖草、马唐等。

（149）显脉香茶菜群系。河南湿地零星分布，本次调查发现于河南商城金刚台省级自然保护区、河南连康山国家级自然保护区、河南信阳四望山省级自然保护区。分布于河岸，伴生植物有牛膝、葎草、苎麻、鸭跖草、荩草等。

（150）苋群系。河南湿地零星分布，本次调查发现于河南伏牛山国家级自然保护区、盘石头水库。分布于岸边。

（151）香茶菜群系。河南湿地零星分布，本次调查发现于河南小秦岭国家级自然保护区。分布于河岸，伴生植物有葎草。

（152）香薷群系。河南湿地零星分布，本次调查发现于嵩县大鲵自然保护区。分布于河滩地，伴生植物有灰绿藜、水苏、小蓬草、繁缕、白屈菜等。

（153）香丝草群系。河南湿地零星分布，本次调查发现于丹江口库区湿地、河南董寨国家级自然保护区。分布于河滩地或岸边，伴生植物有齿果酸模、马唐、青蒿、尖头叶藜、金盏银盘等。

(154)小花柳叶菜群系。河南湿地零星分布，本次调查发现于丹江口库区湿地。分布于河岸，伴生植物有荩草、柳叶箬、碱菀等。

(155)小花山桃草群系。河南湿地广布，本次调查发现于河南鹤壁淇河国家湿地公园、河南开封柳园口省级湿地自然保护区、河南省郑州黄河国家湿地公园、三门峡库区湿地。分布于滩涂地或河岸，伴生植物有狗牙根、野燕麦、异型莎草、小蓬草、牵牛、茵陈蒿等。

(156)酢浆草群系。河南湿地零星分布，本次调查发现于河南开封柳园口省级湿地自然保护区、河南太行山猕猴国家级自然保护区、三门峡库区湿地。分布于河岸或坑塘，伴生植物有蛇莓、狗牙根、异型莎草、打碗花、节节草等。

(157)小藜群系。河南湿地零星分布，本次调查发现于河南新乡黄河湿地鸟类国家级自然保护区。分布于沼泽地，伴生植物有异型莎草、白茅等。

(158)小苜蓿群系。河南湿地零星分布，本次调查发现于河南平顶山白龟山湿地省级自然保护区、河南董寨国家级自然保护区。分布于岸边，伴生植物有蛇莓、狗尾草、鸡眼草、小蓬草、狗牙根、水蓼等。

(159)小蓬草群系。河南湿地零星分布，本次调查发现于河南黄河湿地国家级自然保护区、河南省郑州黄河国家湿地公园、河南偃师伊洛河国家湿地公园。分布于河滩地或堤岸，伴生植物有宽叶香蒲、葎草、狗尾草、稗等。

(160)缬草群系。河南湿地零星分布，本次调查发现于嵩县大鲵自然保护区。分布于河滩地，伴生植物有香薷、尼泊尔蓼、薄荷、冷水花等。

(161)徐长卿群系。河南湿地零星分布，本次调查发现于河南黄河湿地国家级自然保护区。分布于河滩地。

(162)萱草群系。河南湿地零星分布，本次调查发现于河南伏牛山国家级自然保护区。分布于河岸，伴生植物有老鹳草、活血丹、绞股蓝等。

(163)旋覆花群系。河南湿地广布，本次调查发现于丹江口库区湿地、河南鹤壁淇河国家湿地公园、河南开封柳园口省级湿地自然保护区、河南内乡湍河湿地省级自然保护区、河南淮阳龙湖国家湿地公园、河南太行山猕猴国家级自然保护区、河南新乡黄河湿地鸟类国家级自然保护区、南阳恐龙蛋化石群古生物国家级自然保护区、三门峡库区湿地、嵩县大鲵自然保护区。分布于岸边，伴生植物有裂叶马兰、碱菀、双穗雀稗、白酒草等。

(164)荨麻群系。河南湿地零星分布，本次调查发现于河南伏牛山国家级自然保护区。分布于河岸，伴生植物有鸭舌草等。

(165)鸭跖草群系。河南湿地零星分布，本次调查发现于河南董寨国家级自然保护区、河南伏牛山国家级自然保护区、河南洛阳熊耳山省级自然保护区。分布于河岸，伴生植物有水蓼、酢浆草、牛膝、白酒草、尼泊尔蓼、葎草、繁缕等。

(166)羊蹄群系。河南湿地零星分布，本次调查发现于三门峡库区湿地。分布于坑塘。

(167)野艾蒿群系。河南湿地广布，本次调查发现于河南伏牛山国家级自然保护区、河南黄河湿地国家级自然保护区、河南洛阳熊耳山省级自然保护区、河南漯河市沙河国家湿地公园、河南省南阳市白河国家城市湿地公园、河南太行山猕猴国家级自然保护区、河南小秦岭国家级自然保护区、河南偃师伊洛河国家湿地公园、卢氏大鲵自然保护区、南阳恐龙蛋化石群古生物国家级自然保护区、三门峡库区湿地。分布于河漫滩或岸边，伴生植物有葎草、灰绿藜、牡蒿、鬼针草、狗牙根等。

(168)野大豆群系。河南湿地广布，本次调查发现于丹江口库区湿地、河南董寨国家级自然保护区、河南鹤壁淇河国家湿地公园、河南黄河湿地国家级自然保护区、河南开封柳园口省级湿地自然保护区、河南内乡湍河湿地省级自然保护区、河南濮阳黄河湿地省级自然保护区、河南商城鲇鱼山省级自然保护区、河南淮阳龙湖国家湿地公园、河南省郑州黄河国家湿地公园、河南郑州黄河湿地省级自然保护区、南阳恐龙蛋化石群古生物国家级自然保护区、盘石头水库、三门峡库区湿地、嵩县大鲵自然保护区。分布于河滩地或岸边，伴生植物有双穗雀稗、狗牙根、裂叶马兰、马唐、小蓬草、旋覆花等。

(169)野胡萝卜群系。河南湿地零星分布，本次调查发现于丹江口库区湿地、河南黄河湿地国家级自然保护区。分布于河滩地，伴生植物有苍耳、马唐、黄花菜、狗牙根、狗尾草、异型莎草等。

(170)野菊群系。河南湿地广布，本次调查发现于河南连康山国家级自然保护区、南阳恐龙蛋化石群古生物国家级自然保护区、三门峡库区湿地、嵩县大鲵自然保护区。分布于河岸或河滩地，伴生植物有马唐、白酒草、鬼针草、堇菜、荩草等。

(171)野茄群系。河南湿地零星分布，本次调查发现于三门峡库区湿地。分布于坑塘。

(172)一年蓬群系。河南湿地广布，本次调查发现于河南固始淮河湿地省级自然保护区、河南商城鲇鱼山省级自然保护区、卢氏大鲵自然保护区、洛河(卢氏县)。分布于河滩地或岸边，伴生植物有小蓬草、异型莎草、长芒稗、益母草、反枝苋、狗尾草、白茅、苍耳、狗牙根等。

(173)益母草群系。河南湿地零星分布，本次调查发现于丹江口库区湿地、南阳恐龙蛋化石群古生物国家级自然保护区、嵩县大鲵自然保护区。分布于河滩地，伴生植物有野胡萝卜、狗牙根、乱子草、香附子、鬼针草等。

(174)茵陈蒿群系。河南湿地广布，本次调查发现于河南董寨国家级自然保护区、河南鹤壁淇河国家湿地公园、河南黄河湿地国家级自然保护区、河南商城鲇鱼山省级自然保护区、盘石头水库、三门峡库区湿地。分布于滩区或岸边，伴生植物有小蓬草、狗牙根、柳叶菜、黄花蒿、牛皮消、罗布麻等。

(175)泽泻群系。河南湿地零星分布，本次调查发现于丹江口库区湿地、南阳恐龙蛋化石群古生物国家级自然保护区、三门峡库区湿地。分布于浅滩，伴生植物有稗、野慈姑、大茨藻、异型莎草、鳢肠等。

(176)长蕊石头花群系。河南湿地零星分布，本次调查发现于河南小秦岭国家级自然保护区。分布于河岸。

(177)珠芽蓼群系。河南湿地零星分布，本次调查发现于三门峡库区湿地。分布于河滩地。

(178)猪毛菜群系。河南湿地零星分布，本次调查发现于河南黄河湿地国家级自然保护区、河南偃师伊洛河国家湿地公园、三门峡库区湿地。分布于河滩地，伴生植物有小蓬草、狗尾草等。

(179)猪毛蒿群系。河南湿地零星分布，本次调查发现于丹江口库区湿地。分布于河滩地，伴生植物有白酒草、一年蓬、葎草等。

(180)苎麻群系。河南湿地零星分布，本次调查发现于河南黄河湿地国家级自然保护区、南阳恐龙蛋化石群古生物国家级自然保护区。分布于河滩地，伴生植物有苍耳、狗牙根、马唐、异型莎草、反枝苋、牛筋草等。

(181)紫苏群系。河南湿地零星分布，本次调查发现于河南省南阳市白河国家城市湿地公园。分布于河岸，伴生植物有白酒草、无芒稗、喜旱莲子草等。

(182)紫菀群系。河南湿地零星分布，本次调查发现于河南平顶山白龟山湿地省级自然保护区、河南林州万宝山省级自然保护区、河南淮阳龙湖国家湿地公园、南阳恐龙蛋化石群古生物国家级自然保护区。分布于河岸，伴生植物有苦苣菜、稗、狗牙根、水芹、碎米莎草、牛膝、鳢肠等。

4.5 浅水植物湿地植被型组

4.5.1 漂浮植物型

(1)浮萍群系。河南湿地广布，本次调查发现于丹江口库区湿地、河南黄河湿地国家级自然保护区、河南漯河市沙河国家湿地公园、河南平顶山白龟湖国家湿地公园、河南省郑州黄河国家湿地公园、河南郑州黄河湿地省级自然保护区、南阳恐龙蛋化石群古生物国家级自然保护区、三门峡库区湿地。分布于河流或坑塘积水区，伴生植物有水鳖、欧菱、喜旱莲子草、金鱼藻等。

(2)槐叶苹群系。河南湿地零星分布，本次调查发现于三门峡库区湿地。分布于坑塘水面。

(3)苦草群系。河南湿地零星分布，本次调查发现于河南偃师伊洛河国家湿地公园。分布于浅滩。

(4)满江红群系。河南湿地零星分布，本次调查发现于丹江口库区湿地、河南省南阳市白河国家城市湿地公园。分布于河流水面。

(5)苹群系。河南湿地零星分布，本次调查发现于南阳恐龙蛋化石群古生物国家级自然保护区。分布于河流水面，伴生植物有假稻等。

(6)青萍群系。河南湿地零星分布，本次调查发现于河南董寨国家级自然保护区。分布于浅水区水面。

(7)水鳖群系。河南湿地零星分布，本次调查发现于河南省南阳市白河国家城市湿地公园。分布于河流水面，伴生植物有黑藻等。

(8)紫萍群系。河南湿地零星分布，本次调查发现于河南商城鲇鱼山省级自然保护区、河南郑州黄河湿地省级自然保护区。分布于水库边或坑塘水面。

4.5.2 浮叶植物型

(1)菱群系。河南湿地零星分布，本次调查发现于河南淮滨淮南湿地省级自然保护区。分布于湿地水面，伴生植物有芡实、喜旱莲子草等。

(2)欧菱群系。河南湿地广布，本次调查发现于丹江口库区湿地、河南内乡湍河湿地省级自然保护区、河南商城鲇鱼山省级自然保护区、河南漯河市沙河国家湿地公园、河南省南阳市白河国家城市湿地公园、河南偃师伊洛河国家湿地公园、南阳恐龙蛋化石群古生物国家级自然保护区。分布于湿地水面，伴生植物有野慈姑、喜旱莲子草、黑藻、金鱼藻等。

(3)芡实群系。河南湿地零星分布，本次调查发现于河南淮滨淮南湿地省级自然保护区。分布于湿地水面，伴生植物有喜旱莲子草、浮萍等。

(4)睡莲群系。河南湿地广布，本次调查发现于河南黄河湿地国家级自然保护区、河南淮阳龙湖国家湿地公园、河南省平顶山市白鹭洲城市湿地公园、三门峡库区湿地。分布于沼泽和浅水区，伴生植物有莲、浮萍等。

(5)荇菜群系。河南湿地零星分布，本次调查发现于河南平顶山白龟山湿地省级自然保护区、河南淮阳龙湖国家湿地公园、盘石头水库。分布于库塘水面，伴生植物有菹草等。

(6)鸭舌草群系。河南湿地零星分布，本次调查发现于南阳恐龙蛋化石群古生物国家级自然保护区。分布于河边，伴生植物有球穗扁莎、狗尾草等。

4.5.3 挺水植物型

(1)莲群系。河南湿地广布，本次调查发现于河南黄河湿地国家级自然保护区、河南开封柳园口省级湿地自然保护区、河南淮阳龙湖国家湿地公园、河南省南阳市白河国家城市湿地公园、河南省郑州黄河国家湿地公园、河南郑州黄河湿地省级自然保护区、三门峡库区湿地。分布于库塘和河流的浅水区，伴生植物有浮萍、稗、水蓼、野慈姑、喜旱莲子草等。

(2)野慈姑群系。河南湿地广布，本次调查发现于河南林州万宝山省级自然保护区、河南内乡湍河湿地省级自然保护区、河南商城鲇鱼山省级自然保护区、南阳恐龙蛋化石群古生物国家级自然保护区、盘石头水库、三门峡库区湿地。分布于库塘或河流浅水区，伴生植物有宽叶香蒲、喜旱莲子草、丁香蓼、异型莎草、牛毛毡、泽泻等。

(3)雨久花群系。河南湿地零星分布，本次调查发现于河南商城鲇鱼山省级自然保护区。分布于水面。

(4)黑三棱群系。河南湿地零星分布，本次调查发现于盘石头水库、三门峡库区湿地。分布于坑塘或浅水区，伴生植物有野慈姑、喜旱莲子草。

4.5.4 沉水植物型

(1)大茨藻群系。河南湿地广布，本次调查发现于丹江口库区湿地、河南省郑州黄河国家湿地公园、河南偃师伊洛河国家湿地公园、河南郑州黄河湿地省级自然保护区、南阳恐龙蛋化石群古生物国家级自然保护区、彰武水库。分布于库塘或河流水中，伴生植物有竹叶眼子菜、黑藻、狐尾藻等。

(2)黑藻群系。河南湿地广布，本次调查发现于丹江口库区湿地、河南省南阳市白河国家城市湿地公园、河南偃师伊洛河国家湿地公园。分布于河流或库塘水中，伴生植物有金鱼藻、眼子菜等。

(3)狐尾藻群系。河南湿地广布，本次调查发现于河南平顶山白龟山湿地省级自然保护区、河南淮阳龙湖国家湿地公园、河南偃师伊洛河国家湿地公园、河南郑州黄河湿地省级自然保护区、三门峡库区湿地。分布于库塘边或河滩积水中，伴生植物有菹草、金鱼藻、大茨藻等。

(4)黄花狸藻群系。河南湿地零星分布，本次调查发现于三门峡库区湿地。分布于坑塘中。

(5)金鱼藻群系。河南湿地广布，本次调查发现于河南开封柳园口省级湿地自然保护区、河南商城鲇鱼山省级自然保护区、河南偃师伊洛河国家湿地公园、南阳恐龙蛋化石群古生物国家级自然保护区、三门峡库区湿地。分布于库塘或河流浅水中，伴生植物有水蓼等。

(6)篦齿眼子菜群系。河南湿地零星分布，本次调查发现于河南淮阳龙湖国家湿地公园、河南偃师伊洛河国家湿地公园。分布于浅滩或浅水区。

(7)穿叶眼子菜群系。河南湿地零星分布，本次调查发现于河南偃师伊洛河国家湿地公园。分布于坑塘或河流水面。

(8)小眼子菜群系。河南湿地零星分布，本次调查发现于河南新乡黄河湿地鸟类国家级自然保护区、南阳恐龙蛋化石群古生物国家级自然保护区。分布于沼泽或河边，伴生植物有菹草、浮萍等。

(9)竹叶眼子菜群系。河南湿地零星分布，本次调查发现于河南偃师伊洛河国家湿地公园、三门峡库区湿地。分布于河滩浅水区，伴生植物有黑藻等。

(10)眼子菜群系。河南湿地零星分布，本次调查发现于河南开封柳园口省级湿地自然保护区、河南省南阳市白河国家城市湿地公园、盘石头水库。分布于河流或库塘浅水中，伴生植物有黑藻、金鱼藻、大茨藻等。

(11)菹草群系。河南湿地广布，本次调查发现于丹江口库区湿地、河南平顶山白龟山湿地省级自然保护区、河南黄河湿地国家级自然保护区、河南林州万宝山省级自然保护区、河南省南阳市白河国家城市湿地公园、河南平顶山白龟湖国家湿地公园、河南省平顶山市白鹭洲城市湿地公园、河南新乡黄河湿地鸟类国家级自然保护区、河南偃师伊洛河国家湿地公园、南阳恐龙蛋化石群古生物国家级自然保护区、盘石头水库。分布于河流或库塘水中，伴生植物有黑藻、小眼子菜、金鱼藻等。

4.6 河南湿地植被特点

河南湿地植被类型繁多、分布广泛，主要有以下特点：

(1)类型繁多。河南湿地植被共有 5 个植被型组，11 个植被型，531 个群系，群系类型多样。

(2)群落面积差异悬殊。湿地植被中有的类型分布面积辽阔，有的分布面积却极为狭窄或细小。前者如芦苇、香蒲，后者如黄花狸藻等。

(3)生态系列分布特别明显。水深的变化往往导致群落的生态分布发生变化。在淡水湖泊或河流中，自湖心到滩地，在短短的数十米中，往往可以明显表达群落的过渡和类型的演变。挺水植物一般只沿湖岸带状生长，而在沼泽湿地则连片分布。沉水植物沿岸可向湖心伸展达水深 1 ~2 米，最深可达 10 米；浮水植物只在浅水区分布。

(4)湿地植被的地带性特征较差。由于湿地环境有一定的一致性，故其组成常常跨越陆地自然植被带，如芦苇。但有些类型，也反映了一定的热量带，如大车前。

(5)湿地植被中资源植物数量较丰富。在湿地植被中，可作为纤维、饲料、蔬菜、药材的经济植物比例甚大。

(6)植被演替迅速。主要表现在两方面：一方面，随着土壤中植物残体的积累，地表逐步提高，地表水状态不断变化；另一方面，在河的两岸，随着水流的侵蚀和切割，植物群落也很快产生演变。

第二节
湿地动物资源

1　湿地野生动物种类组成及特点

1.1　湿地野生动物种类组成

湿地是“生命之源”，是自然界最富生物多样性的生态景观和人类最重要的生存环境之一，它为鸟类、鱼类、两栖动物提供了繁殖、栖息、迁徙、越冬的场所。调查表明，河南省湿地脊椎动物有498种，隶属于5纲35目93科。其中，鱼纲9目20科147种、两栖纲2目9科29种、爬行纲2目9科34种、鸟纲17目46科269种、哺乳纲5目9科19种(表3-5)。

表3-5　河南省湿地脊椎动物基本情况表

类　别	鱼　纲	两栖纲	爬行纲	鸟　纲	哺乳纲	合　计
目	9	2	2	17	5	35
科	20	9	9	46	9	93
种	147	29	34	269	19	498

1.1.1　湿地鸟类种类组成

河南省处于候鸟迁徙路线的中途，区内有黄河、淮河、长江、海河四大水系，湿地类型多样，湿地鸟类的地理分布以温带为主，旅鸟占优势。河南省湿地鸟类共有269种，隶属于17目46科。其中雀形目种类最多，占河南省湿地鸟类总种数的34.2%，其次是鸻形目与雁形目的鸟类，分别占河南省湿地鸟类总种数的15.2%和13.4%(表3-6)。

表3-6　河南省湿地鸟类物种组成表

序　号	目　名	科　数	物种数	占全省湿地鸟类总种数比例(%)
1	潜鸟目	1	1	0.4
2	鹈鹕目	1	5	1.9
3	鹈形目	2	4	1.5
4	鹳形目	3	22	8.2
5	雁形目	1	36	13.4
6	隼形目	2	11	4.1
7	鸡形目	1	2	0.7
8	鹤形目	4	17	6.3

(续)

序 号	目 名	科 数	物种数	占全省湿地鸟类总种数比例(%)
9	鸻形目	6	41	15.2
10	鸥形目	1	14	5.2
11	鸽形目	1	6	2.2
12	鹃形目	1	3	1.1
13	鸮形目	1	4	1.5
14	雨燕目	1	1	0.4
15	佛法僧目	2	6	2.2
16	鴷形目	1	4	1.5
17	雀形目	17	92	34.2
合 计		46	269	100.0

1.1.2 鱼类种类组成

河南省境内自北向南跨海河、黄河、淮河、长江四大流域，湿地自然条件优越，浮游植物、浮游动物、水生维管束植物(水草)等饵料十分丰富，作为淡水鱼类最为重要的动物性蛋白饵料生物——底栖动物也十分丰富，为鱼类提供了很好的生存繁衍环境。

河南省鱼类147种，隶属于9目20科，均为硬骨鱼类，大多种类具有一定经济价值。其中以鲤形目种类最多，达102种，为本区鱼类总种数的69.4%，其中大部分为土著鱼类，也有少量移入种，具较高的经济价值；鲇形目次之，有19种，占鱼类总数的12.9%，大多数具一定的经济价值；鲈形目占第三，有16种，占鱼类总数的10.8%(表3-7)。

表3-7 河南省鱼类物种组成表

序 号	目 名	科 数	物种数	所占比例(%)
1	鲟形目	1	2	1.4
2	鲱形目	1	2	1.4
3	鳗鲡目	1	1	0.7
4	鲑形目	1	3	2.0
5	鲤形目	3	102	69.4
6	鲇形目	5	19	12.9
7	鳉形目	1	1	0.7
8	合鳃目	1	1	0.7
9	鲈形目	6	16	10.8
合 计		20	147	100.0

河南省鱼类资源非常丰富。其中，丹江口库区湿地、河南商城鲇鱼山省级自然保护区、河南黄河湿地国家级自然保护区、河南伏牛山国家级自然保护区、河南鹤壁淇河国家湿地公园的鱼类资源最为丰富，分别占全省鱼类总种数的58.5%、58.5%、45.6%、45.6%、42.2%。其他各重点调查湿地鱼类种类组成情况见表3-8。

表3-8　河南省各重点调查湿地鱼类物种组成表

序　号	重点调查湿地名称	目	科	种	所占比例(%)
1	丹江口库区湿地	8	18	87	58.5
2	河南商城鲇鱼山省级自然保护区	7	15	86	58.5
3	河南黄河湿地国家级自然保护区	7	14	66	45.6
4	河南伏牛山国家级自然保护区	5	12	67	45.6
5	河南鹤壁淇河国家湿地公园	6	13	63	42.2
6	汤河水库	5	12	58	39.5
7	宿鸭湖湿地	5	12	55	37.4
8	河南内乡湍河湿地省级自然保护区	5	11	49	33.3
9	河南新乡黄河湿地鸟类国家级自然保护区	6	10	32	21.8
10	河南白龟山库区湿地省级自然保护区	5	11	27	18.4
11	河南省平顶山白龟湖国家湿地公园	5	11	27	18.4
12	河南省淮阳龙湖国家湿地公园	4	8	26	17.7
13	河南偃师伊洛河国家湿地公园	4	6	11	7.5
14	南阳恐龙蛋化石群古生物国家级自然保护区	4	5	10	6.8
15	河南省平顶山市白鹭洲城市湿地公园	3	4	9	6.1
16	河南淮滨淮南湿地省级自然保护区	3	4	8	5.4
17	河南固始淮河湿地省级自然保护区	4	5	8	5.4
18	卢氏大鲵自然保护区	2	3	8	5.4
19	河南太行山猕猴国家级自然保护区	1	2	8	5.4
20	洛河(卢氏县)	2	3	8	5.4
21	河南开封柳园口省级湿地自然保护区	2	3	8	4.8
22	河南濮阳黄河湿地省级自然保护区	2	3	7	4.8
23	盘石头水库	2	2	5	3.4
24	河南省漯河市沙河国家湿地公园	2	3	4	2.7
25	河南商城金刚台省级自然保护区	1	1	3	2.0
26	白墙水库	1	1	3	2.0

1.1.3　湿地两栖动物种类组成

河南省湿地共有两栖动物29种，分别隶属于2目9科。其中，有尾目有3科7种，占湿地两栖动物总种数的24.1%；无尾目有6科22种，占湿地两栖动物总种数的75.9%(表3-9)。在9个科中，蛙科的种类最多，有11种，占湿地两栖动物总种数的38.0%；小鲵科、姬蛙科均为4种，分别占湿地两栖动物总种数的13.8%；蝾螈科、蟾蜍科、树蛙科、雨蛙科均为2种，分别占湿地两栖动物总种数的6.9%；隐鳃鲵科、角蟾科均各有1种，占湿地两栖动物总种数的3.4%。

表3-9 河南省湿地两栖类物种组成表

序 号	目 名	科 数	物种数	所占比例(%)
1	有尾目	3	7	24.1
2	无尾目	6	22	75.9
总 计		9	29	100

1.1.4 湿地爬行动物种类组成

河南省湿地自然分布的爬行动物共34种，隶属于2目9科。其中，龟鳖目有2科3种，占湿地爬行动物总种数的8.8%；有鳞目有7科31种，占湿地爬行动物总种数的91.2%(表3-10)。在9个科中，游蛇科的种类最多，有21种，占湿地爬行动物总种数的61.8%；蜥蜴科3种，占湿地爬行动物总种数的8.9%；龟科、鬣蜥科、蝰科均为2种，分别占湿地爬行动物总种数的5.9%；鳖科、石龙子科、壁虎科、眼镜蛇科各有1种，分别占湿地爬行动物总种数的2.9%。

表3-10 河南省湿地爬行类物种组成表

序 号	目 名	科 数	物种数	所占比例(%)
1	龟鳖目	2	3	8.8
2	有鳞目	7	31	91.2
总 计		9	34	100

1.1.5 湿地哺乳动物种类组成

河南省湿地分布的哺乳动物共19种，隶属于5目9科。其中，啮齿目有3科7种，占湿地哺乳动物总种数的36.8%；食肉目有2科6种，占湿地哺乳动物总种数的31.6%；偶蹄目有2科3种，占湿地哺乳动物总种数的15.8%；食虫目有1科2种，占湿地哺乳动物总种数的10.5%；兔形目有1科1种，占湿地哺乳动物总种数的5.3%(表3-11)。在9个科中，鼬科的种类有5种，占湿地哺乳动物总种数的26.3%；鼠科3种，占湿地哺乳动物总种数的15.8%；猬科、仓鼠科、田鼠科、鹿科各有2种，分别占湿地哺乳动物总种数的10.5%；猪科、灵猫科、兔科各有1种，分别占湿地哺乳动物总种数的5.3%。

表3-11 河南省湿地哺乳类物种组成表

序 号	目 名	科 数	物种数	所占比例(%)
1	食虫目	1	2	10.5
2	兔形目	1	1	5.3
3	啮齿目	3	7	36.8

（续）

序　号	目　名	科　数	物种数	所占比例(%)
4	食肉目	2	6	31.6
5	偶蹄目	2	3	15.8
合　计		9	19	100

1.2　湿地野生动物资源特点

湿地是河南省野生脊椎动物分布较为集中的地方之一。湿地不仅为鱼类和两栖类生存提供了必须的水环境，更为鸟类提供了很好的栖息环境，成为迁徙中鸟类必要的补给站点。这些功能使得湿地这种生态系统生境内的野生动物资源十分丰富。

河南省湿地脊椎动物目、科、种分别占河南省脊椎动物目、科、种总数的87.5 %、82.3 %和68.9 %。其中，湿地鱼类种类数占河南省鱼类总种数的100%，两栖类种类数占河南省两栖类总种数的100.0%；爬行类种类数占河南省爬行类总种数的73.9%；鸟类种类数占河南省鸟类总种数的63.9%；哺乳类种类数占河南省哺乳类总种数的23.8%(表3-12)。

表3-12　河南省湿地脊椎动物基本情况表

类　别	河南省湿地脊椎动物			河南省脊椎动物			湿地脊椎动物占河南省同类别比例(%)		
	目	科	种	目	科	种	目	科	种
鱼　纲	9	20	147	9	20	147	100.0	100.0	100.0
两栖纲	2	9	29	2	9	29	100.0	100.0	100.0
爬行纲	2	9	34	3	8	46	66.7	112.5	73.9
鸟　纲	17	46	269	18	55	421	94.4	83.6	63.9
哺乳纲	5	9	19	8	21	80	62.5	42.9	23.8
合　计	35	93	498	40	113	723	87.5	82.3	68.9

河南省湿地野生动物中珍稀鸟类及保护物种较多。据统计，列入国家和河南省重点保护野生动物名录的湿地鸟类有66种，列入《濒危野生动植物种国际贸易公约》(CITES)附录名录的物种有37种。因此，保护湿地对于保护珍稀濒危物种，维护河南省生物多样性具有十分重要的意义。

河南省湿地野生经济动物资源丰富，其中鱼类是湿地中经济动物种类最多，经济价值最高的湿地动物。全省较多水域都开展了水产养殖，水产养殖和大中型水面增殖的主要品种有30多个。养殖的种类除了青鱼、草鱼、鲢、鳙这4种家鱼外，还养殖其他重要的经济种类，如鲤、鲫、鲇、团头鲂、罗非鱼、黄鳝、大银鱼、太湖新银鱼、达氏鲟、泥鳅等。此外，常见的养殖种类还有鳖、斑节对虾、克氏原螯虾等。这些水产动物适合大众消费，市场容量很大，部分品种经过加工后可以出口，具有很高的经济价值。

2 珍稀濒危湿地动物

河南省湿地分布的重点保护野生动物有66种。按保护级别分：国家Ⅰ级保护野生动物9种，国家Ⅱ级保护野生动物39种，省级保护野生动物18种；按动物类别分：鸟类55种、鱼类2种、两栖类4种、爬行类1种、哺乳类4种。此外，根据中华人民共和国濒危物种进出口管理办公室公布(2010年第2号)的修订后的《濒危野生动植物种国际贸易公约》(CITES)附录，河南省湿地野生动物中列入附录名录的物种有37种。其中列入附录Ⅰ名录的有9种，列入附录Ⅱ名录的有26种，列入附录Ⅲ名录的有2种(表3-13)。

表3-13 河南省湿地重点保护野生动物统计表

类别	国家和省级重点保护物种				CITES附录保护物种			
	小计	国家Ⅰ级	国家Ⅱ级	省级	小计	附录Ⅰ	附录Ⅱ	附录Ⅲ
鱼纲	2	1		1	2		2	
两栖纲	4		2	2	1		1	
爬行纲	1			1	2		1	1
鸟纲	55	8	34	13	30	8	22	
哺乳纲	4		3	1	2	1		1
合计	66	9	39	18	37	9	26	2

河南省湿地重点保护鸟类有55种，占全省湿地鸟类总数的20.4%。其中，国家Ⅰ级保护鸟类有8种，国家Ⅱ级保护鸟类有34种，省级保护鸟类有13种。列入公约附录的湿地鸟类有30种，占全省湿地鸟类总种数的11.9%。其中列入附录Ⅰ名录的有8种；列入附录Ⅱ名录的有22种(表3-14)。

表3-14 河南省湿地重点保护鸟类名录

序号	种中文名	种拉丁名	保护等级	CITES附录
1	白鹳	*Ciconia ciconia*	Ⅰ级	
2	黑鹳	*Ciconia nigra*	Ⅰ级	附录Ⅱ
3	中华秋沙鸭	*Mergus squamatus*	Ⅰ级	
4	白鹤	*Grus leucogeranus*	Ⅰ级	附录Ⅰ
5	白头鹤	*Grus monacha*	Ⅰ级	附录Ⅰ
6	丹顶鹤	*Grus japonensis*	Ⅰ级	附录Ⅰ
7	大鸨	*Otis tarda*	Ⅰ级	附录Ⅱ
8	金雕	*Aquila chrysaetos*	Ⅰ级	附录Ⅱ
9	角䴙䴘	*Podiceps auritus*	Ⅱ级	

（续）

序 号	种中文名	种拉丁名	保护等级	CITES 附录
10	赤颈䴙䴘	*Podiceps grisegena*	Ⅱ级	
11	白鹈鹕	*Pelecanus onocrotalus*	Ⅱ级	
12	斑嘴鹈鹕	*Pelecanus philippensis*	Ⅱ级	
13	卷羽鹈鹕	*Pelecanuscrispus*	Ⅱ级	附录Ⅰ
14	黄嘴白鹭	*Egretta eulophotes*	Ⅱ级	
15	小苇鳽	*Ixobrychus minutus*	Ⅱ级	
16	白琵鹭	*Platalea leucorodia*	Ⅱ级	附录Ⅱ
17	红胸黑雁	*Branta ruficollis*	Ⅱ级	附录Ⅱ
18	白额雁	*Anser albifrons*	Ⅱ级	
19	大天鹅	*Cygnus cygnus*	Ⅱ级	
20	小天鹅	*Cygnus columbianus*	Ⅱ级	
21	疣鼻天鹅	*Cygnus olor*	Ⅱ级	
22	鸳鸯	*Aix galericulata*	Ⅱ级	
23	苍鹰	*Accipiter gentilis*	Ⅱ级	附录Ⅱ
24	普通鵟	*Buteo buteo*	Ⅱ级	附录Ⅱ
25	白头鹞	*Circus aeruginosus*	Ⅱ级	附录Ⅱ
26	白尾鹞	*Circus cyaneus*	Ⅱ级	附录Ⅱ
27	黑耳鸢	*Milvus lineatus*	Ⅱ级	附录Ⅱ
28	鹗	*Pandion haliatus*	Ⅱ级	附录Ⅱ
29	阿穆尔隼	*Falco amurebsis*	Ⅱ级	附录Ⅱ
30	黄爪隼	*Falco naumanni*	Ⅱ级	附录Ⅱ
31	游隼	*Falco peregrinus*	Ⅱ级	附录Ⅰ
32	红隼	*Falco tinnunculus*	Ⅱ级	附录Ⅱ
33	白冠长尾雉	*Syrmaticus reevesii*	Ⅱ级	
34	灰鹤	*Grus grus*	Ⅱ级	附录Ⅱ
35	白枕鹤	*Grus vipio*	Ⅱ级	附录Ⅰ
36	蓑羽鹤	*Anthropoides virgo*	Ⅱ级	附录Ⅱ
37	小青脚鹬	*Tringa guttifer*	Ⅱ级	附录Ⅰ
38	长耳鸮	*Asio otus*	Ⅱ级	附录Ⅱ
39	雕鸮	*Bubo bubo*	Ⅱ级	附录Ⅱ
40	纵纹腹小鸮	*Athene noctua*	Ⅱ级	附录Ⅱ

（续）

序 号	种中文名	种拉丁名	保护等级	CITES 附录
41	领鸺鹠	*Glaucidium brodiei*	Ⅱ级	附录Ⅱ
42	蓝翅八色鸫	*Pitta brachyura*	Ⅱ级	
43	凤头䴙䴘	*Podiceps cristatus*	省级	
44	苍鹭	*Ardea cinerea*	省级	
45	草鹭	*Ardea purpurea*	省级	
46	大白鹭	*Egretta alba*	省级	
47	鸿雁	*Anser cygnoides*	省级	
48	灰雁	*Anser anser*	省级	
49	红脚鹬	*Tringa totanus*	省级	
50	丘鹬	*Scolopax rusticola*	省级	
51	铁嘴沙鸻	*Charadrius leschenaultii*	省级	
52	黑枕黄鹂	*Oriolus chinensis*	省级	
53	红嘴山鸦	*Pyrrhocorax pyrrhocorax*	省级	
54	画眉	*Garrulax canorus*	省级	附录Ⅱ
55	寿带[鸟]	*Terpsiphone paradisi*	省级	
56	东方白鹳	*Ciconia boyciana*		附录Ⅰ
57	花脸鸭	*Anas formosa*		附录Ⅱ

湿地鱼类、两栖类、爬行类和哺乳类中，列入国家重点保护的动物共有 11 种。其中，列入国家Ⅰ级保护的动物有达氏鲟 1 种；列入国家Ⅱ级保护的动物有大鲵、虎纹蛙、水獭、河麂、青鼬 5 种；列入省级重点保护的动物有(淇河)鲫、商城肥鲵、黑斑侧褶蛙、黄缘闭壳龟、小麂 5 种。

湿地鱼类、两栖类、爬行类和哺乳类中，列入《濒危野生动植物种国际贸易公约》附录的动物共有 7 种。其中，列入附录Ⅰ名录的有水獭 1 种；列入附录Ⅱ名录的有达氏鲟、施氏鲟、虎纹蛙和黄缘闭壳龟 4 种；列入附录Ⅲ名录的有乌龟和青鼬 2 种。

3 湿地鸟类

3.1 湿地鸟类的数量状况

第二次全国湿地资源调查，河南省野外调查共记录到湿地鸟类 203 种 82347 只。其中，国家和省级重点保护湿地鸟类 43 种 6886 只，非重点保护鸟类 160 种 75768 只。

3.1.1 湿地重点保护鸟类的数量

第二次全国湿地资源调查，河南省野外调查共记录到重点保护鸟类 43 种 6886 只。其中，国家Ⅰ级保护鸟类 7 种 588 只，国家Ⅱ级保护鸟类 26 种 4132 只，省级保护鸟类 10 种 2166 只(表 3-15)。

表 3-15 河南省湿地重点保护鸟类种类基本情况

序 号	种中文名	种拉丁名	保护等级	种群数量(只)
1	白鹳	*Ciconia ciconia*	国家Ⅰ级	6
2	黑鹳	*Ciconia nigra*	国家Ⅰ级	76
3	中华秋沙鸭	*Mergus squamatus*	国家Ⅰ级	31
4	白鹤	*Grus leucogeranus*	国家Ⅰ级	10
5	白头鹤	*Grus monacha*	国家Ⅰ级	4
6	大鸨	*Otis tarda*	国家Ⅰ级	460
7	金雕	*Aquila chrysaetos*	国家Ⅰ级	1
8	黄嘴白鹭	*Egretta eulophotes*	国家Ⅱ级	271
9	白琵鹭	*Platalea leucorodia*	国家Ⅱ级	146
10	小苇鳽	*Ixobrychus minutus*	国家Ⅱ级	40
11	白额雁	*Anser albifrons*	国家Ⅱ级	10
12	大天鹅	*Cygnus cygnus*	国家Ⅱ级	2264
13	小天鹅	*Cygnus columbianus*	国家Ⅱ级	119
14	鸳鸯	*Aix galericulata*	国家Ⅱ级	73
15	灰鹤	*Grus grus*	国家Ⅱ级	788
16	蓑羽鹤	*Anthropoides virgo*	国家Ⅱ级	4
17	白枕鹤	*Grus vipio*	国家Ⅱ级	4
18	小青脚鹬	*Tringa guttifer*	国家Ⅱ级	95
19	白冠长尾雉	*Syrmaticus reevesii*	国家Ⅱ级	2
20	阿穆尔隼	*Falco amurebsis*	国家Ⅱ级	6
21	红隼	*Falco tinnunculus*	国家Ⅱ级	5
22	黄爪隼	*Falco naumanni*	国家Ⅱ级	68
23	游隼	*Falco peregrinus*	国家Ⅱ级	2
24	苍鹰	*Accipiter gentilis*	国家Ⅱ级	42
25	黑耳鸢	*Milvus lineatus*	国家Ⅱ级	2
26	白头鹞	*Circus aeruginosus*	国家Ⅱ级	5
27	白尾鹞	*Circus cyaneus*	国家Ⅱ级	7
28	雕鸮	*Bubo bubo*	国家Ⅱ级	26
29	长耳鸮	*Asio otus*	国家Ⅱ级	48
30	纵纹腹小鸮	*Athene noctua*	国家Ⅱ级	1
31	普通鵟	*Buteo buteo*	国家Ⅱ级	59
32	领鸺鹠	*Glaucidium brodiei*	国家Ⅱ级	35
33	蓝翅八色鸫	*Pitta brachyura*	国家Ⅱ级	10

(续)

序 号	种中文名	种拉丁名	保护等级	种群数量(只)
34	凤头䴙䴘	*Podiceps cristatus*	省级	809
35	苍鹭	*Ardea cinerea*	省级	482
36	草鹭	*Ardea purpurea*	省级	9
37	大白鹭	*Egretta alba*	省级	396
38	鸿雁	*Anser cygnoides*	省级	225
39	灰雁	*Anser anser*	省级	204
40	黑枕黄鹂	*Oriolus chinensis*	省级	22
41	红嘴山鸦	*Pyrrhocorax pyrrhocorax*	省级	9
42	画眉	*Garrulax canorus*	省级	4
43	寿带[鸟]	*Terpsiphone paradisi*	省级	6
合 计				6886

3.1.2 湿地非重点保护鸟类状况

第二次全国湿地资源调查，河南省野外调查共记录到非重点保护鸟类 161 种 75758 只。其中，雁形目鸟类种群数量占绝对优势，其次是雀形目、鹳形目、鹤形目、鸻形目、䴙䴘目、佛法僧目、鸥形目、鹈形目、鸽形目、鸡形目、鹃形目、�形目和雨燕目(表 3-16)。

表 3-16 河南省湿地非重点保护鸟类种类基本情况

目	数量(只)	占鸟类总数量的比例(%)
雁形目	47324	62.459
雀形目	12416	16.387
鹳形目	6887	9.090
鸻形目	2699	3.562
鹤形目	2137	2.820
䴙䴘目	1613	2.129
佛法僧目	914	1.206
鹈形目	654	0.863
鸽形目	622	0.821
鸥形目	297	0.392
鸡形目	102	0.135
鹃形目	54	0.071
鴷形目	47	0.062
雨燕目	2	0.003
合 计	76347	100.000

3.2　湿地鸟类分布

3.2.1　潜鸟目

潜鸟目仅有潜鸟科 1 科 1 属 1 种，黑喉潜鸟为旅鸟，2011 年 12 月在三门峡库区湿地发现。

3.2.2　鸊鷉目

鸊鷉目仅有 1 科 5 种。小鸊鷉，留鸟，全省各地水域均有分布；角鸊鷉、黑颈鸊鷉，均为旅鸟，主要分布在平原地区的水域；凤头鸊鷉，旅鸟，主要分布在山区、丘陵地区的水域；赤颈鸊鷉为旅鸟，主要分布在淮河以南的水域。

3.2.3　鹈形目

鹈形目有 2 科 4 种。

鹈鹕科有 3 种。白鹈鹕，旅鸟，主要分布在黄河湿地；斑嘴鹈鹕，旅鸟，主要分布在太行山、伏牛山等地的水域；卷羽鹈鹕，旅鸟，主要分布在三门峡、孟津等地的黄河湿地。

鸬鹚科仅 1 种。普通鸬鹚，旅鸟，广泛分布于河南省各地水域。

3.2.4　鹳形目

鹳形目有 3 科 22 种。

鹭科有 17 种。苍鹭、池鹭、白鹭、大白鹭、夜鹭、黄苇鳽、大麻鳽多为夏候鸟，分布于河南省各地水域；草鹭、牛背鹭、中白鹭、紫背苇鳽均为夏候鸟，主要分布在伏牛山、大别山、桐柏山及黄河以南的平原地区湿地；绿鹭、黄嘴白鹭、栗苇鳽、小苇鳽、黑鳽、黑冠虎斑鳽等多为夏候鸟，主要分布于淮河以南湿地。

鹳科有 4 种。白鹳、黑鹳均为旅鸟，分布较广，全省各地水域和沼泽地带均有遍布；东方白鹳、秃鹳均为旅鸟，曾在三门峡库区、孟津、濮阳等黄河湿地和大别山发现，数量稀少。

鹮科有 1 种。白琵鹭，冬候鸟，全省各地湿地均有分布。

3.2.5　雁形目

雁形目有 1 科 36 种。豆雁、大天鹅、赤麻鸭、翘鼻麻鸭、绿翅鸭、花脸鸭、罗纹鸭、绿头鸭均为冬候鸟，分布于全省各地开阔水域，三门峡库区、宿鸭湖等地分布数量最多；斑嘴鸭，留鸟，分布于全省各地水域；鸿雁、小白额雁、灰雁、小天鹅、赤膀鸭、白眉鸭、琵嘴鸭、红头潜鸭、白眼潜鸭、青头潜鸭、凤头潜鸭、斑背潜鸭、鸳鸯、棉凫均为旅鸟，主要分布在黄河以南地区的水域；白额雁、针尾鸭、赤颈鸭、鹊鸭、斑头秋沙鸭、普通秋沙鸭、中华秋沙鸭均为冬候鸟，主要在黄河以南地区的水域分布；斑脸海番鸭、斑头雁、长尾鸭、赤嘴潜鸭、红胸黑雁均为冬候鸟，数量稀少，主要分布在三门峡库区、孟津县、郑州、濮阳等黄河湿地。

3.2.6　隼形目

隼形目有 2 科 11 种。

鹰科有 7 种。金雕，留鸟，分布于全省各地；鹗，旅鸟，主要分布在河南省各地开阔的水库、河流等水域及附近的森林和草原；普通鵟，冬候鸟，分布于全省各地；苍鹰、白头鹞、白尾鹞、黑耳鸢均为旅鸟，分布于全省各地。

隼科有 4 种。红隼，留鸟，分布于全省各地；阿穆尔隼、黄爪隼均为旅鸟，主要分布在三门峡、孟津、郑州、濮阳等黄河湿地。

3.2.7 鸡形目

鸡形目有1科2种。白冠长尾雉，留鸟，主要分布在大别山区、伏牛山区；环颈雉，留鸟，分布于全省各地。

3.2.8 鹤形目

鹤形目有4科17种。

三趾鹑科有1种。黄脚三趾鹑，夏候鸟，主要分布于黄河以南地区。

鹤科有6种。灰鹤，冬候鸟，全省各处湿地均有分布，主要栖息于视野开阔的滩涂、洪泛平原；白鹤、白头鹤、丹顶鹤、蓑羽鹤均为旅鸟，主要分布在视野开阔的湿地，数量较少，经常混杂在灰鹤群中。

秧鸡科有9种。白骨顶，冬候鸟，全省各地水域均有分布；普通秧鸡，旅鸟，全省各处湿地均有分布；黑水鸡、董鸡、白喉斑秧鸡、白胸苦恶鸟、红脚苦恶鸟、红胸田鸡、小田鸡均为夏候鸟，主要分布于黄河以南湿地。

鸨科有1种。大鸨，冬候鸟，全省各地均有分布，主要栖息在视野开阔的滩涂，郑州中牟、洛阳孟津等黄河湿地种群数量较多。

3.2.9 鸻形目

鸻形目有6科41种。

雉鸻科有1种。水雉，夏候鸟，主要分布在黄河以南湿地。

彩鹬科有1种。彩鹬，夏候鸟，主要分布在洛阳孟津、三门峡库区等黄河湿地。

鸻科有10种。金眶鸻，夏候鸟，为河南省广布种；剑鸻，旅鸟，河南省广布种；凤头麦鸡、灰头麦鸡、灰斑鸻、金(斑)鸻、金眶鸻、环颈鸻、铁嘴沙鸻、东方鸻、长嘴剑鸻均为旅鸟，主要分布于黄河以南湿地。

鹬科有26种。其中白腰杓鹬、白腰草鹬、扇尾沙锥在河南省均为广布种；红脚鹤鹬、矶鹬、针尾沙锥、黑腹滨鹬均为冬候鸟，主要分布在黄河以南湿地；林鹬、长趾滨鹬、弯嘴滨鹬均为夏候鸟，主要分布在黄河以南湿地；小青脚鹬、斑尾塍鹬、黑尾塍鹬、青脚鹬、乌脚滨鹬、流苏鹬、泽鹬、孤沙锥、红脚鹤鹬、灰鹬、三趾滨鹬、流苏鹬、半蹼鹬、大沙锥、丘鹬、斑胸滨鹬等均为旅鸟，主要分布在黄河以南湿地。

反嘴鹬科有3种。鹮嘴鹬为夏候鸟，见于伏牛山区和三门峡库区；黑翅长脚鹬和反嘴鹬均为旅鸟，广泛分布于黄河以南湿地，较为常见。

燕鸻科有1种。普通燕鸻，冬候鸟，分布于三门峡库区、孟津、郑州等黄河湿地和太行山区湿地、鹤壁淇河、汤河水库。

3.2.10 鸥形目

鸥形目有1科14种。普通燕鸥，夏候鸟，为河南省广布种，较为常见；红嘴鸥，旅鸟，为河南省广布种；银鸥、须浮鸥、白翅浮鸥均为旅鸟，主要分布于黄河湿地以及黄河以南的丹江口库区、董寨、商城鲇鱼山、白龟山库区等湿地；海鸥、棕头鸥、灰背鸥均为冬候鸟，主要分布于黄河湿地以及黄河以南的丹江口库区、商城鲇鱼山等湿地；白额燕鸥，夏候鸟，主要分布于黄河湿地以及黄河以南的伏牛山区、白龟山库区、商城鲇鱼山、董寨、丹江口库区等湿地；黄脚银鸥、织女银鸥、渔鸥均为冬候鸟，主要主要分布于三门峡库区、洛阳孟津等黄河湿地；鸥嘴噪鸥、粉红燕鸥均为夏候鸟，主要分布于三门峡库区、洛阳孟津等黄河湿地。

3.2.11　鸽形目

鸽形目有 1 科 6 种。岩鸽，留鸟，主要分布于河南省各山区；山斑鸠、灰斑鸠、珠颈斑鸠均为留鸟，为河南省广布种；火斑鸠，夏候鸟，为河南省广布种；原鸽，留鸟，见于盘石头水库。

3.2.12　鹃形目

鹃形目有 1 科 3 种。大杜鹃、四声杜鹃均为夏候鸟，为河南省广布种；噪鹃，夏候鸟，主要分布于伏牛山区、大别山区、桐柏山区。

3.2.13　鸮形目

鸮形目有 1 科 4 种。雕鸮、纵纹腹小鸮均为留鸟，河南省广布种；长耳鸮，冬候鸟，河南省广布种；领鸺鹠，留鸟，主要分布于黄河以南的伏牛山、大别山、桐柏山。

3.2.14　雨燕目

雨燕目仅 1 科 1 种。白腰雨燕，夏候鸟，分布于河南省各地。

3.2.15　佛法僧目

佛法僧目有 2 科 6 种。

翠鸟科有 5 种。冠鱼狗、普通翠鸟均为留鸟，河南省广布种；白胸翡翠，夏候鸟，主要分布于小秦岭、伏牛山区、大别山、桐柏山；斑鱼狗，旅鸟，主要分布于汤河水库、三门峡库区、洛阳孟津黄河湿地以及伏牛山、大别山、桐柏山。

戴胜科有 1 种。戴胜，留鸟，为河南省广布种。

3.2.16　䴕形目

䴕形目有 1 科 4 种。斑姬啄木鸟、大斑啄木鸟、灰头啄木鸟、星头啄木鸟均为留鸟，分布于河南省各地。

3.2.17　雀形目

雀形目有 17 科 92 种。

八色鸫科仅有 1 种。蓝翅八色鸫，夏候鸟，主要分布于大别山、桐柏山。

百灵科有 3 种。短趾沙百灵，冬候鸟，见于孟津黄河湿地、大别山、桐柏山；云雀，冬候鸟，主要分布于伏牛山、大别山、桐柏山；小云雀，留鸟，主要分布于大别山、桐柏山。

燕科有 3 种。家燕、金腰燕均为夏候鸟，河南省广布种；崖沙燕，留鸟，分布于河南省各地。

鹡鸰科有 9 种。山鹡鸰、黄鹡鸰、田鹨均为夏候鸟，河南省广布种；黄头鹡鸰，夏候鸟，主要分布于黄河湿地及黄河以南的小秦岭、伏牛山、内乡湍河、丹江口等湿地；灰鹡鸰、树鹨、水鹨均为旅鸟，河南省广布种；白鹡鸰，留鸟，分布于河南省各地；黄腹鹨，留鸟，仅见于河南商城鲇鱼山省级自然保护区。

鹎科有 5 种。白头鹎，留鸟，为河南省广布种；黄臀鹎，留鸟，主要分布于小秦岭、伏牛山、大别山、桐柏山；黑短脚鹎，夏候鸟，主要分布在大别山、桐柏山及丹江口库区湿地；栗背短脚鹎，夏候鸟，仅见河南商城金刚台省级自然保护区。

伯劳科有 4 种。红尾伯劳，夏候鸟，为河南省广布种；虎纹伯劳，夏候鸟，主要分布于三门峡库区、伏牛山、大别山、桐柏山；棕背伯劳，留鸟，主要分布于黄河湿地以及黄河以南各地；

楔尾伯劳，旅鸟，主要分布于洛阳孟津黄河湿地、偃师伊洛河湿地、伏牛山、大别山、桐柏山。

黄鹂科仅有1种。黑枕黄鹂，夏候鸟，为河南省广布种。

卷尾科有3种。黑卷尾、发冠卷尾均为，夏候鸟，河南省广布种；灰卷尾，夏候鸟，主要分布于伏牛山区、大别山、桐柏山。

椋鸟科有4种。灰椋鸟，留鸟，河南省广布种；八哥，留鸟，主要分布于黄河湿地、伏牛山区、大别山、桐柏山；丝光椋鸟，夏候鸟，主要分布于伏牛山区、大别山、桐柏山；北椋鸟，旅鸟，主要分布于黄河湿地、伏牛山区、大别山、桐柏山。

鸦科有8种。松鸦、红嘴蓝鹊、喜鹊、灰喜鹊、红嘴山鸦、大嘴乌鸦、小嘴乌鸦均为留鸟，河南省广布种；白颈鸦，留鸟，主要分布于伏牛山区、大别山、桐柏山。

河乌科仅有1种。褐河乌，留鸟，主要分布于河南省山区及丘陵地区的河流湿地。

鹪鹩科仅有1种。鹪鹩，留鸟，为河南省广布种。

鹟科有29种。画眉、棕头鸦雀、黑脸噪鹛、山噪鹛、橙翅噪鹛、强脚树莺均为留鸟，主要分布在河南省各山区；斑胸钩嘴鹛，留鸟，见于河南小秦岭国家级自然保护区；震旦鸦雀，留鸟，见于河南新乡黄河湿地鸟类国家级自然保护区；棕扇尾莺，留鸟，见于黄河湿地、固始淮河湿地、淮阳龙湖湿地公园；红胁蓝尾鸲，旅鸟，主要分布在太行山、伏牛山、大别山等山区河流湿地；黑喉石䳭，旅鸟，见于伏牛山区、河南新乡黄河湿地鸟类国家级自然保护区；厚嘴苇莺，旅鸟，见于河南商城鲇鱼山省级自然保护区；北灰鹟，旅鸟，见于河南内乡湍河湿地省级自然保护区；斑鸫，冬候鸟，河南省广布种；大苇莺、寿带[鸟]、黄眉柳莺均为夏候鸟，河南省广布种；东方大苇莺，夏候鸟，见于三门峡库区湿地、黄河湿地、偃师伊洛河湿地、淮阳龙湖湿地公园、固始淮河湿地、商城鲇鱼山库区湿地；黑眉苇莺，夏候鸟，主要分布于伏牛山、黄河湿地、商城鲇鱼山库区湿地；稻田苇莺，夏候鸟，主要分布于大别山区、桐柏山区、商城鲇鱼山库区湿地；钝翅稻田苇莺，夏候鸟，仅见于河南商城鲇鱼山省级自然保护区。

山雀科有7种。大山雀、红头长尾山雀均为留鸟，河南省广布种；红腹山雀、煤山雀、银喉长尾山雀均为留鸟，主要分布在伏牛山、大别山；绿背山雀，留鸟，见于伏牛山、小秦岭；沼泽山雀，留鸟，主要分布于大别山、桐柏山。

绣眼鸟科仅有1种。暗绿绣眼鸟，夏候鸟，主要分布于伏牛山、大别山区、桐柏山区。

文鸟科有3种。山麻雀、[树]麻雀、家麻雀均为留鸟，河南省广布种。

雀科有9种。金翅(雀)、黄喉鹀、三道眉草鹀，均为留鸟，河南省广布种；戈氏岩鹀，留鸟，主要分布在太行山、伏牛山、大别山、桐柏山等山区、丘陵；燕雀、黑尾蜡嘴雀、灰头鹀、小鹀均为旅鸟，河南省广布种；田鹀，冬候鸟，主要分布于黄河湿地及黄河以南地区。

3.3 湿地鸟类栖息地及其保护状况

河南省湿地鸟类栖息地主要分布于黄河、淮河、伊洛河、沙颍河、淇河等河流湿地以及三门峡水库、小浪底水库、丹江水库、宿鸭湖水库、鲇鱼山水库、白龟山水库、白墙水库、汤河水库等人工湿地。

为保护湿地鸟类及其栖息生境，河南省已建立了12处湿地类型自然保护区，总面积252268.78公顷，占全省自然保护区总面积的33.23%。其中，国家级自然保护区3处，面积

154807.00公顷，分别为河南新乡黄河湿地鸟类国家级自然保护区、河南黄河湿地国家级自然保护区、河南丹江湿地国家级自然保护区；省级自然保护区9处，面积97461.78公顷，分别为河南郑州黄河湿地省级自然保护区、河南开封柳园口湿地省级自然保护区、河南濮阳黄河湿地省级自然保护区、河南白龟山库区湿地省级自然保护区、河南汝南宿鸭湖省级湿地自然保护区、河南内乡湍河湿地省级自然保护区、河南淮滨淮南湿地省级自然保护区、河南固始淮河湿地省级自然保护区、河南商城鲇鱼山省级自然保护区。除河南新乡黄河湿地鸟类国家级自然保护区由环保部门管理外，其他保护区均由林业部门管理。林业系统管辖的湿地类型自然保护区总面积229488.78公顷，占全省湿地类型自然保护区总面积的90.97%。

另外，通过建立不同级别的湿地公园，对湿地及其区域物种也可起到很好的保护作用。截止2013年底，河南省已获批建国家湿地公园17处、省级湿地公园1处，总面积40658.20公顷。其中，河南省第二次湿地资源调查外业结束前(2012年末)，获批建国家湿地公园6处，总面积8043.85公顷。湿地公园建设可以更好地保持湿地区域独特的近自然景观特征，保护湿地生态系统，促进系统内部不同动植物物种的协调发展，维持生态平衡。

4　常见湿地动物种类

(1)鸟类。河南省湿地鸟类资源丰富，常见种类有小䴙䴘、凤头䴙䴘、普通鸬鹚、白鹭、苍鹭、池鹭、大白鹭、豆雁、大天鹅、绿头鸭、绿翅鸭、斑嘴鸭、赤麻鸭、鹗、灰鹤、白骨顶、黑水鸡、灰头麦鸡、环颈鸻、白腰草鹬、红脚鹤鹬、青脚鹬、矶鹬、黑翅长脚鹬、红嘴鸥、银鸥、普通燕鸥、白额燕鸥、须浮鸥、普通翠鸟、冠鱼狗、白鹡鸰、黄鹡鸰、褐河乌、白顶溪鸲、白冠燕尾、北红尾鸲、红尾水鸲、大苇莺、震旦鸦雀等。

(2)鱼类。河南省鱼类资源丰富，常见种类有青鱼、草鱼、鲢、鳙、鲤、鲫、鲇、䱗、鳊、蛇鮈、赤眼鳟、黄颡鱼、麦穗鱼、司氏鉠、乌鳢、翘嘴红鲌、银色颌须鮈、马口鱼、似鮈、棒花鱼、团头鲂、三角鲂、中华鳑鲏、银飘鱼、黄鳝、泥鳅、刺鳅、鳜等，大部分为当地的土著鱼类，也有少量为引种驯化的经济鱼类。

(3)两栖类。河南省湿地两栖动物比较丰富，常见的种类有黑斑侧褶蛙、金线侧褶蛙、中华蟾蜍、花背蟾蜍、泽陆蛙、东方蝾螈等。

(4)爬行类。河南省湿地爬行动物较少，常见的种类有鳖、丽斑麻蜥、蓝尾石龙子、虎斑颈槽蛇、赤链蛇、黑眉锦蛇、红点锦蛇和乌梢蛇等。

(5)哺乳类。河南省湿地哺乳动物较少，且多为小型兽类。常见的种类有草兔、刺猬、黑线仓鼠、野猪等，主要活动在洪泛平原和季节性河流。专营水生生活和喜湿的哺乳类有水獭、河麂等，在野外极少遇见。

第四章
湿地资源利用

第一节
湿地资源利用方式及利用现状

1 湿地资源

河南湿地资源分布广泛，种类丰富，有土地资源、水资源、生物资源、景观资源等。各类湿地资源在河南省生态环境保护、国民经济建设、生态文明建设和社会繁荣发展等方面发挥着巨大的生态、社会和经济效益。

1.1 土地资源

河南省位于中国中东部，处于北亚热带向暖温带过渡地带，人口密度大。全省土地总面积16.7万平方公里，约占全国土地面积的1.73%。平原和盆地、山地、丘陵分别占全省总面积的55.7%、26.6%、17.7%。根据河南省第二次湿地资源调查成果，全省湿地总面积627946.14公顷（不含水稻田），占国土总面积的3.75%。

1.2 水资源

河南省境内水系分属黄河、淮河、长江、海河四大水系。黄河干流横贯河南省中北部，境内流域面积约3.6万平方公里，占全省面积的21.7%。淮河水系主要流经河南省东南部，境内流域面积8.8万平方公里，占全省总面积的52.8%。西南部的唐河、白河、丹江等属长江水系，为汉水支流，境内流域面积为2.7万平方公里，占全省总面积的16.3%。北部的卫河、马颊河和徒骇河属海河水系，流域面积只有1.5万平方公里，占全省总面积的9.2%。全省流域面积100平方公里以上的河流有493条。其中，流域面积超过10000平方公里的9条，为黄河、洛河、沁河、淮河、沙河、洪河、卫河、白河、丹江；5000～10000平方公里的8条，为伊河、金堤河、史河、汝河、北汝河、颍河、贾鲁河、唐河；1000～5000平方公里的43条；100～1000平方公里的433条。

全省多年平均河川径流量为312.7亿立方米，多年平均浅层地下水资源量为208.3亿立方米，扣除因地面水、地下水相互转化的重复计算量107.6亿立方米，全省多年平均水资源总量为413.4

亿立方米，其中黄河、淮河、海河、长江流域分别为59.7亿立方米、250.5亿立方米、32.3亿立方米、70.9亿立方米。年径流在地区上的分布不均匀，但有明显规律。

从全省看，水资源的分布特点是西南山丘区多，东北平原少。信阳市、驻马店市、南阳市、三门峡市、洛阳市、平顶山市、焦作市、济源市等8个省辖市的水资源量为286.8亿立方米，占全省水资源总量约70%，人均水资源量为673立方米，平均水资源量为8895立方米/公顷；而安阳市、鹤壁市、濮阳市、新乡市、郑州市、开封市、商丘市、许昌市、漯河市、周口市等10个省辖市的水资源量为126.6亿立方米，只占全省水资源总量的约30%，人均水资源量为261立方米，平均水资源量为3510立方米/公顷。

1.3 生物资源

河南位于北亚热带向暖温带过渡地带，属暖温带-亚热带、湿润-半湿润季风气候，同时具有自东向西由平原向丘陵山地气候过渡的特征。河南省多样的地貌类型，复杂地理环境，优越气候条件，为湿地生态系统的形成与发展提供了良好的条件，形成了丰富的湿地类型和生态系统，也促成了河南湿地生物资源的多样性。

1.3.1 植物资源

据本次调查统计，河南共有湿地维管束植物827种，隶属130科455属(详见附录1河南湿地调查区域植物名录)，约占全省维管束植物总种数的18.49%。湿地植物可以提供给人类粮食、蔬菜、医药、纸张原料、人造纤维、包装原料、手工编织原料、饲料、肥料等，并可以净化污水和美化环境，与人类关系密切。

1.3.2 动物资源

据本次调查统计，河南湿地脊椎动物有498种，隶属于5纲35目93科。其中，鱼纲9目20科147种、两栖纲2目9科29种、爬行纲2目9科34种、鸟纲17目46科269种、哺乳纲5目9科19种。湿地是河南野生脊椎动物分布最为集中的地方之一，湿地不仅为鱼类和两栖类生存提供了必须的水环境，更为鸟类提供了很好的栖息环境，成为大天鹅等雁鸭类重要的越冬地和迁徙停歇地。因此，保护湿地对于维护河南的生物多样性具有十分重要的意义。

1.4 景观资源

湿地具有自然观光、旅游、娱乐等美学方面的功能，河南有许多重要的旅游风景区、自然保护区、湿地公园内都有湿地分布，成为重要的景观资源。

截至2013年年底，河南省已建立33个不同类型的国家级、省级和县级自然保护区，保护区总面积达759134.00公顷，约占河南国土面积的4.5%。其中24个自然保护区内有湿地分布，湿地总面积147305.48公顷。湿地生态系统类型自然保护区12处，保护区面积252268.00公顷。自然保护区是河南保护自然生态环境、各种类型生态系统及多种野生动植物的重要基地。不但在生物多样性保护及科研中有重要科学价值，也是科普教育和生态旅游的理想基地。内乡宝天曼国家级自然保护区、河南伏牛山国家级自然保护区等保护区适度开展生态旅游活动，成为国内外旅游者向往的目的地。

截至2013年年底，河南省已建湿地公园18处，总面积40658.20公顷。其中郑州黄河国家湿地公园、淮阳龙湖国家湿地公园已初步向民众开放。根据我国湿地公园的中长期发展规划，河南省将再建 32 个湿地公园。到 2030 年，全省湿地公园总数将达到 50 个，总面积 71601.00 公顷。随着湿地公园的陆续建成开放，也将成为科普教育和生态旅游的理想基地，对扩大湿地保护宣传力度，增强人民湿地保护意识起到积极作用。

1.5 休闲、旅游

河南省湿地旅游资源主要以河流、湖泊为主体，逐步向周边演变成沼泽、滩涂、平原。按其功能和景观特点可分为 6 种类型。

河流湿地旅游资源是以河流、溪流、沟渠、瀑布为基础开发而形成的旅游景区景点。这一类型全省均有分布，主要有三门峡黄河游览区、郑州黄河游览区、红旗渠风景区。

河南省水库湿地资源较多，其中大型水库有 10 多座，主要包括丹江口水库风景区、南湾水库风景区等。

滩涂、沼泽湿地旅游资源主要分布在黄河滩区，大多数已是各级自然保护区或湿地公园。主要有河南郑州黄河国家湿地公园、河南开封柳园口省级湿地自然保护区等。

泉水湿地旅游资源主要是中州四大名泉，即辉县城西北的百泉，安阳城西的珍珠泉、西平县西南的龙泉和修武县城东北的马坊泉。

湖泊湿地旅游资源主要分布在平原地区，比较著名的有淮阳龙湖国家湿地公园、开封的潘杨湖、封丘的陈桥湖、睢县的城湖等。

湿地旅游资源中农田湿地大部分在信阳、南阳等地，多为稻田湿地。

2 湿地资源利用方式、范围及程度

人类的生存及生产活动离不开水，水资源是人们赖以生存的根本保障。而湿地是关系人类生存和社会经济持续发展的重要自然因素。不论是现在还是将来，湿地都具有巨大的生态效益、社会效益和经济效益，是不可替代的宝贵资源。湿地是地球上生产力最高的生态系统，具有巨大的环境功能和效益，在资源供给、调节径流、调节气候、蓄洪防旱、控制污染、美化环境等方面有其他系统不可替代的作用。

河南省湿地资源利用方式主要有种植、养殖、林业、旅游、水源等。

2.1 资源供给

2.1.1 提供蓄水服务

湿地常常作为居民用水、工业用水和农业用水的水源。溪流、河流、池塘、湖泊中都有可直接利用的水资源。湿地生态系统具有为当地以及周边蓄养水分的重要功能。例如黄河为周边地区人民的生产生活用水和工农业用水提供了重要的水源保障，人工湿地水库也成为区域内工业、农业生产和人民生活的重要水源地。

据调查，全省 39 块重点调查湿地年取水总量为 171.33 亿吨。其中，工业取水 27.56 亿吨，农业取水 47.07 亿吨，生活取水 96.10 亿吨，生态用水 0.60 亿吨。

2.1.2 提供食物和原材料

湿地内的水产资源相当丰富，为河南省发展水产养殖业提供了基础。湿地提供的鱼虾、莲菜、茭白等是富有营养的副食品。许多湿地植物还是发展轻工业的重要原材料，如：芦苇、香蒲等。河南的农业、渔业、牧业和副业生产在相当程度上要依赖于湿地提供的自然资源。

据调查，全省 39 块重点调查湿地年提供天然鱼类 2.50 万吨，天然虾类 0.10 万吨，天然蟹类 0.02 万吨，天然软体类 0.0013 万吨，年提供人工养殖鱼类 0.59 万吨。

2.1.3 提供能源

湿地在为人类提供水源的同时，利用水的势能转化为电能，为人类的生产、生活提供清洁能源。

据调查，全省 39 块重点调查湿地水电装机总容量 328.18 万千瓦，年发电量 102.5 亿千瓦小时。

2.1.4 维持物种基因库

湿地生态系统的多样性决定了其物种的丰富度，湿地汇集了物种的大量遗传成分，为利用野生基因改良经济物种的品质提供了有效的基因材料。如野大豆、黄河鲤鱼、黄河铜鱼、淇河鲫鱼、大鲵等珍稀濒危物种，普遍依赖湿地生存。

2.2 调节服务

2.2.1 提供净化服务

湿地的净化功能，包括湿地子系统对入湿地污水的净化以及植被滞尘、吸收二氧化硫气体对空气的净化两个方面。湿地的首要生态功能是调节气候，其次为蓄水、土壤保持和净化环境，还具有土壤保持和净化环境的功能。

2.2.2 提供气候调节服务

湿地强大的水汽蒸发功能可以产生明显的调温增湿效应,形成独特的湿地小气候。湿地通过水平方向的热量和水分交换,使湿地区温度、湿度等环境因子发生改变,从而调节局部区域小气候。

2.2.3 滞留沉积物、营养物

某些湿地特别是沼泽地和泛洪平原湿地，如三门峡库区湿地，其自然属性有助于减缓水流的速度，有利于沉积物的沉降和排除。许多城市性河流，如贾鲁河，大量的生活污水的排放，已使河水的水质污染和富营养化日趋严重，营养物随沉积物同时沉降。营养物来源广泛，通常是由径流带来的农用化肥、人类废弃物和工业排放物。营养物随沉积物沉降后，通过湿地植物吸收，被储存起来，再利用各种生态途径释放并被利用。由于沼泽能有效地排除水流中的营养物和其他有毒物，所以很多天然湿地被用来处理废水。许多研究表明，这个过程是非常的有效，世界各地已建立许多人工湿地来净化水源。这些自然系统在建造、操作和维护方面比常规的人工系统更为便宜，所以湿地素有“地球之肾”之称。

2.3 文化服务

2.3.1 观光与旅游

湿地具有自然观光、旅游、娱乐等美学方面的功能和巨大的景观价值，长期以来，湿地特有

的资源优势和环境优势，为人类提供了集聚场所、娱乐场所、科研和教育场所。城市中的水体，在美化环境、调节气候、为居民提供休憩空间方面有着重要的社会效益。

据调查，全省 39 块重点调查湿地中开展湿地旅游的有 34 处，游客量达 1448.92 万人次。

2.3.2 教育与科研

湿地生态系统、多样的植物群落、野生濒危动植物、物种遗传基因等为教育和科学研究提供对象、材料和实验基地。湿地保留着过去和现在的生物、地理等方面演化进程信息，在研究环境演化、研究古地理方面有着十分重要和独特的价值。有些湿地还保留了具有宝贵历史价值的文化遗址，是历史文化研究的重要场所。如三门峡库区湿地是重要的科研实习基地和科普教育基地。

2.4 支持服务

2.4.1 蓄洪防旱、调蓄水量

湿地地势低洼，有一定的容积，可以调蓄径流，起到减洪防旱的作用。河南省大多人工库塘湿地都具有防洪、抗旱的功效。

据调查，全省 39 块重点调查湿地中有 15 处具有蓄洪防旱功能，年可调蓄水量 235.15 亿立方米，为全省防洪抗旱工作提供了有力的保障。

2.4.2 水路运输通道

水运作为一种廉价的运输方式，越来越受到运输企业的追捧。据调查，全省 39 块重点调查湿地中有 6 处开展了水路运输，总通航里程 233 公里，年货运量 1286.53 万吨，年客运量 155.2 万人。

2.4.3 保护生物多样性

河南湿地因其有利的地貌特征、优良的水热条件和地理位置，生存着丰富多样的动植物资源。许多湿地为水生动物、水生植物、多种珍稀濒危野生动物，特别是水禽提供了必须的栖息、迁徙、越冬和繁殖场所，对物种保存和保护物种多样性发挥着重要作用。如河南黄河湿地、河南宿鸭湖湿地、丹江口库区湿地等是众多物种的区域性栖息地、越冬场所，同时又是候鸟南来北往的主要迁徙通道和中途食物补给地。

3 湿地资源利用方面存在的问题及拟采取的措施

3.1 存在的问题

长期以来，由于人们对湿地重要性的认识还不够，随着各种农业生产、工业生产和人口的急剧增加，人们对湿地持续的开发和破坏，导致河南天然湿地质量下降，水土污染日趋严重，生物多样性逐渐丧失，功能和效益整体有所下降。

3.1.1 过度开发利用湿地土地资源

河南省是全国人口最多的省份，人口密度 631 人/平方公里。随着人口增长和经济发展，对自然资源需求加大，不合理的滩地种植、沼泽开垦、土地和水资源过度利用，导致生物生存环境破坏，甚至消失。如黄河两岸是河南省传统的农业区，沿岸群众对黄河滩区的农业开发由来已久，近年来开发程度不断加强，面积逐年增加，造成湿地面积日益缩小。

3.1.2 过度开发利用湿地生物资源

滥捕乱猎是威胁合理利用湿地生物资源的重要原因之一，白墙水库、宿鸭湖水库等都发生过毒杀水鸟现象，三门峡库区湿地的围垦者为防止农作物和鱼被水鸟取食，曾用毒饵捕杀水鸟。

过度采挖野生经济植物也是威胁合理利用湿地生物资源的重要原因之一。河南省湿地中芦苇群落、香蒲群落、菰群落等挺水群落和眼子菜群落等沉水群落都受到过度采挖。如宿鸭湖中芦苇群落，每年都被收割甚至“剃光头”，湿地水禽无藏身之地，极容易受到人为猎捕和天敌捕杀，对湿地生态环境造成负面影响。

3.1.3 湿地污染加重

工业污水和生活用水的大量排放，废气、废渣等污染物的无组织排放，不仅使湿地水质恶化，而且对湿地的生物多样性造成严重危害。湿地面积减少和严重污染，造成湿地生物多样性衰退。据调查，河南40% 以上的湿地遭到不同程度的污染，致使大量动植物失去了生存条件而濒临灭绝。另外由于对湿地用水考虑不足，破坏了湿地生态系统，湿地面积减少。

3.1.4 水利工程影响

水利工程人为地切断了湿地中洄游鱼类的通道，切断了湿地汛期洪水的补给，使湿地生物群落发生变化，沼泽湿地退化速度加快，出现盐碱化甚至干涸的现象。如黄河中上游的三门峡、小浪底等水利枢纽工程对黄河水量的综合调控，使得下游黄河滩区年过水量、过水次数、水湿天数逐渐减少，对下游黄河湿地环境影响较大。

3.1.5 湿地水资源相对不足

水是湿地生态系统最重要的生态因子。河南属暖温带大陆性季风气候，雨热同季，雨量集中。湿地雨季水量大，随地表径流迅速排出；旱季水源稀少，工农业生产、灌溉、生活用水量大，利用率低，湿地水源得不到有效补给，水位变化大，经常出现大面积湿地干涸现象，影响水生生物的生存。

3.1.6 湿地资源利用方式单调、可持续利用项目少、规模小

河南省湿地资源利用侧重于湿地土地资源、水资源及生物资源的开发利用，利用方式主要为蓄洪防旱、种植、养殖等传统形式。对湿地景观资源利用不足，湿地生态旅游、航运等可持续利用的项目少，规模小。

3.2 拟采取措施

针对河南省湿地资源利用现状，要因地制宜，保护和开发兼顾，并获取最适生产力，最终达到全面、合理利用湿地资源。

3.2.1 建立可持续发展战略

湿地是自然环境的重要组成部分，又是一项重要的自然资源，起着维护生态平衡和发展经济的双重作用。河南省湿地资源虽然较丰富，但同时存在着人口多、资源相对较少、开发利用强度大的问题。我们既不可能完全脱离实际，把所有的湿地完全保护起来，也不应该把湿地当作一种取之不尽、用之不竭的资源而任意使用。河南省湿地开发利用必须坚持可持续发展的原则，全面兼顾生态、经济和社会效益，实行全面规划、统筹安排，努力做到保护、增值和开发利用协调发展。

3.2.2 建立合理利用评估制度

湿地的利用必将涉及到人为活动、环境、生态等方方面面，应当建立合理的利用评估制度，对湿地利用进行评估、预测预报，进行各方面的分析，研究项目的科学性、合理性、可行性等，根据评估结果，确定项目或工程的可行性。

3.2.3 建立湿地资源监测制度

对河南湿地类型、特征、功能、价值、动态变化等进行全面、深入地研究，对湿地资源和生态系统进行常态化监测，为保护和合理利用湿地资源提供科学依据。

3.2.4 建立保护与利用相结合的湿地资源利用形式

湿地的利用，首先是在不破坏湿地生态系统的前提下进行，保护湿地系统中内在的相互依存的自然生态关系，特别是要保护其中关键物种的健康发展。湿地开发利用，不超过湿地的承受能力，不向湿地排放有毒、有害的化学物、废弃物、污染物，不人为阻断或加快湿地的自然演替过程。

具体措施主要有：一是在保护的同时，合理开发利用湿地资源，为人类服务，解决人们的生存和发展问题。对湿地及其鱼类、水禽、湿生植物、湿地景观、水体等各种资源加强保护、综合开发、合理利用，促进当地经济发展，增加当地群众经济收入和就业机会，这也是解决河南省保护与发展矛盾的有效途径。二是强调适度开发利用，坚持可持续利用的方针。湿地开发利用，要在深入调查、全面规划和充分论证的基础上，合理布局，并严格审批手续；杜绝盲目围垦、排干以及把之视为无用之地而向其排污等做法；避免任何可能对环境造成不可逆转影响的项目上马。

3.2.5 大力发展湿地生态旅游，推动河南湿地公园建设

建立湿地公园是保护湿地生态系统、维护湿地生态服务功能的手段，也是发挥湿地经济效益，合理利用湿地资源的重要措施。因此，今后要加大湿地公园建设力度，建立河南湿地公园网络体系，充分挖掘、展示、利用源于湿地的景观资源和人文资源，使各湿地公园成为公众领略自然风光，提高公众生态意识的教育基地。通过社会参与和科学经营管理，达到改善河南生态状况，促进河南社会经济可持续发展，实现人与自然和谐共处的目的。

3.2.6 推动湿地可持续利用示范工程建设

选择具有广泛代表意义的典型湿地，如淮阳龙湖湿地。建立生物多样性保护与持续利用示范基地，既有保护较好的原生生态系统，也有不同演替系列的次生态系统和人工生态系统。根据最大持续产量理论，进行必要的湿地保护工程建设，对物种的生态系统实行科学管理，探讨湿地保护利用的优化模式。探索切实可行的湿地可持续利用模式，在一些生态脆弱区域实施退耕还湿工程，并探索湿地资源集约化经营、湿地生态旅游、湿地科普宣传等湿地经营利用模式。总结出若干个适合于不同湿地特点的、科学的、具有推广意义的湿地保护利用规划、管理技术与组织体系，以期实现河南湿地的有效保护和湿地资源的可持续利用。

第二节 湿地资源可持续利用前景分析

湿地资源可持续利用是在人口、资源、环境和经济协调发展战略下进行的。从时间上看，湿

地资源可持续利用不仅要着眼于眼前，更要着眼于未来；从空间上看，不是着眼于一部分人，而是着眼于全体人类；从生态学意义上来说，是使湿地资源长期处于可用状态，并保持其生产力和生态稳定性。

河南省地处中原，湿地类型多，分布广。在类型上，有河流湿地、湖泊湿地、沼泽湿地和人工湿地四大类；在地理分布上，从豫东平原到豫西山地，从豫南的“鱼米之乡”到豫北的农业高产区，湿地无所不在。河南省湿地资源种类丰富，有土地资源、水资源、生物资源、景观资源、能源资源等。如此丰富的湿地资源若能得到合理的开发，实现可持续利用，各类湿地资源将为河南国民经济建设、生态文明建设和社会繁荣发展提供良好的基础。河南省是我国人口第一大省，众多的人口不仅影响经济发展速度，而且也必然消耗大量的自然资源，同时也加剧了环境的污染。河南省湿地面积虽然较多，分布广泛，但其受人为活动不良影响的面积也很多，湿地自然环境正在恶化。因此，实现湿地资源的可持续利用至关重要。

1　湿地资源可持续利用的潜力与优势

河南省湿地土地资源利用形式主要是种植农作物，水资源利用形式主要是蓄洪灌溉、水源供给，生物资源利用形式主要是水产品供给，景观资源利用形式主要是旅游观光，能源资源利用形式主要是水力发电。

目前，河南省对湿地的土地资源、水资源、生物资源、能源资源等利用的较为充分，湿地的景观资源利用较少。湿地景观资源作为一种绿色可持续资源越来越受到社会各界的重视，湿地的景观资源将是湿地资源可持续利用的潜力与优势。河南省虽然批建了一批湿地公园，但大部分湿地公园的湿地景观资源利用率较低，通过湿地景观资源获取经济效益的能力弱。

2　湿地资源可持续利用的保障措施

根据党的十八大提出的加强生态文明建设和河南省制定的《中原经济区发展规划》“加强生态和环境建设，持续探索走出一条不以牺牲农业和粮食、生态和环境为代价的‘三化’协调科学发展的路子”精神，鉴于河南省湿地资源利用现状，在发展经济的同时，不能破坏湿地生态环境，要采取多方面有效措施，促进湿地资源的可持续利用。

(1)建立部门协调机制。目前，河南省的湿地管理主体较多，涉及农业、林业、国土、水利和环保等多个部门，由于在湿地管理工作中缺乏相应的政策，再加上各管理机构的管理权限冲突、协调能力有限，湿地管理的难度非常大。因此要加强湿地资源的管理工作，建立高效的湿地保护与管理协调机制是关键。

为此，建议具有协调各管理部门权限的职能部门，对湿地资源进行有效的保护，建立一种行之有效的部门间协调机制，在实际操作中还要强化湿地资源的统一和综合管理，并采取统一管理和分类分层管理相结合、一般管理和重点管理相结合的措施，切实做好湿地资源分类管理和重点管理工作。

(2)把湿地保护与可持续利用纳入法制轨道。河南省的湿地管理工作起步较晚，缺乏专门的法律法规，而相应政策体系也不完善。因此，应当加快湿地保护的立法进度、制定完善的法制体系，这是有效保护湿地和实现湿地资源可持续利用的关键，对于河南省湿地资源的保护和合理利用也有着重要意义。为此，应加快河南省湿地立法工作进程，尽快出台《河南省湿地保护条例》，在全省湿地保护管理、湿地科学研究、受损湿地恢复，水库建设、大型引水工程对于湿地生态系统的影响评估等方面发挥指导作用，加强执法机构和执法队伍建设，提高执法人员的整体素质和业务水平，强化执法手段，加强执法力度，严厉打击各种破坏湿地资源的行为，使湿地资源保护和可持续利用具有强有力的法律保障体系。

(3)提高全民湿地保护新理念。应当进一步加强湿地培训与教育工作，特别是对负责湿地管理的各级领导干部和从事湿地管理人员的培训，通过学习、培训，提高其管理湿地的水平，为湿地保护创造有利条件。在有关高校设立相关专业，开设相关课程、培养专业人才。

对湿地保护和湿地资源的合理利用很大程度上取决于公众对湿地功能的认识。提高公众的湿地保护意识和资源优患意识，才能有效地保护和管理。通过广播、电视、报纸、书刊杂志、宣传画册、学校教育等多种手段，把加强宣传教育、提高全民湿地保护意识作为湿地保护管理的基础性、前提性工作来抓。

同时，按照《全国湿地保护工程规划》，抓紧建设好全省几个有代表性的湿地宣传教育培训中心，形成较为完善的宣教网络，在全社会造成一种爱护湿地、保护湿地的良好社会风气。

(4)加大自然保护区、湿地公园、重点湿地的建设力度。建立湿地自然保护区是加强湿地保护的一个重要手段，河南省已建立了一些湿地类型的自然保护区，一些重要湿地生态系统及湿地动植物得到有效的保护。在已进行湿地资源调查成果的基础上，今后要进一步加大湿地自然保护区的建设力度。

根据《河南省湿地保护工程规划》，河南省将建立原阳黄河湿地省级自然保护区、温武黄河湿地省级自然保护区等 8 个省级湿地自然保护区。将小浪底库区湿地、开封柳园口黄河湿地、淮滨淮南湿地、商城鲇鱼山库区湿地等 6 处湿地争取列入中国重要湿地，将宿鸭湖湿地、三门峡库区湿地、丹江口库区湿地 3 处湿地争取列入国际重要湿地。

同时，根据我国湿地公园的中长期发展规划，河南省将再建 32 个湿地公园，到 2030 年，全省湿地公园总数将达到 50 个，总面积 71601.00 公顷。对现有湿地保护区、湿地公园、重要湿地实施湿地保护和恢复工程，通过续建和今后新建湿地类型的自然保护区、湿地公园、重要湿地，从而建立起布局合理、类型齐全、重点突出、面积适宜的湿地生态保护系统，并制定统一的湿地类型保护管理标准，提高湿地保护区、湿地公园、重要湿地管理的规范化水平，提高保护管理机构在湿地资源监测、湿地科学研究和保护管理等方面的能力和水平。

(5)加大资金投入。当前湿地保护和合理利用的经费严重不足，已经成为制约湿地可持续发展的瓶颈。在湿地调查、基础设施建设、湿地监测、湿地研究、人员培训、执法手段与队伍建设等方面都需专门的资金支持。由于资金短缺，使许多湿地保护计划和行动难以实施，必要的湿地保护基础建设滞后。因此，加强资金投入也是湿地资源能够得到可持续利用的必备条件。

(6)建立湿地生态效益补偿机制。湿地作为全球三大生态系统之一，被喻为“地球之肾”，具有巨大的环境调控功能和生态效益。应尽快建立湿地生态效益补偿机制，通过经济补偿提高人们保护湿地资源的自觉性，进而为实现湿地资源的可持续利用打下良好的基础。

第五章 湿地资源评价

第一节 湿地生态状况

河南湿地资源分布广泛，类型丰富。随着社会经济的不断发展，人口、资源与环境的矛盾日渐凸显，湿地水资源短缺、水质污染、环境恶化等问题日趋严重，湿地生态状况不容乐观。

1 湿地水文状况

1.1 水源补给状况

河南省湿地水源补给大部分依靠地表径流和大气降水或二者共同形成的综合补给，仅有少量的地下水补给和人工补给。

在全省39块重点调查湿地中水源均依靠地表径流和大气降水或二者共同形成的综合补给，仅两处存在有地下水补给和人工补给情况。

1.2 地面水流出状况

河南省湿地地面水以永久性流出为主，永久性河流湿地和部分库塘湿地的地面水均为永久性流出；其次为季节性流出，季节性或间歇性河流湿地、部分库塘湿地和输水河湿地的地面水为季节性流出；间歇性、偶尔或没有流出占有较少的比例。

在全省39块重点调查湿地中，地面水为永久性流出的有30处，季节性流出的有7处，偶尔流出的有1处，没有流出的有1处。

1.3 地表水积水状况

河南省湿地中地表水积水以永久性积水为主，季节性积水次之，间歇性积水和季节性水涝较少。

在全省39块重点调查湿地中，地表水积水属永久性积水的有30处，季节性积水的有9处。

2 湿地水质状况

河南省湿地中永久性河流湿地因水体在不停流动，水质较好；季节性或间歇性河流湿地、洪泛平原湿地、人工库塘水质次之，洪泛平原湿地、输水河水质较差。

2.1 湿地水质等级

河南水质主要受人口密度及工农业生产程度的影响而不同。山区的重点调查湿地，如丹江口库区湿地、伏牛山国家级自然保护区、金刚台省级自然保护区等，由于人口密度小、除水力发电和矿产开发外基本没有工业生产，水环境状况良好，无明显污染因子，多为Ⅰ、Ⅱ类水，矿化度低。黄河、白河流域中下游湿地，由于受沿河农业生产和工业污染影响，水质较差，多为Ⅲ、Ⅳ类水。一些平原湿地由于水体常年不流动再加上周围污染水体的流入，水质甚至达到了Ⅴ类。

在全省39块重点调查湿地中水质为Ⅰ类的有7处，水质为Ⅱ类的有17处，水质为Ⅲ类的有11处，水质为Ⅳ类的有1处，水质为Ⅴ类的有3处。

2.2 湿地水体富营养化情况

河南省湿地中大部分水体光照充足，水中有机物含量丰富，水生浮游生物及水生植物繁衍很快，给湿地动物提供了丰富的饲料和良好的栖息地。但由于湖泊、水库富集了中上游的有机质，造成富营养化现象较为严重，矿化度升高，水质恶化，如彰武水库、小南海水库等存在富营养化现象。又如三门峡库区湿地，上游工业废水和生活污水、农施化肥等流入库区导致水体富营养化，湿地环境质量降低。

在全省39块重点调查湿地中，水体富营养化的有5处，多为平原水库；水体贫营养化的有12处，多为深山区湿地；水体中营养化的有22处，多为河流中下游流域湿地。

3 湿地生态状况综合评价

3.1 评价方法

湿地生态状况直接反映湿地生态系统的健康水平，也是评价湿地生态功能是否正常发挥和满足人类需要的重要证据。依据调查成果数据，综合利用反映湿地生态状况的自然湿地面积、生物多样性、水环境，及湿地利用和威胁状况等方面的指标，对本次重点调查湿地进行了湿地生态状况的综合评价。评价指标体系见表5-1。

表5-1 湿地生态状况评价指标体系一览表

一级	二级	三级	因子
自然指标	景观指标	自然湿地率	自然湿地面积/湿地总面积
		湿地密度	平均斑块面积/湿地总面积
		湿地斑块密度	湿地斑块数/湿地总面积

（续）

一　级	二　级	三　级	因　子
	生物多样性指标	单位面积物种多度	物种数量/湿地面积
		植物覆盖度	植被面积/湿地面积
		外来物种入侵	有、无
	水环境指标	污染物	有、无
		富营养	贫、中、富
		水质级别	Ⅰ、Ⅱ、Ⅲ、Ⅳ、Ⅴ级
人为干扰指标	社会指标	人口密度	人口数量/重点调查面积
		利用情况	工(旅游)、农、水、未4级
	威胁指标	威胁因子数量	数量
		威胁程度	安全、轻、重3级

采用层次分析方法(AHP)和德尔菲法，对评价指标进行分级和赋值，确定指标权重。各指标标准值计算：

(1)自然湿地率，湿地密度，湿地斑块密度，单位面积物种多度，植被覆盖度，人口密度6个指标根据大小分为5级，分别赋值1、3、5、7、9，指标值越高反映的生态状况越好；

(2)外来物种入侵，污染物2个指标，分为两个等级，“有”赋值2，“无”赋值8；

(3)营养状况分3级，贫营养赋值8，中营养赋值5，富营养赋值2；

(4)水质等级分为5级，分别赋值9、7、5、3、1；

(5)利用情况分为4级，工业(旅游)赋值3，农业(种植、牧业、林业)赋值5，水源地赋值7，未利用地赋值9；

(6)威胁因子数量，分为10级，采用“10－数量”来赋值；

(7)威胁程度分为3级，安全赋值8，轻度赋值5，重度赋值2。

各指标体系权重见表5-2。

表5-2　湿地生态状况评价指标体系权重值

一　级	占　比	二　级	占　比	三　级	权　重
自然指标	0.6	景观指标	0.1	自然湿地率	0.030
				湿地密度	0.012
				湿地斑块密度	0.018
		生物多样性指标	0.45	单位面积物种多度	0.108
				植物覆盖度	0.108
				外来物种入侵	0.054
		水环境指标	0.45	污染物	0.054
				富营养	0.081
				水质级别	0.135

（续）

一 级	占 比	二 级	占 比	三 级	权 重
人为干扰指标	0.4	社会指标	0.4	人口密度	0.064
				利用情况	0.096
		威胁指标	0.6	威胁因子数量	0.084
				威胁程度	0.156

3.2 湿地生态状况评价

根据综合得分，对重点调查湿地的生态状况进行综合评定，将综合得分进行划分，分为好、中、差三个等级。综合得分在6.0以上(含6.0)的生态状况等级定为好，综合得分在6.0～4.0(含4.0)生态状况等级定为中，综合得分在4.0以下的定为差。各重点调查湿地综合得分见表5-3。

表5-3 河南省重点调查湿地生态状况评价综合得分表

序 号	湿地名称	综合得分	生态状况等级
1	河南商城金刚台省级自然保护区	7.431	好
2	河南鹤壁淇河国家湿地公园	7.149	好
3	河南信阳四望山省级自然保护区	6.696	好
4	河南伏牛山国家级自然保护区	6.483	好
5	盘石头水库	6.387	好
6	河南洛阳熊耳山省级自然保护区	6.213	好
7	嵩县大鲵自然保护区	6.213	好
8	河南连康山国家级自然保护区	6.210	好
9	河南太行山猕猴国家级自然保护区	6.204	好
10	卢氏大鲵自然保护区	6.138	好
11	河南省平顶山市白鹭洲城市湿地公园	6.042	好
12	洛河(卢氏县)	5.826	中
13	河南小秦岭国家级自然保护区	5.571	中
14	河南商城鲇鱼山省级自然保护区	5.538	中
15	河南省郑州黄河国家湿地公园	5.478	中
16	河南董寨国家级自然保护区	5.451	中
17	河南平顶山白龟山湿地省级自然保护区	5.418	中
18	河南内乡湍河湿地省级自然保护区	5.403	中
19	河南林州万宝山省级自然保护区	5.319	中
20	南阳恐龙蛋化石群古生物国家级自然保护区	5.241	中

（续）

序　号	湿地名称	综合得分	生态状况等级
21	丹江口库区湿地	5.235	中
22	河南郑州黄河湿地省级自然保护区	5.178	中
23	河南濮阳黄河湿地省级自然保护区	5.178	中
24	河南开封柳园口湿地省级自然保护区	5.158	中
25	河南淮阳龙湖国家湿地公园	5.110	中
26	河南偃师伊洛河国家湿地公园	5.110	中
27	河南漯河市沙河国家湿地公园	5.088	中
28	河南新乡黄河湿地鸟类国家级自然保护区	4.992	中
29	河南平顶山白龟湖国家湿地公园	4.974	中
30	河南固始淮河湿地省级自然保护区	4.872	中
31	河南淮滨淮南湿地省级自然保护区	4.794	中
32	彰武水库	4.701	中
33	河南省南阳市白河国家城市湿地公园	4.560	中
34	宿鸭湖湿地	3.966	差
35	河南黄河湿地国家级自然保护区	3.936	差
36	三门峡库区湿地	3.513	差
37	汤河水库	3.501	差
38	白墙水库	3.117	差
39	小南海水库	2.841	差

根据得分情况，39块重点调查湿地中生态状况评定为好的有河南商城金刚台省级自然保护区、河南鹤壁淇河国家湿地公园、河南信阳四望山省级自然保护区、河南伏牛山国家级自然保护区等11处，湿地生态状况评定为中的有洛河（卢氏县）、河南小秦岭国家级自然保护区、河南商城鲇鱼山省级自然保护区、河南省郑州黄河国家湿地公园、河南董寨国家级自然保护区等22处，湿地生态状况评定为差的有宿鸭湖湿地、三门峡库区湿地、汤河水库、白墙水库等6处。

第二节　湿地受威胁状况

河南省人口众多，经济基础薄弱，经济发展和资源保护矛盾突出。长期以来，由于农业开发、围垦、养殖业、工农业污染以及其他对湿地资源的不合理开发和利用，使河南的湿地资源遭到比较严重的破坏，湿地生物资源过度利用，生物多样性持续减少，湿地污染加剧，生态环境质量下降，湿地功能不同程度退化。

1 受威胁因子

（1）基建和城市化。城镇发展占用湿地，被占区域原有的湿地植被遭到破坏，导致湿地面积减少，湿地调蓄洪水和净化水的功能下降。

据调查，在39处重点调查湿地中，受基建和城市化影响的有5处，影响面积285公顷。

（2）围垦。围垦主要发生在河流或水库滩区，导致湿地面积减少，植被遭到破坏，湿地净化水的功能下降。此外，围垦还导致湿地生境破碎化，人为活动加剧，水禽栖息地环境质量下降，水禽数量减少。如河南省黄河两岸是传统的农业区，沿岸群众对黄河滩区的农业开发由来已久，群众对滩区的农业开发不断加强，面积逐年增加，造成湿地面积日益缩小，水禽数量减少。据调查，在39处重点调查湿地中，受围垦影响的有14处，影响面积达21832公顷。

（3）泥沙淤积。泥沙淤积导致河床抬高，水位下降，湿地面积减少，湿地植被退化。据调查，在39处重点调查湿地中，受泥沙淤积影响的有9处，影响面积10468公顷。

（4）污染。随着人口增长、工农业生产以及城市建设规模的扩大，大量生活污水、工业废水和农业退水不经处理直接被排入湿地中，这些污染物直接影响湿地水质和生态环境，对湿地的生物多样性造成严重危害。据调查，在39处重点调查湿地中，受污染影响的有3处，影响面积8662公顷。

（5）过度捕捞和采集。过度捕捞和采集导致湿地等野生鱼资源量和野生草本资源量锐减，从而影响湿地生物多样性，进而影响湿地水禽的生存环境。

据调查，在39处重点调查湿地中，受过度捕捞和采集影响的有6处，影响面积1076公顷。

（6）非法狩猎。少数偷猎者在库区边缘、河汊等区域采取电鱼、炸鱼、抬网等方式捕鱼，甚至有的地方毒杀水鸟或用粘网捕杀水鸟，对湿地候鸟威胁较大。据调查，在39处重点调查湿地中，受非法狩猎影响的有3处，影响面积2760公顷。

（7）水利工程和引排水的负面影响。河南省水利工程发展较快，水库、拦河坝修建后消减了汛期的洪水流量，改变了下游河道的流量变化规律，使下游河槽深切、变窄，摆动范围缩小，永久性河流湿地面积减少，甚至变为季节性河流。由于水位等发生变化，将改变库区周围的生态环境，引入许多人为因素，对生态系统造成危害，对洄游习性鱼类的危害可能是致命的，堤坝建成后阻断了鱼类洄游的通道，切断了湿地汛期洪水的补给，使湿地生物群落发生变化。同时，洪泛平原也因为汛期水量显著减少，淹没范围缩小，水浸时间缩短，甚至因为长期没有滞蓄洪水过程，缺少维持湿地生态的基本水量，导致水位下降，湿生植物、水生植被逐步被旱生植被取代，湿地永久性变更为典型的旱地。河流控导坝则进一步约束了下游河流摆动的范围，使河流湿地、洪泛平原湿地大幅度减少。水利工程建设，干旱气候和土地利用方式不当等因素往往相互叠加，影响力进一步增强。例如位于豫北黄河故道原属于国家重要湿地、国家级自然保护区，因为小浪底水库修建和气候长期干旱，地下水位下降，沼泽湿地逐渐退化变为旱地，剩余的一小部分沼泽已被当地居民改造为鱼塘，最终导致河南新乡黄河湿地鸟类国家级自然保护区不得不大幅度调整保护区范围。据调查，在39处重点调查湿地中，受水利工程和引排水的负面影响的有5处，影响面积14352.00公顷。

(8)外来物种入侵。外来物种在库区、河汊、坑塘等区域分布较广，侵占了本地植物的营养空间，在其分布区内本地植物种类和数量锐减、消失，导致湿地生物多样性减少。另外，外来物种大量繁殖，降低水质，破坏了生态环境。河南省湿地入侵外来物种主要有喜旱莲子草和凤眼莲。据调查，在39处重点调查湿地中，受外来物种入侵影响的有12处，影响面积96.00公顷。

2　受威胁程度

据调查，在39处重点调查湿地中，受威胁状况等级为安全的有13处，面积13779.00公顷；轻度受威胁的有23处，面积179978.00公顷；重度受威胁的有3处，面积669.00公顷。

第三节
湿地资源变化及其原因分析

1　第一次湿地资源调查概述

1.1　调查基本情况

调查时间：1996～1999年。

队伍组成：河南省林业厅成立了湿地资源调查办公室并由野生动植物保护处处长兼任办公室主任。成员由林业厅野生动植物保护处工作人员和河南省林业勘察设计院领导组成，由该办公室具体负责领导和组织实施这次湿地资源调查工作。河南省林业勘察设计院负责组建湿地资源调查队，人员由河南省林业勘察设计院部分专业技术人员组成，并聘请有关科研院校等部门的相关专业技术人员，共计15人。

调查方法：本次调查以实地调查和收集资料为主，收集最近10年来的各种数据资料，尽可能采用了最新的调查数据资料。主要收集水文、地质、环保等部门最新的统计资料及各种最新调查成果。野外调查主要采用样方调查法。采用实地调查和收集资料相辅助，调查各湿地的各项调查因子。

技术标准：原林业部调查规划设计院制定的《全国湿地资源调查与监测技术规程》。

1.2　主要调查结果

(1)斑块面积大于8公顷的湿地。共有湿地斑块1657个，总面积66.5197公顷(不包括水稻田，下同)。其中，河流湿地斑块1007个，面积为456692公顷，占河南湿地总面积的68.66%；湖泊湿地16个，面积3022公顷，占河南湿地总面积的0.45%；沼泽湿地166个，面积29784公顷，占河南湿地面积的4.48%；人工湿地468个，面积175699公顷，占河南湿地面积的26.41%。

(2)斑块面积大于100公顷以上的湿地。共有湿地斑块有477个，总面积623247公顷，占河南湿地总面积的93.7%。其中，河流湿地241个，面积433868公顷；湖泊湿地7个，面积2587公顷；沼泽湿地146个，面积28902公顷；人工湿地83个，面积157890公顷。

(3)重点调查湿地。第一次重点调查湿地共 8 个，湿地斑块数量 10 块，总面积 353553 公顷，占河南湿地总面积的 53.15%。重点调查湿地包括三门峡库区湿地、开封柳园口黄河湿地、孟津黄河湿地、豫北黄河故道湿地、洛阳吉利黄河湿地、淇河湿地、卢氏大鲵自然保护区、丹江口水库湿地区等。

2 第二次湿地资源调查概述

2.1 调查基本情况

调查时间：2012 年。

队伍组成：根据国家林业局的要求，成立河南省第二次湿地资源调查工作领导小组，领导小组下设办公室，组建专家技术委员会和外业调查队伍，明确技术支撑单位。外业调查团队由河南省林业调查规划院、各县市区林业(农林)局的技术人员和 20 多位外聘专业技术人员组成，主要完成现场调查、野外动植物调查记录、标本采集、资料收集以及后勤保障等工作。

调查方法：分为一般调查和重点调查。

(1)一般调查：通过遥感解译获取湿地型、面积、分布(行政区、中心点坐标)、平均海拔、植被类型及其面积、所属三级流域等信息，以上工作主要由国家层面组织的技术支撑单位——清华大学 3S 技术中心完成。通过野外调查、现地访问和收集最新资料获取水源补给状况、主要优势植物种、土地所有权、保护管理状况等数据，以上工作由各县林业(农林)局完成并填写一般调查湿地斑块调查表，并由河南省林业调查规划院完成部分湿地斑块的验证工作和数据汇总工作。

(2)重点调查：由河南省林业调查规划院、县(市、区)林业局共同承担，清华大学 3S 中心提供统一区划的图面资料以及湿地分布和面积等数据，供省调查队伍使用，并进行技术指导。

技术标准：国家林业局制定的《全国湿地资源调查技术规程(试行)》。

2.2 主要调查结果

(1)斑块面积大于 8 公顷的湿地。共有湿地斑块 6656 个，总面积 627946.14 公顷。其中，河流湿地斑块 3565 个，面积为 369005.50 公顷，占河南湿地总面积的 58.76%；湖泊湿地 273 个，面积 6900.63 公顷，占河南湿地总面积的 1.10%；沼泽湿地 50 个，面积 4867.32 公顷，占河南湿地面积的 0.78%；人工湿地 2768 个，面积 247172.69 公顷，占河南湿地面积的 39.36%。

(2)斑块面积大于 100 公顷以上的湿地。共有湿地斑块有 1104 个，总面积 466759.46 公顷，占河南湿地总面积的 74.32%。其中，河流湿地 759 个，面积 276475.04 公顷；湖泊湿地 12 个，面积 2441.48 公顷；沼泽湿地 13 个，面积 3611.63 公顷；人工湿地 320 个，面积 184231.31 公顷。

(3)重点调查湿地。第二次重点调查湿地共 39 个，湿地斑块数量 581 个，总面积 194488.48 公顷，占河南湿地总面积的 30.97%。重点调查湿地包括三门峡库区湿地、河南黄河湿地国家级自然保护区(含孟津黄河湿地、洛阳吉利黄河湿地)、开封柳园口黄河湿地、鹤壁淇河湿地、卢氏大鲵自然保护区、丹江口区水库湿地等。

3　两次湿地调查结果比较

3.1　各类型湿地面积有增有减，整体减少

本次湿地资源调查与上次调查结果比较显示，全省湿地总面积减少了37250.86公顷。其中，河流湿地减少87686.50公顷，湖泊湿地增加3878.63公顷，沼泽湿地减少24916.68公顷，人工湿地增加71473.69公顷，见表5-4。

表5-4　河南省第一、二次湿地调查各类湿地面积和斑块数量比较

湿地类型	湿地面积(公顷)			湿地斑块(块)		
	2012年	1999年	增减数	2012年	1999年	增减数
河流湿地	369005.50	456692	-87686.50	3565	1007	2558
湖泊湿地	6900.63	3022	3878.63	273	16	257
沼泽湿地	4867.32	29784	-24916.68	50	166	-116
人工湿地	247172.69	175699	71473.69	2768	468	2300
合　计	627946.14	665197	-37250.86	6656	1657	4999

注：不包括稻田面积。

从湿地面积情况看，各类型湿地均有大幅度变化。由于各类型湿地在全省湿地面积中的份额不同，面积变化值不同，对全省湿地面积变动的影响程度相差悬殊。其中，河流湿地占全省湿地比例为58.76%，减少面积占全省湿地面积变动绝对值总和的46.65%，对全省湿地变化情况影响最大；人工湿地占全省湿地比例为39.36%，增加面积占全省湿地面积变动绝对值总和的38.03%，对全省湿地变化情况影响次之；沼泽湿地减少面积占全省湿地面积变动绝对值总和的13.26%，对全省湿地变化情况影响排在第三；湖泊湿地增加面积占全省湿地面积变动绝对值总和的2.06%，对全省湿地变化情况影响最小。各类湿地面积变化对全省湿地面积变动影响情况见表5-5。

表5-5　河南省各类湿地面积变动对全省湿地面积变化影响情况分析表

湿地类型	面积(公顷)	占总面积比例(%)	面积变动绝对值(公顷)	占面积变动绝对值总和的比例(%)
河流湿地	369005.50	58.76	87686.50	46.65
湖泊湿地	6900.63	1.10	3878.63	2.06
沼泽湿地	4867.32	0.78	24916.68	13.26
人工湿地	247172.69	39.36	71473.69	38.03
合　计	627946.14	100	187955.50	100

3.2　各类型湿地斑块数量有增有减，整体增加较大

本次湿地资源调查湿地斑块数量与上次调查结果比较显示，全省湿地斑块总数量增加了4999

块。其中，河流湿地斑块增加 2558 块，湖泊湿地斑块增加 257 块，沼泽湿地斑块减少 116 块，人工湿地斑块增加 2300 块。

从各类型湿地斑块数量变化情况看，各类型湿地斑块数量均有大幅度增减。由于各类型湿地斑块数量在全省湿地斑块数量中的份额不同，斑块数量变化值不同，对全省湿地斑块数量变动的影响程度相差悬殊。其中，河流湿地占全省湿地斑块数量的比例为 53.56%，增加斑块数量占全省湿地斑块数量变动值总和的 48.90%，对全省湿地变化情况影响最大；人工湿地占全省湿地斑块数量的比例为 41.59%，增加斑块数量占全省湿地斑块数量变动值总和的 43.97%，对全省湿地斑块变化情况影响次之；湖泊湿地增加斑块数量占全省湿地斑块数量变动值总和的 4.91%，对全省湿地斑块变化情况影响排在第三；沼泽湿地减少斑块数量占全省湿地斑块数量变动值总和的 2.22%，对全省湿地斑块数量变化情况影响最小。各类湿地斑块数量变化对全省湿地斑块数量变动影响情况见表 5-6。

表 5-6　河南省各类湿地斑块数量变动对全省湿地斑块数量变化影响情况分析表

湿地类型	湿地斑块(个)	占斑块总数量的比例(%)	斑块数量变动绝对值(个)	占斑块数量变动绝对值总和的比例(%)
河流湿地	3565	53.56	2558	48.90
湖泊湿地	273	4.10	257	4.91
沼泽湿地	50	0.75	116	2.22
人工湿地	2768	41.59	2300	43.97
合　计	6656	100	5231	100

3.3　湿地面积和斑块数量变化原因分析

3.3.1　湿地面积变化原因

根据两次调查湿地面积变化情况对比，结合调查情况看，影响湿地面积变化的主要原因是水利工程和气候变化。

(1)河流湿地减少的主要原因。两次调查期间，河南省水利工程发展较快，修建了小浪底水库、燕山水库、西霞院水库等大型水库。水库、拦河坝修建后消减了汛期的洪水流量，改变了下游河道的流量变化规律，使下游河槽深切、变窄，摆动范围缩小，永久性河流湿地面积减少，甚至变为季节性河流。同时，洪泛平原也因为汛期水量显著减少，淹没范围缩小，水浸时间缩短，甚至因为长期没有滞蓄洪水过程，缺少维持湿地生态的基本水量，导致水位下降，湿生植物、水生植被逐步被旱生植被取代，湿地永久性变更为典型的旱地。河流控导坝则进一步约束了下游河流摆动的范围，使河流湿地、洪泛平原湿地大幅度减少。

(2)人工湿地增加的主要原因。修建水库会导致库区范围内人工湿地面积大量增加。其中，增加的一部分湿地是提高水位后淹没的陆地面积，另一部分是原有河流湿地变更为人工湿地。

(3)沼泽湿地减少的主要原因。沼泽湿地减少的原因比较多，其中最主要的原因有水利工程、气候和土地利用方式不当，而且这些因素往往互为因果，形成叠加效应，影响力进一步增强。例如位于水库下游的黄河滩区的沼泽因水利工程影响，地表供水不足，地下水位下降，导致湿生植物、水生植物逐步被旱生植物取代，沼泽湿地可能转变为洪泛平原湿地或者永久性变更为旱地；位于豫北黄河故道和豫东黄河故道的沼泽因为气候长期干旱，地下水位下降，湿地逐渐退化，面积不断缩小；位于新乡、开封、濮阳等黄河背河洼地的沼泽湿地因为引黄淤灌，泥沙淤积，导致水位下降，湿地逐渐变为旱地。沼泽湿地周边的居民受经济利益驱动，不断通过修筑围堰、挖沟排水、修筑鱼塘等方式改造沼泽，也是沼泽湿地减少的一个重要因素。

(4)湖泊湿地增加的主要原因。由于两次调查方法和手段不同，是湖泊湿地增加的主要原因。第一次调查主要采用收集资料为主，湿地斑块主要在地形图上进行勾绘，野外调查和现地验证较少，无法区分黄河、淮河等河流湿地和洪泛平原中的牛轭湖，只能将其简单的归并到河流湿地中。第二次湿地调查面积上采用的是3S 技术，采用最新的中巴资源卫星遥感数据，同时参考分辨率更高的 SPOT5 等遥感数据，并对重点和一般湿地斑块进行了现地验证，比第一次调查方法更为先进、调查手段更为科学，导致第二次调查湖泊湿地比第一次湿地调查有显著增加。

综合来看，河流湿地和人工湿地变化分别占全省湿地面积变动绝对值总和的 46.65%、38.03%，对全省湿地变化情况影响较大。由于水库库区范围内原有河道大多短而狭窄，水库建成蓄水后虽然湿地面积大幅度增加，但是增量有限，而且部分新增人工湿地来源于原有河流湿地直接转化；水库大坝下游原有河道一般长而宽阔，并且拥有大量的洪泛平原，水库建成后，河流湿地会不同程度地减少，洪泛平原湿地将大量减少。修建水库增加的湿地面积远不及河流湿地和洪泛平原减少的面积，是河南省湿地面积减少的主要因素。沼泽湿地和湖泊湿地面积增减幅度虽然较大，但是变动总量不大，对河南省湿地面积减少的影响较小。

3.3.2 湿地斑块数量变化原因

(1)原有湿地斑块拆分，导致斑块数量激增。由于第二次调查采用了先进遥感技术，对不同类型湿地的准确区划成为可能，导致原有湿地斑块进一步拆分，湿地斑块数量激增。例如，黄河湿地因为河流游荡性强，摆动幅度大，第一次调查时采用的地形图显示的河流状况与实际情况出入很大，无法精确调绘湿地的范围，区分河流湿地、洪泛平原、沼泽和湖泊湿地，只能将河南省境内的黄河作为一个湿地类型，划分为一个湿地斑块。本次调查借助遥感图片区划后，黄河湿地区划的斑块数量达 337 个。

(2)调查方法和手段不同，导致斑块数量增加。由于两次调查方法和手段不同，第一次调查主要采用收集资料为主，湿地斑块主要在地形图上进行勾绘，野外调查和现地验证较少。第二次湿地调查面积上采用的是3S 技术，采用最新的中巴资源卫星遥感数据，同时参考分辨率更高的 SPOT5 等遥感数据，并对重点和一般湿地斑块进行了现地验证，比第一次调查方法更为先进、调查手段更为科学，导致第二次调查湿地斑块数量比第一次湿地调查有显著增加。

(3)沼泽湿地斑块减少的原因。沼泽湿地受水利工程、气候和土地利用方式不当等因素影响，湿地不断退化、萎缩，面积大大减少。部分沼泽湿地转化为洪泛平原湿地、湖泊、鱼塘等湿地，另一部分湿地则彻底消失，转化为典型的旱地。

4 两次调查100公顷以上湿地面积比较

4.1 100公顷以上湿地面积有增有减，整体减少

两次湿地资源调查结果比较显示，100公顷以上湿地总面积减少了156565.18公顷。其中，100公顷以上河流湿地减少157470.60公顷，100公顷以上湖泊湿地略减145.52公顷，100公顷以上沼泽湿地减少25290.37公顷，100公顷以上人工湿地增加26341.31公顷(表5-7)。

表5-7 河南第一、二次湿地调查100公顷以上各类湿地面积和斑块数比较

湿地类型	湿地面积(公顷)			湿地斑块(个)		
	2012年	1999年	增减数	2012年	1999年	增减数
河流湿地	276397.40	433868	-157470.60	759	241	518
湖泊湿地	2441.48	2587	-145.52	12	7	5
沼泽湿地	3611.63	28902	-25290.37	13	146	-133
人工湿地	184231.31	157890	26341.31	320	83	237
合　计	466681.82	623247	-156565.18	1104	477	627

注：不包括稻田面积。

从100公顷以上各类型湿地面积变化情况看，除100公顷以上湖泊湿地面积变动较小外，其他各类型100公顷以上湿地面积均有大幅度增减。由于100公顷以上各类型湿地在全省100公顷以上湿地总面积中的份额不同，100公顷以上各类型湿地面积变化值不同，对全省100公顷以上湿地面积变动的影响程度相差悬殊。其中，100公顷以上河流湿地占全省100公顷以上湿地比例为59.23%，减少面积占全省100公顷以上湿地面积变动绝对值总和的75.26%，对全省100公顷以上湿地变化情况影响最大；100公顷以上人工湿地增加面积占全省100公顷以上湿地面积变动绝对值总和的12.59%，对全省100公顷以上湿地变化情况影响次之；100公顷以上沼泽湿地减少面积占全省100公顷以上湿地面积变动绝对值总和的12.09%，对全省100公顷以上湿地变化情况影响程度排在第三；100公顷以上湖泊湿地减少面积占全省100公顷以上湿地面积变动绝对值总和的0.07%，对全省100公顷以上湿地变化情况影响最小(表5-8)。

表5-8 河南省100公顷以上各类湿地面积变动影响情况分析表

湿地类型	面积(公顷)	占总面积比例(%)	面积变动绝对值(公顷)	占面积变动绝对值总和的比例(%)
河流湿地	276397.40	59.23	157470.60	75.26
湖泊湿地	2441.48	0.52	145.52	0.07
沼泽湿地	3611.63	0.77	25290.37	12.09
人工湿地	184231.31	39.48	26341.31	12.59
合　计	466681.82	100	209247.80	100

4.2 100公顷以上湿地斑块数量有较大增加

两次湿地资源调查结果比较显示，100公顷以上湿地斑块数量有较大增长，湿地斑块增加了627块。其中，100公顷以上河流湿地斑块增加518块，100公顷以上湖泊湿地斑增加5块，100公顷以上沼泽湿地斑块减少133块，100公顷以上人工湿地斑块增加237块，见表5-7。

从100公顷以上各类型湿地斑块数量变化情况看，各类型湿地斑块数量均有大幅度增减。由于100公顷以上各类型湿地斑块数量在全省100公顷以上湿地斑块数量中的份额不同，斑块数量变化值不同，对全省100公顷以上湿地斑块数量变动的影响程度相差悬殊。其中，100公顷以上河流湿地斑块数量占全省100公顷以上湿地斑块总数的比例为68.75%，增加斑块数量占全省100公顷以上湿地斑块数量变动绝对值总和的58.01%，对全省100公顷以上湿地斑块数量变化情况影响最大；100公顷以上人工湿地斑块数量占全省100公顷以上湿地斑块数量的比例为26.54%，增加斑块数量占全省100公顷以上湿地斑块数量变动绝对值总和的26.54%，对全省100公顷以上湿地斑块数量变化情况影响次之；100公顷以上沼泽湿地减少斑块数量占全省100公顷以上湿地斑块数量变动绝对值总和的14.89%，对全省100公顷以上湿地斑块数量变化情况影响排在第三；100公顷以上湖泊湿地增加斑块数量占全省100公顷以上湿地斑块数量变动绝对值总和的0.56%，对全省100公顷以上湿地斑块数量变化情况影响最小(表5-9)。

表5-9 河南省100公顷以上各类湿地斑块数量变动影响情况分析表

湿地类型	湿地斑块(个)	占斑块总数量的比例(%)	斑块数量变动绝对值(个)	占斑块数量变动绝对值总和的比例(%)
河流湿地	759	68.75	518	58.01
湖泊湿地	12	1.09	5	0.56
沼泽湿地	13	1.18	133	14.89
人工湿地	320	28.99	237	26.54
合　计	1104	100	893	100

4.3 100公顷以上湿地面积和斑块数量变化原因分析

4.3.1 100公顷以上湿地面积变化原因

根据两次调查全省100公顷以上湿地面积变化情况对比，结合调查情况看，水利工程、气候变化和湿地利用方式不当是湿地面积变化的主要影响因素。

(1)100公顷以上河流湿地面积减少的原因。两次调查期间，河南省水利工程发展较快，修建了小浪底水库、燕山水库、西霞院水库等大型水库。水库、拦河坝修建后消减了汛期的洪水流量，改变了下游河道的流量变化规律，使下游河槽深切、变窄，摆动范围缩小，永久性河流湿地面积减少，甚至变为季节性河流。同时，洪泛平原也因为汛期水量显著减少，淹没范围缩小，水浸时间缩短，甚至因为长期没有滞蓄洪水过程，缺少维持湿地生态的基本水量，导致水位下降，湿生植物、水生植被逐步被旱生植被取代，湿地永久性变更为典型的旱地。河流控导坝则进一步约束了下游河流摆动的范围，使河流湿地、洪泛平原湿地大幅度减少。

水库、控导坝对下游河流湿地的影响程度，和河流下游地形地貌、河流宽度、洪泛平原面积大小关系较大。例如第一次全省湿地资源调查时，小浪底和西霞院水库尚未修建，西霞院水库大坝下游河南黄河河道长度为444公里，河流两岸堤距10公里左右，最宽处达24公里，属于典型的平原游荡河道，黄河河流湿地总面积达378100公顷。其中，永久性河流湿地面积151500公顷（河流游荡区），洪泛平原湿地面积226600公顷（黄河滩区）。第二次全省湿地资源调查时，小浪底水库和西霞院水库已经投入运营，加之下游沿黄县市区为开发滩区大量修建控导坝，导致该区域的黄河河槽明显收窄，河流游荡区和季节性过水滩区面积大幅度减少，黄河河流湿地总面积已缩减至141900公顷，还不及小浪底和西霞院水库建设前黄河游荡区面积。

(2)100公顷以上人工湿地增加的原因。修建水库导致库区范围内人工湿地面积大量增加。其中，增加的一部分湿地是提高水位后淹没的陆地面积，另一部分是原有河流湿地变更为人工湿地。人工湿地面积增加较多的是小浪底水库、丹江口水库、西霞院水库等。

(3)100公顷以上沼泽湿地减少的主要原因。沼泽湿地减少的原因比较多，其中最主要的原因有水利工程、气候和土地利用方式不当，而且这些因素往往互为因果，形成叠加效应，影响力进一步增强。例如豫北黄河故道原属于国家重要湿地、国家级自然保护区，其中沼泽面积达3030公顷。因为气候长期干旱，地下水位下降，沼泽湿地逐渐退化变为旱地，剩余的一小部分沼泽已被当地居民改造为鱼塘，最终导致豫北黄河湿地国家级鸟类自然保护区不得不大幅度调整保护区范围。

(4)100公顷以上湖泊湿地增加的主要原因。由于两次调查方法和手段不同，是湖泊湿地增加的主要原因。第一次调查主要采用收集资料为主，湿地斑块主要在地形图上进行勾绘，野外调查和现地验证较少，导致部分自然湖泊遗漏。第二次湿地调查面积上采用的是3S技术，采用最新的中巴资源卫星遥感数据，同时参考分辨率更高的SPOT5等遥感数据，并对重点和一般湿地斑块进行了现地验证，比第一次调查方法更为先进、调查手段更为科学，导致第二次调查湖泊湿地湿地斑块数量比第一次湿地调查有显著增加。

综合来看，100公顷以上河流湿地、沼泽湿地和人工湿地面积变化对对全省湿地面积变化影响较大。除沼泽湿地是由于气候和利用不当减少外，河流湿地湿地减少的主要因素为水利工程。修建水库虽然在库区的范围增加了湿地面积，但是增量有限，不足以抵消下游河流湿地和洪泛平原减少的面积，是河南省湿地面积减少的主要因素。

4.3.2 100公顷以上湿地斑块数量增加原因

(1)原有湿地斑块拆分，导致斑块数量激增。由于第一次调查时未划分湿地区，也未按照县市区边界区划湿地斑块，河南省的100公顷以上的大部分湿地均按照湿地类型进行区划，100公顷以上湿地斑块数量较少。第二次调查要求按照湿地区、县市区行政区界、重点调查湿地界等进行区划，导致原有湿地斑块进一步拆分，湿地斑块数量激增。

(2)调查方法和手段不同，导致斑块数量增加。由于两次调查方法和手段不同，第一次调查主要采用收集资料为主，湿地斑块主要在地形图上进行勾划，野外调查和现地验证较少。第二次湿地调查面积上采用的是3S技术，采用最新的中巴资源卫星遥感数据，同时参考分辨率更高的SPOT5等遥感数据，并对重点和一般湿地斑块进行了现地验证，比第一次调查方法更为先进、调查手段更为科学，导致第二次调查湿地斑块数量比第一次湿地调查有显著增加。

第六章 湿地保护与管理

第一节 湿地保护管理现状

1 河南省保护湿地的面积和分布

根据河南省第二次湿地资源调查，河南省湿地(不含水稻田面积)有河流湿地、湖泊湿地、沼泽湿地和人工湿地四大类，湿地总面积627946.14公顷。其中受保护(列入河南省重点湿地名录)的湿地共33个，包括已建自然保护区的国家重点湿地3个，其他已建自然保护区的湿地22个，已建湿地公园的湿地有8个。受保护湿地面积191880.94公顷，湿地保护率30.56%。各受保护湿地面积及分布见表6-1。

表6-1 河南省受保护湿地面积及分布

序　号	受保护湿地名称	总面积(公顷)	湿地总面积(公顷)	列入保护湿地理由	分布县(区、市)
1	宿鸭湖湿地	16700.00	12894.81	国家重要湿地	汝南县
2	三门峡库区湿地	15000.00	11980.83	国家重要湿地	湖滨区
3	丹江口库区湿地	64027.00	51426.31	国家重要湿地	淅川县
4	河南新乡黄河湿地鸟类国家级自然保护区	22780.00	10683.57	自然保护区	封丘县
5	河南黄河湿地国家级自然保护区	53000.00	23800.63	自然保护区	湖滨区
6	河南郑州黄河湿地省级自然保护区	36574.00	35137.15	自然保护区	巩义市
7	河南开封柳园口省级湿地自然保护区	16148.00	15950.27	自然保护区	金明区
8	河南濮阳黄河湿地省级自然保护区	3300.00	1020.17	自然保护区	濮阳县
9	河南平顶山白龟山湿地省级自然保护区	6600.00	6347.17	自然保护区	鲁山县
10	河南内乡湍河湿地省级自然保护区	4547.00	1715.45	自然保护区	内乡县
11	河南淮滨淮南湿地省级自然保护区	3400.00	2047.07	自然保护区	淮滨县

（续）

序　号	受保护湿地名称	总面积（公顷）	湿地总面积（公顷）	列入保护湿地理由	分布县（区、市）
12	河南固始淮河湿地省级自然保护区	4387.78	507.09	自然保护区	固始县
13	河南商城鲇鱼山省级自然保护区	5805.00	3551.36	自然保护区	商城县
14	卢氏大鲵自然保护区	40130.00	584.99	自然保护区	卢氏县
15	嵩县大鲵自然保护区	6000.00	613.89	自然保护区	嵩县
16	河南太行山猕猴国家级自然保护区	56600.00	1131.29	自然保护区	博爱县
17	河南林州万宝山省级自然保护区	8667.00	150.18	自然保护区	林州市
18	河南小秦岭国家级自然保护区	15160.00	145.85	自然保护区	灵宝市
19	河南洛阳熊耳山省级自然保护区	32524.60	348.18	自然保护区	洛宁县
20	河南伏牛山国家级自然保护区	56000.00	345.15	自然保护区	栾川县
21	南阳恐龙蛋化石群古生物国家级自然保护区	78015.00	5667.82	自然保护区	内乡县
22	河南信阳四望山省级自然保护区	14000.00	105.61	自然保护区	浉河区
23	河南董寨国家级自然保护区	46800.00	803.96	自然保护区	罗山县
24	河南新县连康山国家级自然保护区	10580.00	75.91	自然保护区	新县
25	河南商城金刚台省级自然保护区	2972.00	33.58	自然保护区	商城县
26	河南郑州黄河国家湿地公园	1359.00	1358.01	国家湿地公园	惠济区
27	河南淮阳龙湖国家湿地公园	519.00	491.88	国家湿地公园	淮阳县
28	河南偃师伊洛河国家湿地公园	4509.00	872.44	国家湿地公园	偃师市
29	河南平顶山白龟湖国家湿地公园	673.31	522.59	国家湿地公园	新华区
30	河南鹤壁淇河国家湿地公园	332.51	68.99	国家湿地公园	淇滨区
31	河南漯河市沙河国家湿地公园	651.33	307.58	国家湿地公园	舞阳县
32	河南省平顶山市白鹭洲城市湿地公园	90.00	21.76	城市湿地公园	新华区
33	河南省南阳市白河国家城市湿地公园	2450.00	1169.40	城市湿地公园	宛城区
34	彰武水库	171.89	171.89	其他保护形式	安阳县
35	小南海水库	137.30	137.30	其他保护形式	安阳县
36	盘石头水库	551.58	551.58	其他保护形式	林州市
37	汤河水库	309.53	309.53	其他保护形式	山城区
38	白墙水库	222.70	222.70	其他保护形式	孟州市
39	洛河（卢氏县）	1153.18	1153.16	其他保护形式	卢氏县

2 湿地保护管理已取得的成效

2.1 成立了湿地保护管理机构

湿地管理是一项跨部门、跨行业、跨地区的综合工作，需由多部门的协调与合作才能完成。河南省已初步形成了由林业、水利、农业、环保、国土资源等部门组成的湿地保护管理网络，在河南湿地保护管理工作中发挥着重要作用。进一步建立健全湿地保护的组织机构，强化湿地保护的组织机构建设，是今后湿地保护工作的重点。河南省已经成立湿地资源监测中心，在省林业厅统一领导下，组织、协调全省湿地和湿地野生动植物资源的保护管理工作，各省辖市、县市区也相应建立了保护科、湿地保护管理站等保护管理机构，形成自上而下的湿地保护体系。同时，全省12个国家级或省级湿地类型自然保护区、18个湿地公园分别成立了湿地管理机构。目前全省从事湿地保护管理的专(兼)职人员有300余人。

2.2 制定了湿地管理法律法规、政策措施

在国家湿地保护管理相关法律法规、规划文件的基础上，河南省结合本地区实际情况，制定了相应的实施办法及地方性的法规条例、规划文件和管理办法。如《河南省实施〈中华人民共和国森林法〉办法》《河南省实施〈中华人民共和国野生动物保护法〉办法》《河南省森林和野生动物类型自然保护区管理细则》《河南省野生植物保护条例》《河南省人民政府关于加强湿地保护管理的通知》《河南省林业厅关于加强湿地保护管理的通知》等法规、条例和政策，《河南省湿地保护工程规划(2005~2030年)》《河南省野生动植物保护及自然保护区建设工程总体规划》《河南省生态环境建设规划》《河南省林业生态工程建设规划》《绿色中原建设规划》《河南省林业生态省建设提升工程规划》等中长期规划，湿地保护工作的法规体系逐渐完善，促进河南省的湿地保护工作逐步走上科学化、法制化的轨道。

2.3 进行了湿地资源调查与监测

根据国家林业局的安排，同时为摸清河南省湿地资源的本底情况，为进一步制定科学合理的保护管理措施提供科学依据，于1996~1999年历时4年及2012~2013年历时2年先后进行了两次全省湿地资源调查监测，基本澄清了全省湿地类型、面积、生物资源现状和动态变化情况；调查湿地区域社会经济发展情况和湿地资源的开发利用状况及其所受影响的程度；根据湿地生态系统和景观的代表性、自然性、稀有性、脆弱性及受威胁程度，确定我省最重要和最需优先保护湿地；研究湿地资源保护理论和技术，包括湿地生态系统的保护理论和技术等；以生态学、分类学和生态伦理理论和数理统计、灰色理论方法为指导，选择有代表性的天然湿地，探讨人类活动的影响，研究湿地保护与合理利用模式，编制完成了《河南省湿地资源调查报告》，初步掌握了河南省湿地资源的本底资料和动态变化规律，为我省湿地保护与开发利用提供了科学依据。

2.4 加强了湿地宣传与教育

为了提高全社会的湿地保护意识，有关部门在全省各地开展多种形式的宣传教育活动，全方

位、多形式、多渠道的开展湿地保护宣传教育，大力宣传湿地的功能效益和湿地保护的意义。利用“世界湿地日”“爱鸟周”“野生动物保护宣传月”等时机，积极组织开展保护湿地、保护野生动植物的相关活动，收到了良好的宣传教育效果，促进了全民保护意识的提高。同时，有关部门多次举办湿地保护管理科研培训班，提高了湿地保护管理人员的知识水平和管理能力。

2.5 湿地生物多样性得到了有效保护

近年来，河南省各级主管部门不断加大湿地保护管理工作力度，湿地保护与恢复工作日益得到重视。在认识上，经历了把湿地看成是荒滩荒地到把湿地作为重要的生态系统的转变。在思想理念上，经历了由注重开发利用到保护与利用并重，并逐步做到保护优先的转变。在行为上，经历了由大量开发到合理利用的转变。这些转变对湿地生物多样性保护工作具有十分重要的意义。目前，河南省为保护湿地生物多样性采取了多项措施，除全省各级主管部门加强日常保护管理外，对大部分湿地物种，采取了在保护区、湿地公园内就地保护的方式；对个别珍稀濒危物种还进行了迁地保护，开展人工繁育工作，扩大珍稀动物的自然栖息地，增加种群数量，使珍稀物种能够得到更好的保护。已经开展迁地保护的物种主要有麋鹿、朱鹮、白枕鹤等。

科学有效的管理促进了河南省湿地生物多样性的保护和发展，据第二次全省湿地资源调查数据，河南省湿地脊椎动物有 498 种，隶属于 5 纲 35 目 93 科(见附录 2)，约占全省总种数的 69.0%。湿地维管束植物有 827 种，隶属 130 科 455 属(见附录 1)，约占全省维管束植物总种数的 18.49%。

2.6 湿地自然保护区、湿地公园建设力度加大

建立湿地保护区、湿地公园是保存具有特殊意义的湿地生态系统，以达到保护湿地物种及其遗传多样性的目的，是湿地保护的重要措施。截至 2013 年年底，河南省已建湿地类型自然保护区 12 处、湿地公园 18 处(第二次湿地资源调查外业结束时湿地公园有 6 处)。湿地类型自然保护区分别为：河南黄河湿地国家级自然保护区、河南丹江湿地国家级自然保护区、河南新乡黄河湿地鸟类国家级自然保护区、河南宿鸭湖湿地省级自然保护区、河南郑州黄河湿地省级自然保护区、河南开封柳园口省级湿地自然保护区、河南濮阳黄河湿地省级自然保护区、河南平顶山白龟山湿地省级自然保护区、河南内乡湍河湿地省级自然保护区、河南淮滨淮南湿地省级自然保护区、河南固始淮河湿地省级自然保护区、河南商城鲇鱼山省级自然保护区。湿地公园分别是：河南郑州黄河国家湿地公园、河南淮阳龙湖国家湿地公园、河南偃师伊洛河国家湿地公园、河南平顶山白龟湖国家湿地公园、河南鹤壁淇河国家湿地公园、河南漯河市沙河国家湿地公园、河南濮阳金堤河国家湿地公园、河南南阳白河国家湿地公园、河南汤阴汤河国家湿地公园、河南平桥两河口国家湿地公园、河南陆浑湖国家湿地公园、河南唐河国家湿地公园、河南项城汾泉河国家湿地公园、河南台前金水国家湿地公园、河南息县淮河国家湿地公园、河南民权黄河故道国家湿地公园、河南安阳漳河峡谷国家湿地公园、河南社旗赵河省级湿地公园。

此外，还有其他类型的自然保护区 21 处，其中大部分都有湿地存在。这些自然保护区、湿地公园分布全省各地，形成了河南省湿地保护管理网络体系，在保护湿地生态系统和生物多样性等方面发挥着重要作用。

2.7　湿地保护重点工程建设卓有成效

根据国家林业局、科学技术部、国土资源部等九部委编制的《全国湿地保护工程规划》(2002～2030年)，将河南省的国家重要湿地纳入到该实施规划中。河南省的国家重要湿地有宿鸭湖湿地(已建立河南宿鸭湖湿地省级自然保护区)、三门峡库区湿地(已建立河南黄河湿地国家级自然保护区)、丹江口库区湿地(已建立河南丹江湿地国家级自然保护区)。这些重要湿地已先后实施了一期或两期湿地保护与恢复项目。随着这些湿地保护重点工程项目的实施，一批河南省重点湿地得到有效保护，湿地生态环境得到明显改善。

3　湿地保护管理存在的主要问题

3.1　法制体系不完善

在我国三大生态系统中，森林和海洋均已通过立法得到保护，唯独湿地无法可依，这是导致湿地问题形势严峻的主要原因之一，是制约湿地保护管理工作有效开展的重要因素。与湿地和湿地资源相关的法律和法规虽然不少，但没有一部是专门针对湿地保护的法规或条例。已有的法规和条例也有诸多不完善之处，在执行方面，操作难度大，造成了湿地保护与管理在具体操作中的困难。

3.2　湿地开发利用管理不协调

湿地的保护管理、开发利用涉及到多个部门、单位，牵涉面较广，目前大多数湿地在利用上存在多部门多头管理，而在保护上却缺乏综合协调管理和利用监督机制，各部门在湿地保护管理上职责交叉、职责不清。不同地区和部门在湿地开发利用方面存在各行其事、各取所需的现象。各部门都在向湿地要资源、要效益，而出现问题又难以协调和解决。

3.3　湿地自然保护区、湿地公园建设亟待加强

河南省目前湿地类型自然保护区和湿地公园等保护管理体系建设尚不完善，布局还不尽合理。一些对当地生态保护和经济发展有重要战略意义的湿地还未列入湿地自然保护区。现有保护区、湿地公园数量相对偏少，保护区、湿地公园的管理比较薄弱，管理人员少，设备、资金缺乏，无法实现对保护区、湿地公园内的湿地资源和野生动植物资源的有效管理和保护，也制约了湿地保护区的快速发展。此外，信息利用方面也存在一些问题。例如已收集的与湿地有关的基础信息，包括数据，参数标准不一，尚未形成数据库，难以共享；部门和单位之间许多资料缺乏共享机制。

3.4　湿地科学研究和技术支撑薄弱

湿地保护是一项系统工程，加强湿地保护管理，科技是基础，是根本。河南省湿地科学研究与资源监测能力十分薄弱，特别是对湿地的结构、功能、演替规律、价值和作用等方面缺乏系统、深入的研究。同时湿地保护、管理的技术手段也比较落后，缺乏现代化的管理技术和手段。

湿地科学是跨学科、多领域的新兴科学，全省从事湿地研究的人员很少，缺乏合作研究、人才交流、信息交换的渠道，缺乏项目评估、专家决策咨询组织，制约了河南省湿地保护和管理工作进程。

3.5 湿地保护宣传教育滞后

湿地保护是新兴事业。目前全社会还普遍缺乏湿地保护意识，对湿地的价值和重要性缺乏认识。湿地保护和合理利用的宣传、教育工作滞后，宣传教育工作的广度、力度、深度都不够，一些地方还存在重开发轻保护的现象。

3.6 资金缺乏

湿地保护与管理需要资金投入。当前湿地保护和开发的经费严重不足，已经成为制约湿地可持续发展的瓶颈。在湿地调查、保护区建设、基础设施建设、湿地监测、湿地研究、人员培训、执法手段与队伍建设等方面都需专门的资金支持。由于资金短缺，使许多湿地保护计划和行动难以实施，必要的湿地保护基础建设滞后。

第二节 湿地保护管理建议

根据党的十八大提出的加强生态文明建设和河南省《中原经济区发展规划》“加强生态和环境建设，持续探索走出一条不以牺牲农业和粮食、生态和环境为代价的‘三化’协调科学发展的路子”精神，鉴于河南省湿地资源的现状及存在的问题，在发展经济的同时，不能破坏湿地生态环境，要采取多方面有效措施，保护和恢复湿地生态系统，这对于湿地资源保护具有十分重要的意义。

1 把湿地保护与合理利用纳入法制轨道

河南省的湿地管理工作起步较晚，缺乏专门的法律法规，而相应政策体系也不完善。因此，加快湿地保护的立法进度、制定完善的法制体系是有效保护湿地和实现湿地资源可持续利用的关键。而建立有效的湿地管理政策对于河南省湿地资源的保护和合理利用也有着重要意义。为此，应加快河南省湿地立法工作进程，尽快出台《河南省湿地保护条例》，在全省湿地保护管理、湿地科学研究、受损湿地恢复，水库建设、大型引水工程对于湿地生态系统的影响评估等方面发挥指导作用，加强执法机构和执法队伍建设，提高执法人员的整体素质和业务水平，强化执法手段，加强执法力度，严厉打击各种破坏湿地资源的行为，使湿地保护具有强有力的法律保障体系。

2 建立部门协调机制

目前，河南省的湿地管理主体较多，涉及农业、林业、国土、水利和环保等多个部门，而多部门管理的结果又往往是管理混乱，缺乏协调性。由于河南省在湿地管理工作中缺乏相应的政策，再加上各管理机构的管理权限冲突、协调能力差，湿地管理的难度非常大。因此要加强湿地资源的管理工作，建立高效的湿地保护与管理协调机制。为此有必要在政府部门设置一个能够促进各管理部门协调发展的功能部门，以便建立一种行之有效的部门间协调机制，强化湿地资源的统一和综合管理，采取统一管理和分类分层管理相结合、一般管理和重点管理相结合的措施，切实做好湿地资源分类管理和重点管理工作。

3 加强教育，提高全民湿地保护新理念

对湿地保护和湿地资源的合理利用，很大程度上取决于公众对湿地功能的认识。提高公众的湿地保护意识和资源忧患意识，加强公众参与意识，才能有效地保护和管理。进一步加强湿地培训与教育工作，特别是负责湿地管理的各级领导干部和从事湿地管理的人员，通过学习、培训，提高他们管理湿地的素质和水平，为湿地保护创造有利条件。在有关高校设立相关专业，开设相关课程，培养专业人才。

通过广播、电视、报纸、书刊、宣传画册、学校教育等多种手段，把加强宣传教育、提高全民湿地保护意识作为湿地保护管理的基础性、前提性工作来抓。按照《全国湿地保护工程规划》，抓紧建设好全省有代表性的湿地宣传教育培训中心，形成较为完善的宣教网络。在全社会形成一种爱护湿地、保护湿地的良好社会风气。

4 进一步加大自然保护区、湿地公园、重要湿地的建设力度

建立湿地自然保护区是加强湿地保护的一个重要手段，河南省已建立了一些湿地类型的自然保护区，一些重要湿地生态系统及赖以生存的湿地动植物资源得到有效的保护。在已进行湿地资源调查成果的基础上，今后将进一步加大湿地自然保护区的建设力度，根据《河南省湿地保护工程规划》，将建立原阳黄河湿地省级自然保护区、温武黄河湿地省级自然保护区等 8 个省级湿地自然保护区。将小浪底库区湿地、开封柳园口黄河湿地、淮滨淮南湿地、商城鲇鱼山库区湿地等 6 处湿地争取列入中国重要湿地，将宿鸭湖湿地、三门峡库区湿地、丹江口库区湿地 3 处湿地争取列入国际重要湿地。同时，根据我国湿地公园的中长期发展规划，河南省将再建 32 个湿地公园，到 2030 年，全省湿地公园总数将达到 50 个，总面积 71601 公顷。对现有湿地保护区、湿地公园、重要湿地实施湿地保护和恢复工程，通过续建和今后新建湿地类型的自然保护区、湿地公园、重要湿地，从而建立起布局合理、类型齐全、重点突出、面积适宜的湿地生态保护系统，并制定统一的湿地类型保护管理标准，提高湿地保护区、湿地公园、重要湿地管理的规范化水平，提高保护管理机构在湿地资源监测、湿地科学研究和保护管理等方面的能力和水平。

5 多方筹集资金

当前，湿地保护与管理经费严重不足，各有关部门应多渠道、多方面积极争取资金，为河南省湿地资源的保护和发展提供必要的资金保障。

附录1　河南湿地调查区域植物名录

序号	科	属	种	
			中文名	拉丁名
		一、蕨类植物		
1	蕨科	蕨属	欧洲蕨	*Pteridium aquilinum*
2	凤尾蕨科	凤尾蕨属	蜈蚣草	*Pteris vittata*
3	海金沙科	海金沙属	海金沙	*Lygodium japonicum*
4	槐叶苹科	槐叶苹属	槐叶苹	*Salvinia natans*
5	金星蕨科	金星蕨属	金星蕨	*Parathelypteris glanduligera*
6	卷柏科	卷柏属	中华卷柏	*Selaginella sinensis*
7	鳞毛蕨科	贯众属	贯众	*Cyrtomium fortunei*
8		鳞毛蕨属	阔鳞鳞毛蕨	*Dryopteris championii*
9			中华鳞毛蕨	*Dryopteris chinensis*
10	满江红科	满江红属	满江红	*Azolla imbricata*
11	木贼科	木贼属	节节草	*Equisetum ramosissimum*
12			木贼	*Equisetum hyemale*
13			问荆	*Equisetum arvense*
14	蘋科	蘋属	蘋	*Marsilea quadrifolia*
15	球子蕨科	荚果蕨属	荚果蕨	*Matteuccia struthiopteris*
16	水蕨科	水蕨属	水蕨	*Ceratopteris thalictroides*
17	水龙骨科	石韦属	石韦	*Pyrrosia lingua*
		二、裸子植物		
18	柏科	柏木属	柏木	*Cupressus funebris*
19		侧柏属	侧柏	*Platycladus orientalis*
20	三尖杉科	三尖杉属	粗榧	*Cephalotaxus sinensis*
21			三尖杉	*Cephalotaxus fortunei*
22	杉科	水杉属	水杉	*Metasequoia glyptostroboides*
23		雪松属	雪松	*Cedrus deodara*
24		松属	马尾松	*Pinus massoniana*
25	银杏科	银杏属	银杏	*Ginkgo biloba*
		三、被子植物		
26	杨柳科	杨属	山杨	*Populus davidiana*
27			毛白杨	*Populus tomentosa*
28			欧美杨	*Populus* × *canadensis*
29			小叶杨	*Populus simonii*

（续）

序号	科	属	种	
			中文名	拉丁名
30	杨柳科	杨属	大叶杨	*Populus lasiocarpa*
31			加杨	*Populus canadensis*
32			沙兰杨	*Populus canadensis* 'Sacrau79'
33		柳属	旱柳	*Salix matsudana*
34			蒿柳	*Salix viminalis*
35			垂柳	*Salix babylonica*
36			黄花柳	*Salix caprea*
37			金丝柳	*Salix alba* var. *Tristis*
38			簸箕柳	*Salix suchowensis*
39			杞柳	*Salix integra*
40			腺柳	*Salix chaenomeloides*
41	胡桃科	枫杨属	枫杨	*Pterocarya stenoptera*
42		胡桃属	胡桃	*Juglans regia*
43			胡桃楸	*Juglans mandshurica*
44		山核桃属	山核桃	*Carya cathayensis*
45	桦木科	鹅耳枥属	鹅耳枥	*Carpinus turczaninowii*
46	壳斗科	栗属	茅栗	*Castanea seguinii*
47		栎属	麻栎	*Quercus acutissima*
48			槲栎	*Quercus aliena*
49	榆科	朴属	朴树	*Celtis sinensis*
50		榆属	榆树	*Ulmus pumila*
51	桑科	葎草属	葎草	*Humulus scandens*
52		榕属	异叶榕	*Ficus heteromorpha*
53		桑属	华桑	*Morus cathayana*
54			桑	*Morus alba*
55			鸡桑	*Morus australis*
56		橙桑属	柘	*Maclura tricuspidata*
57		构属	构树	*Broussonetia papyrifera*
58	大麻科	大麻属	大麻	*Cannabis sativa*
59	荨麻科	荨麻属	宽叶荨麻	*Urtica laetevirens*
60			狭叶荨麻	*Urtica angustifolia*
61			荨麻	*Urtica fissa*
62		蝎子草属	蝎子草	*Girardinia suborbiculata*
63		冷水花属	山冷水花	*Pilea japonica*
64			冷水花	*Pilea notata*
65			透茎冷水花	*Pilea pumila*
66		苎麻属	悬铃叶苎麻	*Boehmeria tricuspis*
67			苎麻	*Boehmeria nivea*
68	马兜铃科	马兜铃属	绵毛马兜铃	*Aristolochia mollissima*
69	蓼科	酸模属	酸模	*Rumex acetosa*
70			小酸模	*Rumex acetosella*

（续）

序号	科	属	种	
			中文名	拉丁名
71	蓼科	酸模属	长刺酸模	*Rumex trisetifer*
72			尼泊尔酸模	*Rumex nepalensis*
73			齿果酸模	*Rumex dentatus*
74			皱叶酸模	*Rumex crispus*
75			巴天酸模	*Rumex patientia*
76			羊蹄	*Rumex japonicus*
77		翼蓼属	翼蓼	*Pteroxygonum giraldii*
78		荞麦属	荞麦	*Fagopyrum esculentum*
79		蓼属	习见蓼	*Polygonum plebeium*
80			细叶蓼	*Polygonum taquetii*
81			杠板归	*Polygonum perfoliatum*
82			红蓼	*Polygonum orientale*
83			刺蓼	*Polygonum senticosum*
84			箭叶蓼	*Polygonum sieboldii*
85			戟叶蓼	*Polygonum thunbergii*
86			萹蓄	*Polygonum aviculare*
87			春蓼	*Polygonum persicaria*
88			西伯利亚蓼	*Polygonum sibiricum*
89			珠芽蓼	*Polygonum viviparum*
90			圆穗蓼	*Polygonum macrophyllum*
91			窄叶火炭母	*Polygonum chinenseL* var. *paradoxum*
92			两栖蓼	*Polygonum amphibium*
93			毛蓼	*Polygonum barbatum*
94			尼泊尔蓼	*Polygonum nepalense*
95			酸模叶蓼	*Polygonum lapathifolium*
96			水蓼	*Polygonum hydropiper*
97			长鬃蓼	*Polygonum longisetum*
98			丛枝蓼	*Polygonum posumbu*
99			伏毛蓼	*Polygonum pubescens*
100		大黄属	苞叶大黄	*Rheum alexandrae*
101		何首乌属	何首乌	*Fallopia multiflora*
102			蔓首乌	*Fallopia convolvulus*
103		金线草属	金线草	*Antenoron filiforme*
104	藜科	藜属	土荆芥	*Chenopodium ambrosioides*
105			灰绿藜	*Chenopodium glaucum*
106			尖头叶藜	*Chenopodium acuminatum*
107			菊叶香藜	*Chenopodium foetidum*
108			小藜	*Chenopodium serotinum*
109			藜	*Chenopodium album*
110		小蓬属	小蓬	*Nanophyton erinaceum*
111		盐生草属	盐生草	*Halogeton glomeratus*

（续）

序号	科	属	种	
			中文名	拉丁名
112	藜科	地肤属	地肤	*Kochia scoparia*
113		碱蓬属	碱蓬	*Suaeda glauca*
114			盐地碱蓬	*Suaeda salsa*
115		猪毛菜属	猪毛菜	*Salsola collina*
116	苋科	青葙属	青葙	*Celosia argentea*
117		苋属	刺苋	*Amaranthus spinosus*
118			反枝苋	*Amaranthus retroflexus*
119			绿穗苋	*Amaranthus hybridus*
120			苋	*Amaranthus tricolor*
121			银丁菜	*Amaranthus ascendens*
122			凹头苋	*Amaranthus lividus*
123		牛膝属	牛膝	*Achyranthes bidentata*
124		莲子草属	锦绣苋	*Alternanthera bettzickiana*
125			莲子草	*Alternanthera sessilis*
126			喜旱莲子草	*Alternanthera philoxeroides*
127	三白草科	三白草属	三白草	*Saururus chinensis*
128		蕺菜属	蕺菜	*Houttuynia cordata*
129	金粟兰科	金粟兰属	鱼子兰	*Chloranthus erectus*
130	商陆科	商陆属	垂序商陆	*Phytolacca americana*
131			商陆	*Phytolacca acinosa*
132	番杏科	番杏属	番杏	*Tetragonia tetragonioides*
133	马齿苋科	马齿苋属	马齿苋	*Portulaca oleracea*
134	石竹科	鹅肠菜属	鹅肠菜	*Myosoton aquaticum*
135		无心菜属	蚤缀	*Arenaria sperpyllifoli*
136		石头花属	长蕊石头花	*Gypsophila oldhamiana*
137		繁缕属	中国繁缕	*Stellaria chinensis*
138			繁缕	*Stellaria media*
139		蝇子草属	湖北蝇子草	*Silene hupehensis*
140	睡莲科	莲属	莲	*Nelumbo nucifera*
141		芡属	芡实	*Euryale ferox*
142		睡莲属	睡莲	*Nymphaea tetragona*
143			白睡莲	*Nymphaea alba*
144			红睡莲	*Nymphaea ruba*
145			黄睡莲	*Nymphaea mexicana*
146		萍蓬草属	萍蓬草	*Nuphar pumilum*
147	金鱼藻科	金鱼藻属	金鱼藻	*Ceratophyllum demersum*
148	毛茛科	驴蹄草属	驴蹄草	*Caltha palustris*
149		耧斗菜属	华北耧斗菜	*Aquilegia yabeana*
150		唐松草属	唐松草	*Thalictrum aquilegiifolium*
151			腺毛唐松草	*Thalictrum foetidum*
152		银莲花属	打破碗花花	*Anemone hupehensis*

（续）

序号	科	属	种	
			中文名	拉丁名
153	毛茛科	银莲花属	大火草	*Anemone tomentosa*
154			野棉花	*Anemone vitifolia*
155		白头翁属	白头翁	*Pulsatilla chinensis*
156		铁线莲属	大叶铁线莲	*Clematis heracleifolia*
157			铁线莲	*Clematis florida*
158			威灵仙	*Clematis chinensis*
159		毛茛属	猫爪草	*Ranunculus ternatus*
160			石龙芮	*Ranunculus sceleratus*
161			茴茴蒜	*Ranunculus chinensis*
162			毛茛	*Ranunculus japonicus*
163			禺毛茛	*Ranunculus cantoniensis*
164		水毛茛属	水毛茛	*Batrachium bungei*
165	木通科	木通属	木通	*Akebia quinata*
166	小檗科	十大功劳属	阔叶十大功劳	*Mahonia bealei*
167			十大功劳	*Mahonia fortunei*
168		小檗属	豪猪刺	*Berberis julianae*
169		小檗属	细叶小檗	*Berberis poiretii*
170		淫羊藿属	三枝九叶草	*Epimedium sagittatum*
171	防己科	蝙蝠葛属	蝙蝠葛	*Menispermum dauricum*
172		木防己属	木防己	*Cocculus orbiculatus*
173		千金藤属	千金藤	*Stephania japonica*
174	木兰科	木兰属	紫玉兰	*Magnolia liliflora*
175	樟科	山胡椒属	山胡椒	*Lindera glauca*
176	大叶草科	大叶草属	大叶草	*Gunnera perpensa*
177	罂粟科	博落回属	博落回	*Macleaya cordata*
178		白屈菜属	白屈菜	*Chelidonium majus*
179		角茴香属	角茴香	*Hypecoum erectum*
180		紫堇属	地丁草	*Corydalis bungeana*
181	十字花科	芸薹属	芸苔	*Brassica rapa* var. *oleifera*
182			芥菜	*Brassica juncea*
183		独行菜属	北美独行菜	*Lepidium virginicum*
184			独行菜	*Lepidium apetalum*
185		荠属	荠	*Capsella bursa-pastoris*
186		碎米荠属	水田碎米荠	*Cardamine lyrata*
187			白花碎米荠	*Cardamine leucantha*
188			湿生碎米荠	*Cardamine hygrophila*
189			碎米荠	*Cardamine hirsuta*
190			紫花碎米荠	*Cardamine tangutorum*
191		蔊菜属	蔊菜	*Rorippa indica*
192			无瓣蔊菜	*Rorippa dubia*
193			风花菜	*Rorippa globosa*

（续）

序号	科	属	种	
			中文名	拉丁名
194	十字花科	蔊菜属	沼生蔊菜	*Rorippa islandica*
195		豆瓣菜属	豆瓣菜	*Nasturtium officinale*
196		糖芥属	小花糖芥	*Erysimum cheiranthoides*
197		播娘蒿属	播娘蒿	*Descurainia sophia*
198	景天科	景天属	火焰草	*Sedum stellariifolium*
199			费菜	*Sedum aizoon*
200			佛甲草	*Sedum lineare*
201			垂盆草	*Sedum sarmentosum*
202	虎耳草科	扯根菜属	扯根菜	*Penthorum chinense*
203		虎耳草属	虎耳草	*Saxifraga stolonifera*
204		绣球属	莼兰绣球	*Hydrangea longipes*
205			绣球	*Hydrangea macrophylla*
206			中国绣球	*Hydrangea chinensis*
207	海桐花科	海桐花属	海桐	*Pittosporum tobira*
208	金缕梅科	枫香树属	枫香	*Liquidambar formosana*
209		檵木属	檵木	*Loropetalum chinense*
210		牛鼻栓属	牛鼻栓	*Fortunearia sinensis*
211	杜仲科	杜仲属	杜仲	*Eucommia ulmoides*
212	蔷薇科	绣线菊属	李叶绣线菊	*Spiraea prunifolia*
213			绣线菊	*Spiraea salicifolia*
214		假升麻属	假升麻	*Aruncus sylvester*
215		山楂属	山楂	*Crataegus pinnatifida*
216			野山楂	*Crataegus cuneata*
217		梨属	白梨	*Pyrus bretschneideri*
218			杜梨	*Pyrus betulaefolia*
219			豆梨	*Pyrus calleryana*
220		棣棠花属	棣棠花	*Kerria japonica*
221		悬钩子属	插田泡	*Rubus coreanus*
222			刺莓	*Rubus taiwanianus*
223			喜阴悬钩子	*Rubus mesogaeus*
224			弓茎悬钩子	*Rubus flosculosus*
225			矛莓	*Rubus parvifolius*
226		路边青属	路边青	*Geum aleppicum*
227		委陵菜属	朝天委陵菜	*Potentilla supina*
228			翻白草	*Potentilla discolor*
229			多茎委陵菜	*Potentilla multicaulis*
230			委陵菜	*Potentilla chinensis*
231		草莓属	野草莓	*Fragaria vesca*
232		蛇莓属	蛇莓	*Duchesnea indica*
233		蔷薇属	金樱子	*Rosa laevigata*
234			山刺玫	*Rosa davurica*

（续）

序号	科	属	种	
			中文名	拉丁名
235	蔷薇科	蔷薇属	小果蔷薇	*Rosa cymosa*
236			野蔷薇	*Rosa multiflora*
237			刺蔷薇	*Rosa acicularis*
238			黄刺玫	*Rosa xanthina*
239		地榆属	地榆	*Sanguisorba officinalis*
240		桃属	桃	*Amygdalus persica*
241			山桃	*Amygdalus davidiana*
242		杏属	杏	*Armeniaca vulgaris*
243			山杏	*Armeniaca sibiraca*
244		李属	李	*Prunus salicina*
245		龙芽草属	龙芽草	*Agrimonia pilosa*
246		樱属	郁李	*Cerasus japonica*
247	豆科	合欢属	合欢	*Albizia julibrissin*
248			山槐	*Albizia kalkora*
249		合萌属	合萌	*Aeschynomene indica*
250		含羞草属	含羞草	*Mimosa pudica*
251		皂荚属	野皂荚	*Gleditsia microphylla*
252			皂荚	*Gleditsia sinensis*
253			山皂荚	*Gleditsia japonica*
254		决明属	决明	*Cassia tora*
255			野皂角	*Cassia mimosoides* var. *wallichiana*
256		槐属	白刺花	*Sophora davidii*
257			槐	*Sophora japonica*
258			苦参	*Sophora flavescens*
259			龙爪槐	*Sophora japonica* f. *pendula*
260		黄耆属	草珠黄耆	*Astragalus capillipes*
261			达乌里黄耆	*Astragalus dahuricus*
262		苜蓿属	花苜蓿	*Medicago ruthenica*
263			紫苜蓿	*Medicago sativa*
264			小苜蓿	*Medicago minima*
265			天蓝苜蓿	*Medicago lupulina*
266			野苜蓿	*Medicago falcata*
267		菜豆属	贼小豆	*Phaseolus minimus*
268		草木犀属	草木犀	*Melilotus officinalis*
269		车轴草属	白车轴草	*Trifolium repens*
270		刺槐属	刺槐	*Robinia pseudoacacia*
271		大豆属	野大豆	*Glycine soja*
272			大豆	*Glycine max*
273		两型豆属	两型豆	*Amphicarpaea edgeworthii*
274			三仔两型豆	*Amphicarpaea trisperma*
275		米口袋属	少花米口袋	*Gueldenstaedtia verna* sub. *multiflora*

（续）

序号	科	属	种	
			中文名	拉丁名
276	豆科	葛属	葛	*Pueraria lobata*
277		野豌豆属	蚕豆	*Vicia faba*
278			广布野豌豆	*Vicia cracca*
279			山野豌豆	*Vicia amoena*
280			歪头菜	*Vicia unijuga*
281			野豌豆	*Vicia sepium*
282		山黧豆属	山黧豆	*Lathyrus quinquenervius*
283		水姑里属	长柄山蚂蝗	*Podocarpium podocarpum* var. *oxyphyllum*
284		木蓝属	河北木蓝	*Indigofera bungeana*
285			木蓝	*Indigofera tinctoria*
286		紫穗槐属	紫穗槐	*Amorpha fruticosa*
287		田菁属	田菁	*Sesbania cannabina*
288		野扁豆属	山绿豆	*Dunbaria podocarpa*
289		苦马豆属	苦马豆	*Sphaerophysa salsula*
290		锦鸡儿属	锦鸡儿	*Caragana sinica*
291		胡枝子属	胡枝子	*Lespedeza bicolor*
292			长叶胡枝子	*Lespedeza caraganae*
293		鸡眼草属	鸡眼草	*Kummerowia striata*
294	酢浆草科	酢浆草属	红花酢浆草	*Oxalis corymbosa*
295			酢浆草	*Oxalis corniculata*
296	牻牛儿苗科	老鹳草属	老鹳草	*Geranium wilfordii*
297			尼泊尔老鹳草	*Geranium nepalense*
298		牻牛儿苗属	牻牛儿苗	*Erodium stephanianum*
299	亚麻科	亚麻属	野亚麻	*Linum stelleroides*
300	蒺藜科	蒺藜属	蒺藜	*Tribulus terrester*
301	芸香科	花椒属	花椒	*Zanthoxylum bungeanum*
302		吴茱萸属	楝叶吴萸	*Evodia glabrifolium*
303			吴茱萸	*Evodia rutaecarpa*
304	苦木科	臭椿属	臭椿	*Ailanthus altissima*
305		苦树属	苦树	*Picrasma quassioides*
306	楝科	楝属	楝	*Melia azedarach*
307		香椿属	香椿	*Toona sinensis*
308	大戟科	算盘子属	算盘子	*Glochidion puberum*
309		叶下珠属	叶下珠	*Phyllanthus urinaria*
310		油桐属	油桐	*Vernicia fordii*
311		白饭树属	一叶萩	*Flueggea suffruticosa*
312		蓖麻属	蓖麻	*Ricinus communis*
313		铁苋菜属	铁苋菜	*Acalypha australis*
314		野桐属	白背叶	*Mallotus apelta*
315			野桐	*Mallotus tenuifolius*
316		乌桕属	乌桕	*Sapium sebiferum*

（续）

序号	科	属	种	
			中文名	拉丁名
317	大戟科	大戟属	地锦	*Euphorbia humifusa*
318			新月大戟	*Euphorbia lunulata*
319			泽漆	*Euphorbia helioscopia*
320			斑地锦	*Euphorbia maculata*
321			大戟	*Euphorbia pekinensis*
322	黄杨科	黄杨属	黄杨	*Buxus sinica*
323	漆树科	黄连木属	黄连木	*Pistacia chinensis*
324		黄栌属	黄栌	*Cotinus coggygria*
325		漆属	毛漆树	*Toxicodendron trichocarpum*
326		盐肤木属	火炬树	*Rhus typhina*
327			盐肤木	*Rhus chinensis*
328	冬青科	冬青属	枸骨	*Ilex cornuta*
329	卫矛科	卫矛属	卫矛	*Euonymus alatus*
330		槭属	桦叶四蕊槭	*Acer tetramerum* var. *betulifolium*
331			色木槭	*Acer mono*
332	无患子科	栾树属	栾树	*Koelreuteria paniculata*
333	凤仙花科	凤仙花属	凤仙花	*Impatiens balsamina*
334	鼠李科	鼠李属	长叶冻绿	*Rhamnus crenata*
335			鼠李	*Rhamnus davurica*
336		勾儿茶属	勾儿茶	*Berchemia sinica*
337			多花勾儿茶	*Berchemia floribunda*
338		枣属	枣	*Ziziphus jujuba*
339			山枣	*Ziziphus montana*
340			酸枣	*Ziziphus jujuba* var. *spinosa*
341	葡萄科	蛇葡萄属	蓝果蛇葡萄	*Ampelopsis bodinieri*
342			白蔹	*Ampelopsis japonica*
343			乌头叶蛇葡萄	*Ampelopsis aconitifolia*
344		地锦属	五叶地锦	*Parthenocissus quinquefolia*
345		葡萄属	山葡萄	*Vitis amurensis*
346		乌蔹莓属	乌蔹莓	*Cayratia japonica*
347	椴树科	扁担杆属	扁担杆	*Grewia biloba*
348		田麻属	田麻	*Corchoropsis tomentosa*
349	锦葵科	苘麻属	磨盘草	*Abutilon indicum*
350			苘麻	*Abutilon theophrasti*
351		木槿属	木槿	*Hibiscus syriacus*
352	猕猴桃科	猕猴桃属	中华猕猴桃	*Actinidia chinensis*
353	藤黄科	金丝桃属	金丝桃	*Hypericum monogynum*
354			黄海棠	*Hypericum ascyron*
355			元宝草	*Hypericum sampsonii*
356			小连翘	*Hypericum erectum*
357	柽柳科	柽柳属	柽柳	*Tamarix chinensis*

（续）

序号	科	属	种	
			中文名	拉丁名
358	堇菜科	堇菜属	鸡腿堇菜	*Viola acuminata*
359			堇菜	*Viola verecunda*
360			斑叶堇菜	*Viola variegata*
361			紫花地丁	*Viola philippica*
362	瑞香科	狼毒属	狼毒	*Stellera chamaejasme*
363	胡颓子科	胡颓子属	胡颓子	*Elaeagnus pungens*
364	千屈菜科	节节菜属	节节菜	*Rotala indica*
365		千屈菜属	千屈菜	*Lythrum salicaria*
366		紫薇属	紫薇	*Lagerstroemia indica*
367	茜草科	白马骨属	六月雪	*Serissa japonica*
368		耳草属	金毛耳草	*Hedyotis chrysotricha*
369	石榴科	石榴属	石榴	*Punica granatum*
370	八角枫科	八角枫属	瓜木	*Alangium platanifolium*
371	菱科	菱属	格菱	*Trapa pseudoincisa*
372			野菱	*Trapa incisa*
373			欧菱	*Trapa natans*
374			丘角菱	*Trapa japonica*
375			细果野菱	*Trapa maximowiczii*
376	柳叶菜科	山桃草属	山桃草	*Gaura lindheimeri*
377			小花山桃草	*Gaura parviflora*
378		柳叶菜属	柳叶菜	*Epilobium hirsutum*
379			小花柳叶菜	*Epilobium parviflorum*
380			沼生柳叶菜	*Epilobium palustre*
381			光华柳叶菜	*Epilobium cephalostigma*
382		丁香蓼属	草龙	*Ludwigia hyssopifolia*
383			丁香蓼	*Ludwigia prostrata*
384			水龙	*Ludwigia adscendens*
385	小二仙草科	狐尾藻属	狐尾藻	*Myriophyllum verticillatum*
386			穗状狐尾藻	*Myriophyllum spicatum*
387	杉叶藻科	杉叶藻属	杉叶藻	*Hippuris vulgaris*
388	伞形科	天胡荽属	红马蹄草	*Hydrocotyle nepalensis*
389			破铜钱	*Hydrocotyle sibthorpioides* var. *batrachium*
390		积雪草属	积雪草	*Centella asiatica*
391		蛇床属	蛇床	*Cnidium monnieri*
392		窃衣属	小窃衣	*Torilis japonica*
393			窃衣	*Torilis scabra*
394		芫荽属	芫荽	*Coriandrum sativum*
395		毒芹属	毒芹	*Cicuta virosa*
396		泽芹属	泽芹	*Sium suave*
397		水芹属	水芹	*Oenanthe javanica*
398		前胡属	前胡	*Peucedanum praeruptorum*

（续）

序号	科	属	种	
			中文名	拉丁名
399	伞形科	防风属	防风	*Saposhnikovia divaricata*
400		胡萝卜属	野胡萝卜	*Daucus carota*
401		茴香属	茴香	*Foeniculum vulgare*
402	山茱萸科	山茱萸属	山茱萸	*Cornus officinalis*
403	杜鹃花科	杜鹃属	杜鹃	*Rhododendron simsii*
404	报春花科	珍珠菜属	过路黄	*Lysimachia christinae*
405			狼尾花	*Lysimachia barystachys*
406			狭叶珍珠菜	*Lysimachia pentapetala*
407			泽珍珠菜	*Lysimachia candida*
408	柿科	柿属	君迁子	*Diospyros lotus*
409			柿	*Diospyros kaki*
410	木犀科	雪柳属	雪柳	*Fontanesia fortune*
411		梣属	宿柱梣	*Fraxinus stylosa*
412			花曲柳	*Fraxinus rhynchophylla*
413			白蜡树	*Fraxinus chinensis*
414			水曲柳	*Fraxinus mandschurica*
415		连翘属	连翘	*Forsythia suspensa*
416		木犀属	木犀	*Osmanthus fragrans*
417		女贞属	女贞	*Ligustrum lucidum*
418			水腊	*Ligustrum obtusifolium*
419			小叶女贞	*Ligustrum quihoui*
420		素馨属	探春花	*Jasminum floridum*
421			迎春	*Jasminum nudiflorum*
422	马钱科	醉鱼草属	醉鱼草	*Buddleja lindleyana*
423	龙胆科	荇菜属	荇菜	*Nymphoides peltatum*
424	夹竹桃科	罗布麻属	罗布麻	*Apocynum venetum*
425		络石属	络石	*Trachelospermum jasminoides*
426	萝藦科	鹅绒藤属	牛皮消	*Cynanchum auriculatum*
427			徐长卿	*Cynanchum paniculatum*
428			地梢瓜	*Cynanchum thesioides*
429		萝藦属	萝藦	*Metaplexis japonica*
430		杠柳属	杠柳	*Periploca sepium*
431	旋花科	打碗花属	打碗花	*Calystegia hederacea*
432			鼓子花	*Calystegia silvatica* sub. *Orientalis*
433			柔毛打碗花	*Calystegia pubescens*
434			旋花	*Calystegia sepium*
435		牵牛属	圆叶牵牛	*Pharbitis purpurea*
436		番薯属	牵牛	*Ipomoea nil*
437		菟丝子属	菟丝子	*Cuscuta chinensis*
438			金灯藤	*Cuscuta japonica*
439		旋花属	田旋花	*Convolvulus arvensis*

（续）

序号	科	属	种	
			中文名	拉丁名
440	旋花科	小牵牛属	小牵牛	*Jacquemontia paniculata*
441	紫草科	砂引草属	砂引草	*Messerschmidia sibirica*
442			细叶砂引草	*Messerschmidia sibirica* var. *angustior*
443		紫草属	田紫草	*Lithospermum arvense*
444			梓木草	*Lithospermum zollingeri*
445		附地菜属	附地菜	*Trigonotis peduncularis*
446		斑种草属	斑种草	*Bothriospermum chinensis*
447	马鞭草科	马鞭草属	马鞭草	*Verbena officinalis*
448		紫珠属	白棠子树	*Callicarpa dichotoma*
449		牡荆属	黄荆	*Vitex negundo*
450			牡荆	*Vitex negundo* var. *cannabifolia*
451			荆条	*Vitex negundo* var. *heterophylla*
452		莸属	三花莸	*Caryopteris terniflora*
453	唇形科	水棘针属	水棘针	*Amethystea caerulea*
454		黄芩属	黄芩	*Scutellaria baicalensis*
455		夏至草属	夏至草	*Lagopsis supina*
456		藿香属	藿香	*Agastache rugosa*
457		荆芥属	荆芥	*Nepeta cataria*
458		罗勒属	罗勒	*Ocimum basilicum*
459		活血丹属	活血丹	*Glechoma longituba*
460		夏枯草属	夏枯草	*Prunella vulgaris*
461		糙苏属	糙苏	*Phlomis umbrosa*
462		益母草属	益母草	*Leonurus artemisia*
463		水苏属	华水苏	*Stachys chinensis*
464			水苏	*Stachys japonica*
465			蜗儿菜	*Stachys arrecta*
466		鼠尾草属	荔枝草	*Salvia plebeia*
467			单叶丹参	*Salvia multiorrhiza* var. *charbonnelii*
468		风轮菜属	风轮菜	*Clinopodium chinense*
469			灯笼草	*Clinopodium polycephalum*
470		牛至属	牛至	*Origanum vulgare*
471		石荠苎属	石荠苎	*Mosla scabra*
472		薄荷属	薄荷	*Mentha haplocalyx*
473			皱叶留兰香	*Mentha crispata*
474		地笋属	地笋	*Lycopus lucidus*
475		紫苏属	紫苏	*Perilla frutescens*
476		香薷属	木香薷	*Elsholtzia stauntoni*
477			野草香	*Elsholtzia cypriani*
478			香薷	*Elsholtzia ciliata*
479			密花香薷	*Elsholtzia densa*
480			鸡骨柴	*Elsholtzia fruticosa*

（续）

序号	科	属	种	
			中文名	拉丁名
481	唇形科	香茶菜属	显脉香茶菜	*Rabdosia nervosa*
482			香茶菜	*Rabdosia amethystoides*
483			碎米桠	*Rabdosia rubescens*
484			冬凌草	*Rabdosia rubescens* var. *taihangensis*
485	茄科	枸杞属	枸杞	*Lycium chinense*
486		茄属	龙葵	*Solanum nigrum*
487			牛茄子	*Solanum surattense*
488			野茄	*Solanum coagulans*
489		酸浆属	苦蘵	*Physalis angulata*
490		曼陀罗属	曼陀罗	*Datura stramonium*
491	玄参科	泡桐属	毛泡桐	*Paulownia tomentosa*
492			楸叶泡桐	*Paulownia catalpifolia*
493			白花泡桐	*Paulownia fortunei*
494		母草属	陌上菜	*Lindernia procumbens*
495		通泉草属	通泉草	*Mazus japonicus*
496		地黄属	地黄	*Rehmannia glutinosa*
497		婆婆纳属	婆婆纳	*Veronica didyma*
498			北水苦荬	*Veronica anagallis-aquatica*
499			水苦荬	*Veronica undulata*
500	紫葳科	梓属	梓	*Catalpa ovata*
501			楸	*Catalpa bungei*
502	狸藻科	狸藻属	黄花狸藻	*Utricularia aurea*
503			狸藻	*Utricularia vulgaris*
504	爵床科	爵床属	爵床	*Rostellularia procumbens*
505	透骨草科	透骨草属	北美透骨草	*Phryma leptostachya*
506	车前科	车前属	平车前	*Plantago depressa*
507			大车前	*Plantago major*
508			车前	*Plantago asiatica*
509	茜草科	水团花属	细叶水团花	*Adina rubella*
510		鸡矢藤属	臭鸡矢藤	*Paederia foetida*
511		鸡矢藤属	鸡矢藤	*Paederia scandens*
512		茜草属	茜草	*Rubia cordifolia*
513		拉拉藤属	车轴草	*Galium odoratum*
514			拉拉藤	*Galium aparine* var. *echinospermum*
515			猪殃殃	*Galium aparine* var. *tenerun*
516	忍冬科	荚蒾属	陕西荚蒾	*Viburnum schensianum*
517		接骨木属	接骨木	*Sambucus williamsii*
518		忍冬属	金银忍冬	*Lonicera maackii*
519			忍冬	*Lonicera japonica*
520		蝟实属	蝟实	*Kolwitzia amabilis*
521	败酱科	败酱属	败酱	*Patrinia scabiosaefolia*

（续）

序号	科	属	种	
			中文名	拉丁名
522	败酱科	败酱属	墓头回	*Patrinia heterophylla*
523		缬草属	缬草	*Valeriana officinalis*
524	川续断科	川续断属	川续断	*Dipsacus asperoides*
525	葫芦科	赤瓟属	赤瓟	*Thladiantha dubia*
526		黄瓜属	马泡瓜	*Cucumis melo* var. *agrestis*
527		绞股蓝属	绞股蓝	*Gynostemma pentaphyllum*
528		栝楼属	王瓜	*Trichosanthes cucumeroides*
529	桔梗科	半边莲属	半边莲	*Lobelia chinensis*
530	菊科	裸菀属	裸菀	*Gymnaster piccolii*
531		马兰属	裂叶马兰	*Kalimeris incisa*
532			山马兰	*Kalimeris lautureana*
533		狗娃花属	阿尔泰狗娃花	*Heteropappus altaicus*
534			狗娃花	*Heteropappus hispidus*
535		女菀属	女菀	*Turczaninowia fastigiata*
536		紫菀属	紫菀	*Aster tataricus*
537			钻叶紫菀	*Aster subulatus*
538			三脉紫菀	*Aster ageratoides*
539		碱菀属	碱菀	*Tripolium vulgare*
540		飞廉属	飞廉	*Carduus nutans*
541		飞蓬属	飞蓬	*Erigeron acer*
542			一年蓬	*Erigeron annuus*
543		香青属	香青	*Anaphalis sinica*
544		鼠麹草属	丝棉草	*Gnaphalium luteo – album*
545		茼蒿属	茼蒿	*Chrysanthemum coronarium*
546		橐吾属	橐吾	*Ligularia sibirica*
547		莴苣属	中国山莴苣	*Lactuca chinensis*
548		天名精属	烟管头草	*Carpesium cernuum*
549			天名精	*Carpesium abrotanoides*
550		和尚菜属	和尚菜	*Adenocaulon himalaicum*
551		白酒草属	白酒草	*Conyza japonica*
552			加拿大蓬	*Conyza canadensis* var. *canadensis*
553			香丝草	*Conyza bonariensis*
554			小蓬草	*Conyza canadensis*
555		苍耳属	苍耳	*Xanthium sibiricum*
556			意大利苍耳	*Xanthium italicum*
557		豨莶属	豨莶	*Siegesbeckia orientalis*
558			腺梗豨莶	*Siegesbeckia pubescens*
559		鳢肠属	鳢肠	*Eclipta prostrata*
560			墨旱莲	*Eclipta alba*
561		向日葵属	菊芋	*Helianthus tuberosus*
562		旋覆花属	欧亚旋覆花	*Inula britanica*

（续）

序号	科	属	种	
			中文名	拉丁名
563	菊科	旋覆花属	旋覆花	*Inula japonica*
564		野茼蒿属	野茼蒿	*Crassocephalum crepidioides*
565		泽兰属	林泽兰	*Eupatorium lindleyanum*
566		鬼针草属	鬼针草	*Bidens pilosa*
567			白花鬼针草	*Bidens pilosa* var. *radiata*
568			婆婆针	*Bidens bipinnata*
569			金盏银盘	*Bidens biternata*
570			狼杷草	*Bidens tripartita*
571		菊属	毛华菊	*Dendranthema vestitum*
572			野菊	*Dendranthema indicum*
573			甘野菊	*Dendranthema lavandulifolium* var. *seticuspe*
574		石胡荽属	石胡荽	*Centipeda minima*
575		蒿属	莳萝蒿	*Artemisia anethoides*
576			万年蒿	*Artemisia gmelini*
577			五月艾	*Artemisia indices*
578			白莲蒿	*Artemisia sacrorum*
579			臭蒿	*Artemisia hedinii*
580			红足蒿	*Artemisia rubripes*
581			密毛白莲蒿	*Artemisia sacrorum* var. *messerschmidtiana*
582			青蒿	*Artemisia carvifolia*
583			黄花蒿	*Artemisia annua*
584			苦蒿	*Artemisia codonocephala*
585			艾	*Artemisia argyi*
586			野艾蒿	*Artemisia lavandulaefolia*
587			歧茎蒿	*Artemisia igniaria*
588			秦岭蒿	*Artemisia qinligensis*
589			蒙古蒿	*Artemisia mongolica*
590			蒌蒿	*Artemisia selengensis*
591			阴地蒿	*Artemisia sylvatica*
592			白苞蒿	*Artemisia lactiflora*
593			白蒿	*Artemisia sieversiana*
594			猪毛蒿	*Artemisia scoparia*
595			茵陈蒿	*Artemisia capillaries*
596			牡蒿	*Artemisia japonica*
597			南牡蒿	*Artemisia eriopoda*
598			内蒙古旱蒿	*Artemisia xerophytica*
599			牛尾蒿	*Artemisia dubia*
600		千里光属	千里光	*Senecio scandens*
601		乳苣属	乳苣	*Mulgedium tataricum*
602		蒲儿根属	蒲儿根	*Sinosenecio oldhamianus*
603		蓟属	刺儿菜	*Cirsium japonicum*

（续）

序号	科	属	种	
			中文名	拉丁名
604	菊科	蓟属	魁蓟	*Cirsium leo*
605			牛口刺	*Cirsium shansiense*
606			蓟	*Cirsium japonicum*
607			线叶蓟	*Cirsium lineare* f. *discolor*
608			野蓟	*Cirsium maackii*
609		泥胡菜属	泥胡菜	*Hemistepta lyrata*
610		牛膝菊属	牛膝菊	*Galinsoga parviflora*
611		漏芦属	漏芦	*Stemmacantha uniflora*
612		蒲公英属	蒲公英	*Taraxacum mongolicum*
613		苦苣菜属	苣荬菜	*Sonchus arvensis*
614			苦苣菜	*Sonchus oleraceus*
615		苦荬菜属	抱茎小苦荬	*Ixeris sonchifolia*
616		山莴苣属	山莴苣	*Lagedium sibiricum*
617		黄鹌菜属	黄鹌菜	*Youngia japonica*
618		火绒草属	火绒草	*Leontopodium leontopodioides*
619		苦荬菜属	苦荬菜	*Ixeris denticulata*
620			中华苦荬菜	*Ixeris chinensis*
621	香蒲科	香蒲属	香蒲	*Typha orientalis*
622			达香蒲	*Typha davidiana*
623			宽叶香蒲	*Typha latifolia*
624			水烛	*Typha angustifolia*
625			小香蒲	*Typha minima*
626	黑三棱科	黑三棱属	黑三棱	*Sparganium stoloniferum*
627	眼子菜科	水麦冬属	水麦冬	*Triglochin palustre*
628		眼子菜属	小眼子菜	*Potamogeton pusillus*
629			菹草	*Potamogeton crispus*
630			穿叶眼子菜	*Potamogeton perfoliatus*
631			禾叶眼子菜	*Potamogeton gramineus*
632			竹叶眼子菜	*Potamogeton malaianus*
633			眼子菜	*Potamogeton distinctus*
634			篦齿眼子菜	*Potamogeton pectinatus*
635	茨藻科	茨藻属	大茨藻	*Najas marina*
636			小茨藻	*Najas minor*
637	泽泻科	慈姑属	慈姑	*Sagittaria trifolia* var. *sinensis*
638			野慈姑	*Sagittaria trifolia*
639		泽薹草属	泽薹草	*Caldesia parnassifolia*
640		泽泻属	泽泻	*Alisma plantago-aquatica*
641	水鳖科	水鳖属	水鳖	*Hydrocharis dubia*
642		苦草属	苦草	*Vallisneria natans*
643		黑藻属	黑藻	*Hydrilla verticillata*
644	禾本科	刚竹属	淡竹	*Phyllostachys glauca*

（续）

序号	科	属	种	
			中文名	拉丁名
645	禾本科	刚竹属	桂竹	*Phyllostachys reticulata*
646			水竹	*Phyllostachys heteroclada*
647		披碱草属	老芒麦	*Elymus sibiricus*
648			毛秆披碱草	*Elymus pendulinus*
649			披碱草	*Elymus dahuricus*
650			纤毛披碱草	*Elymus ciliaris*
651		蒲苇属	蒲苇	*Cortaderia selloana*
652		黑麦草属	黑麦草	*Lolium perenne*
653			多花黑麦草	*Lolium multiflorum*
654		山羊草属	节节麦	*Aegilops tauschii*
655		鹅观草属	鹅观草	*Roegneria kamoji*
656			东瀛鹅观草	*Roegneria mayebarana*
657			纤毛鹅观草	*Roegneria ciliaris*
658			缘毛鹅观草	*Roegneria pendulina*
659		三毛草属	三毛草	*Trisetum bifidum*
660		异燕麦属	异燕麦	*Helictotrichon schellianum*
661		燕麦属	野燕麦	*Avena fatua*
662			燕麦	*Avena sativa*
663		野青茅属	野青茅	*Deyeuxia arundunacea*
664		甘蔗属	斑茅	*Saccharum arundinaceum*
665			甜根子草	*Saccharum spontaneum*
666		拂子茅属	假苇拂子茅	*Calamagrostis pseudophragmites*
667			拂子茅	*Calamagrostis epigeios*
668		棒头草属	棒头草	*Polypogon fugax*
669			长芒棒头草	*Polypogon monspeliensis*
670		看麦娘属	日本看麦娘	*Alopecurus japonicus*
671			看麦娘	*Alopecurus aequalis*
672		针茅属	长芒草	*Stipa bungeana*
673		芦苇属	芦苇	*Phragmites australis*
674		芦竹属	芦竹	*Arundo donax*
675		淡竹叶属	淡竹叶	*Lophatherum gracile*
676		早熟禾属	早熟禾	*Poa annua*
677			草地早熟禾	*Poa pratensis*
678			硬质早熟禾	*Poa sphondylodes*
679		碱茅属	星星草	*Puccinellia tenuiflora*
680		结缕草属	结缕草	*Zoysia japonica*
681		金须茅属	竹节草	*Chrysopogon aciculatus*
682		碱茅属	碱茅	*Puccinellia distans*
683		臭草属	大花臭草	*Melica grandiflora*
684			臭草	*Melica scabrosa*
685			大臭草	*Melica turczaninowiana*

（续）

序号	科	属	种	
			中文名	拉丁名
686	禾本科	雀麦属	扁穗雀麦	*Bromus catharticus*
687			无芒雀麦	*Bromus inermis*
688			雀麦	*Bromus japonicus*
689		箬竹属	箬竹	*Indocalamus tessellatus*
690		画眉草属	画眉草	*Eragrostis pilosa*
691		芨芨草属	芨芨草	*Achnatherum splendens*
692		隐子草属	朝阳隐子草	*Cleistogenes hackeli*
693			隐子草	*Cleistogenes serotina*
694		千金子属	千金子	*Leptochloa chinensis*
695		穇属	牛筋草	*Eleusine indica*
696		黍属	白花草	*Panicum flaccidum*
697			旱黍草	*Panicum elegantissimum*
698		水禾属	水禾	*Hygroryza ariatata*
699		水蔗草属	水蔗草	*Apluda mutica*
700		梯牧草属	鬼蜡烛	*Phleum paniculatum*
701		菵草属	菵草	*Beckmannia syzigachne*
702		燕麦草属	燕麦草	*Arrhenatherum elatius*
703		虎尾草属	虎尾草	*Chloris virgata*
704		狗牙根属	狗牙根	*Cynodon dactylon*
705		菰属	菰	*Zizania latifolia*
706		隐花草属	隐花草	*Crypsis aculeata*
707		乱子草属	日本乱子草	*Muhlenbergia japonica*
708			乱子草	*Muhlenbergia hugelii*
709		野古草属	刺芒野古草	*Arundinella setosa*
710			毛秆野古草	*Arundinella hirta*
711		柳叶箬属	柳叶箬	*Isachne globosa*
712		求米草属	求米草	*Oplismenus undulatifolius*
713			竹叶草	*Oplismenus compositus*
714		稗属	稗	*Echinochloa crusgalli*
715			旱稗	*Echinochloa hispidula*
716			孔雀稗	*Echinochloa cruspavonis*
717			无芒稗	*Echinochloa crusgalli* var. *mitis*
718			长芒稗	*Echinochloa caudata*
719		野黍属	野黍	*Eriochloa villosa*
720		雀稗属	双穗雀稗	*Paspalum distichum*
721			雀稗	*Paspalum thunbergii*
722		马唐属	紫马唐	*Digitaria violascens*
723			马唐	*Digitaria sanguinalis*
724			升马唐	*Digitaria ciliaris*
725			毛马唐	*Digitaria chrysoblephara*
726		狗尾草属	大狗尾草	*Setaria faberii*

（续）

序号	科	属	种	
			中文名	拉丁名
727	禾本科	狗尾草属	狗尾草	*Setaria viridis*
728			金色狗尾草	*Setaria glauca*
729		狼尾草属	狼尾草	*Pennisetum alopecuroides*
730			白草	*Pennisetum centrasiaticum*
731		假稻属	假稻	*Leersia japonica*
732		芒属	荻	*Miscanthus sacchariflorus*
733			五节芒	*Miscanthus floridulus*
734			芒	*Miscanthus sinensis*
735		拟金茅属	拟金茅	*Eulaliopsis binata*
736		白茅属	白茅	*Imperata cylindrica*
737		硬草属	耿氏硬草	*Sclerochloa kengiana*
738		油芒属	油芒	*Eccoilopus cotulifer*
739		牛鞭草属	牛鞭草	*Hemarthria altissima*
740		荩草属	荩草	*Arthraxon hispidus*
741			矛叶荩草	*Arthraxon lanceolatus*
742		孔颖草属	白羊草	*Bothriochloa ischcemum*
743		赖草属	羊草	*Leymus chinensis*
744		菅属	黄背草	*Themeda japonica*
745		薏苡属	薏苡	*Coix lacryma-jobi*
746		虉草属	虉草	*Phalaris arundinacea*
747	莎草科	扁莎属	红鳞扁莎	*Pycreus sanguinolentus*
748			球穗扁莎	*Pycreus globosus*
749		藨草属	扁杆藨草	*Scirpus planiculmis*
750			藨草	*Scirpus triqueter*
751			水葱	*Scirpus validus*
752			水毛花	*Scirpus triangulatus*
753			荆三棱	*Scirpus yagara*
754			庐山藨草	*Scirpus lushanensis*
755		刺子莞属	刺子莞	*Rhynchospora rubra*
756		荸荠属	荸荠	*Heleocharis dulcis*
757			具槽秆荸荠	*Heleocharis valleculosa*
758			牛毛毡	*Heleocharis yokoscensis*
759			中间型荸荠	*Heleocharis intersita*
760			龙师草	*Heleocharis tetraquetra*
761		球柱草属	球柱草	*Bulbostylis barbata*
762		飘拂草属	双穗飘拂草	*Fimbristylis subbispicata*
763			夏飘拂草	*Fimbristylis aestivalis*
764			独穗飘拂草	*Fimbristylis ovata*
765			两歧飘拂草	*Fimbristylis dichotoma*
766		莎草属	香附子	*Cyperus rotundus*
767			头状穗莎草	*Cyperus glomeratus*

（续）

序号	科	属	种	
			中文名	拉丁名
768	莎草科	莎草属	碎米莎草	*Cyperus iria*
769			阿穆尔莎草	*Cyperus amuricus*
770			扁穗莎草	*Cyperus compressus*
771			风车草	*Cyperus alternifolius*
772			褐穗莎草	*Cyperus fuscus*
773			异型莎草	*Cyperus difformis*
774			纸莎草	*Cyperus papyrus*
775			畦畔莎草	*Cyperus haspan*
776			三轮草	*Cyperus orthostachyus*
777			旋鳞莎草	*Cyperus michelianus*
778		水葱属	三棱水葱	*Schoenoplectus triqueter*
779			猪毛草	*Schoenoplectus wallichii*
780		水莎草属	水莎草	*Juncellus serotinus*
781			花穗水莎草	*Juncellus pannonicus*
782		水蜈蚣属	短叶水蜈蚣	*Kyllinga brevifolia*
783		薹草属	翼果薹草	*Carex neurocarpa*
784			穹隆薹草	*Carex gibba*
785			川东薹草	*Carex fargesii*
786			寸草	*Carex duriuscula*
787			大理薹草	*Carex rubrobrunnea* var. *taliensis*
788			短鳞薹草	*Carex angustinowiczii*
789			毛果薹草	*Carex miyabei* var. *maopengensis*
790			日本薹草	*Carex japonica*
791			细叶薹草	*Carex duriuscula* subsp. *Stenophylloides*
792			异鳞薹草	*Carex heterolepis*
793			长安薹草	*Carex heudesii*
794			皱果薹草	*Carex dispalata*
795			异穗薹草	*Carex heterostachya*
796	天南星科	菖蒲属	菖蒲	*Acorus calamus*
797			石菖蒲	*Acorus tatarinowii*
798			金钱蒲	*Acorus gramineus*
799		芋属	芋	*Colocasia esculenta*
800	浮萍科	紫萍属	紫萍	*Spirodela polyrrhiza*
801		浮萍属	浮萍	*Lemna minor*
802			青萍	*Lemna aequinoctialis*
803			稀脉浮萍	*Lemna perpusilla*
804		芜萍属	芜萍	*Wolffia arrhiza*
805	鸭跖草科	竹叶子属	竹叶子	*Streptolirion volubile*
806		鸭跖草属	鸭跖草	*Commelina communis*
807	雨久花科	雨久花属	雨久花	*Monochoria korsakowii*
808			鸭舌草	*Monochoria vaginalis*

（续）

序号	科	属	种	
			中文名	拉丁名
809	雨久花科	凤眼蓝属	凤眼蓝	*Eichhornia crassipes*
810		梭鱼草属	梭鱼草	*Pontederia cordata*
811	灯心草科	灯心草属	片髓灯心草	*Juncus inflexus*
812			灯心草	*Juncus effusus*
813			野灯心草	*Juncus setchuensis*
814			小灯心草	*Juncus bufonius*
815			小花灯心草	*Juncus articulatus*
816	百合科	萱草属	黄花菜	*Hemerocallis citrina*
817			萱草	*Hemerocallis fulva*
818			北萱草	*Hemerocallis esculenta*
819		芦荟属	芦荟	*Aloe vera* var. *chinensis*
820		葱属	薤白	*Allium macrostemon*
821		黄精属	黄精	*Polygonatum sibiricum*
822		山麦冬属	山麦冬	*Liriope spicata*
823		沿阶草属	麦冬	*Ophiopogon japonicus*
824	薯蓣科	薯蓣属	薯蓣	*Dioscorea opposita*
825	鸢尾科	鸢尾属	黄菖蒲	*Iris pseudacorus*
826			西南鸢尾	*Iris bulleyana*
827			鸢尾	*Iris tectorum*

附录2　河南湿地调查区域动物名录

序号	目	科	种	
			中文名	拉丁名
一、脊椎动物				
(一)鱼　类				
1	鲟形目	鲟科	达氏鲟	*Acipenser dabryanus*
2			施氏鲟	*Acipenser schrenckii*
3	鳗鲡目	鳗鲡科	鳗鲡	*Anguilla japonica*
4	鲱形目	鳀科	刀鲚	*Coilia ectenes*
5			短颌鲚	*Coilia brachygnathus*
6	鲤形目	鲤科	青鱼	*Mylopharyngodon piceus*
7			鯮	*Luciobrama macrocephalus*
8			草鱼	*Ctenopharyngodon idellus*
9			拉氏鲅	*Phoxinus lagowskii*
10			瓦氏雅罗鱼	*Leuciscus waleckii*
11			鳡	*Elopichthys bambusa*
12			马口鱼	*Opsariichthys bidens*
13			中华细鲫	*Aphyocypris chinensis*
14			宽鳍鱲	*Zacco platypus*
15			鳤	*Ochetobius elongatus*
16			赤眼鳟	*Squaliobarbus curriculus*
17			汪氏近红鲌	*Ancherythroculter wangi*
18			似鲚	*Toxabramis swinhonis*
19			鳌	*Hemiculter leucisculus*
20			油鳌	*Hemiculter bleekeri*
21			鳊	*Parabramis pekinensis*
22			似鳊	*Pseudobrama simoni*
23			伍氏华鳊	*Sinibrama wui*
24			翘嘴鲌	*Culter alburnus*
25			达氏鲌	*Culter dabryi*
26			蒙古鲌	*Culter mongolicus*
27			拟尖头鲌	*Culter oxycephaloides*
28			尖头鲌	*Culter oxycephalus*
29			银飘鱼	*Pseudolaubuca sinensis*
30			寡鳞飘鱼	*Pseudolaubuca engraulis*
31			翘嘴红鲌	*Erythroculter ilishaeformis*
32			红鳍原鲌	*Cultrichthys erythropterus*
33			中华倒刺鲃	*Spinibarbus sinensis*

（续）

序号	目	科	种	
			中文名	拉丁名
34	鲤形目	鲤科	瓣结鱼	*Tor brevifilis*
35			三角鲂	*Megalobrama terminalis*
36			团头鲂	*Megalobrama amblycephala*
37			鲂	*Megalobrama skolkovii*
38			银鲴	*Xenocypris argentea*
39			黄尾鲴	*Xenocypris davidi*
40			方氏鲴	*Xenocypris fangi*
41			细鳞鲴	*Xenocypris microlepis*
42			圆吻鲴	*Distoechodon tumirostris*
43			中华鳑鲏	*Rhodeus sinensis*
44			高体鳑鲏	*Rhodeus ocellatus*
45			彩石鳑鲏	*Rhodeus lighti*
46			方氏鳑鲏	*Rhodeus fangi*
47			兴凯刺鳑鲏	*Acanthorhodeus chankaensis*
48			大鳍刺鳑鲏	*Acanthorhodeus macropterus*
49			带半刺光唇鱼	*Acrossocheilus hemispinus*
50			多鳞铲颌鱼	*Varicorhinus macrolepis*
51			鲤	*Cyprinus carpio*
52			鲫	*Carassius auratus*
53			花䱻	*Hemibarbus maculatus*
54			唇䱻	*Hemibarbus labeo*
55			长吻䱻	*Hemibarbus longirostris*
56			大刺䱻	*Hemibarbus macrocanthus*
57			麦穗鱼	*Pseudorasbora parva*
58			黑鳍鳈	*Sarcocheilichthys nigripinnis*
59			华鳈	*Sarcocheilichthys sinensis*
60			多纹颌须鮈	*Gnathopogon polytaenia*
61			点纹颌须鮈	*Gnathopogon wolterstorffi*
62			中间颌须鮈	*Gnathopogon intermedius*
63			银色颌须鮈	*Gnathopogon argentatus*
64			短须颌须鮈	*Gnathopogon imberbis*
65			隐须颌须鮈	*Gnathopogon nicholsi*
66			嘉陵颌须鮈	*Gnathopogon herzensteini*
67			济南颌须鮈	*Gnathopogon tsinanensis*
68			似铜鮈	*Gobio coriparoides*
69			铜鱼	*Coreius heterodon*
70			吻鮈	*Rhinogobio typus*
71			圆筒吻鮈	*Rhinogobio cylindricus*
72			似鮈	*Pseudogobio vaillanti*
73			乐山小鳔鮈	*Microphysogobio kiatingensis*
74			银鮈	*Squalidus argentatus*
75			点纹银鮈	*Squalidus wolterstorffi*

（续）

序号	目	科	种	
			中文名	拉丁名
76	鲤形目	鲤科	棒花鱼	*Abbottina rivularis*
77			乐山棒花鱼	*Abbottina kiatingensis*
78			蛇鮈	*Saurogobio dabryi*
79			长蛇鮈	*Saurogobio dumerili*
80			须鱊	*Acheilognathus barbatus*
81			兴凯鱊	*Acheilognathus chankaensis*
82			大鳍鱊	*Acheilognathus macropterus*
83			白河鱊	*Acheilognathus peihoensis*
84			越南鱊	*Acheilognathus tonkinensis*
85			彩副鱊	*Paracheilognathus imberbis*
86			平鳍鳅鮀	*Gobiobotia homalopteroidea*
87			潘氏鳅鮀	*Gobiobotia pappenheimi*
88			短吻鳅鮀	*Gobiobotia brevirostris*
89			宜昌鳅鮀	*Gobiobotia filifer*
90			长须鳅鮀	*Gobiobotia longibarba*
91			鳙	*Aristichthys nobilis*
92			鲢	*Hypophthalmichthys molitrix*
93		鳅科	花鳅	*Cobitis taenia*
94			沙花鳅	*Cobitis arenae*
95			北方花鳅	*Cobitis granoci*
96			中华花鳅	*Cobitis sinensis*
97			伍氏沙鳅	*Botia wui*
98			泥鳅	*Misgurnus anguillicaudatus*
99			北鳅	*Lefua costata*
100			东方薄鳅	*Leptobotia orientalis*
101			紫薄鳅	*Leptobotia taeniops*
102			武昌副沙鳅	*Parabotia banarescui*
103			花斑副沙鳅	*Parabotia fasciata*
104			点面副沙鳅	*Parabotia maculosa*
105			大鳞副泥鳅	*Paramisgurnus dabryanus*
106			勃氏高原鳅	*Triplophysa bleekeri*
107		平鳍鳅科	犁头鳅	*Lepturichthys fimbriata*
108	鲇形目	鲇科	鲇	*Silurus asotus*
109			大口鲇	*Silurus meridionalis*
110		鲿科	黄颡鱼	*Pelteobagrus fulvidraco*
111			光泽黄颡鱼	*Pelteobagrus nitidus*
112			瓦氏黄颡鱼	*Pelteobagrus vachelli*
113			粗唇鮠	*Leiocassis crassilabris*
114			钝吻鮠	*Leiocassis crassirostris*
115			长吻鮠	*Leiocassis longirostris*
116			叉尾鮠	*Leiocassis tenuifurcatus*
117			鳠	*Hemibagrus macropterus*
118			白边拟鲿	*Pseudobagrus albomarginatus*

（续）

序号	目	科	种	
			中文名	拉丁名
119	鲇形目	鮠科	凹尾拟鲿	*Pseudobagrus emarginatus*
120			盎堂拟鲿	*Pseudobagrus ondon*
121			圆尾拟鲿	*Pseudobagrus tenuis*
122			切尾拟鲿	*Pseudobagrus truncatus*
123			乌苏里拟鲿	*Pseudobagrus ussuriensis*
124		钝头鮠科	司氏䱀	*Liobagrus styani*
125		鮡科	中华纹胸鮡	*Glyptothorax sinense*
126		胡子鲇科	胡子鲇	*Clarias fuscus*
127	鲑形目	银鱼科	大银鱼	*Protosalanx chinensis*
128			短吻间银鱼	*Hemisalanx brachyrostralis*
129			太湖新银鱼	*Neosalanx taihuensis*
130	鳉形目	鳉科	青鳉	*Oryzias latipes*
131	合鳃鱼目	合鳃鱼科	黄鳝	*Monopterus albus*
132	鲈形目	鮨科	鳜	*Siniperca chuatsi*
133			大眼鳜	*Siniperca kneri*
134			斑鳜	*Siniperca scherzeri*
135			花鲈	*Lateolabrax japonicus*
136		塘鳢科	黄黝鱼	*Hypseleotris swinhonis*
137			侧扁黄黝鱼	*Hypseleotris compressocephalus*
138		鰕虎鱼科	褐栉鰕虎鱼	*Ctenogobius brunneus*
139			子陵栉鰕虎鱼	*Ctenogobius giurinus*
140			神农栉鰕虎鱼	*Ctenogobius shennongensis*
141			波氏吻鰕虎鱼	*Rhinogobius cliffordpopei*
142			子陵吻鰕虎鱼	*Rhinogobius giurinus*
143			神农吻鰕虎鱼	*Rhinogobius shennongensis*
144		斗鱼科	圆尾斗鱼	*Macropodus chinensis*
145		鳢科	乌鳢	*Channa argus*
146		刺鳅科	刺鳅	*Mastacembelus aculeatus*
147			中华刺鳅	*Sinobdella sinensis*
（二）两栖类				
1	有尾目	小鲵科	商城肥鲵	*Pachyhynobius shangchengensis*
2			施氏巴鲵	*Liua shihi*
3			豫南小鲵	*Hynobius yunanicus*
4			秦巴拟小鲵	*Pseudohynobius tsinpaensis*
5		隐鳃鲵科	大鲵	*Andrias davidianus*
6		蝾螈科	东方蝾螈	*Cynops orientalis*
7			文县疣螈	*Tylototriton wenxianensis*
8	无尾目	角蟾科	宁陕齿突蟾	*Scutiger ningshanensis*
9		蟾蜍科	花背蟾蜍	*Bufo raddei*
10			中华蟾蜍	*Bufo gargarizans*
11		雨蛙科	无斑雨蛙	*Hyla immaculata*

（续）

序号	目	科	种	
			中文名	拉丁名
12	无尾目	雨蛙科	中国雨蛙	*Hyla chinensis*
13		蛙科	中国林蛙	*Rana chensinensis*
14			镇海林蛙	*Rana zhenhaiensis*
15			泽陆蛙	*Fejervarya multistriata*
16			太行隆肛蛙	*Feirana taihangnica*
17			叶氏肛刺蛙	*Yerana yei*
18			虎纹蛙	*Hoplobatrachus rugulosus*
19			阔褶水蛙	*Hylarana latouchii*
20			花臭蛙	*Odorrana schmackeri*
21			湖北侧褶蛙	*Pelophylax hubeiensis*
22			黑斑侧褶蛙	*Pelophylax nigromaculatus*
23			金线侧褶蛙	*Pelophylax plancyi*
24		树蛙科	大树蛙	*Rhacophorus dennysi*
25			斑腿泛树蛙	*Polypedates megacephalus*
26		姬蛙科	北方狭口蛙	*Kaloula borealis*
27			合征姬蛙	*Microhyla mixtura*
28			饰纹姬蛙	*Microhyla ornata*
29			小弧斑姬蛙	*Microhyla heymonsi*
（三）爬行类				
1	龟鳖目	龟科	乌龟	*Chinemys reevesii*
2			黄缘闭壳龟	*Cuora flavomarginata*
3		鳖科	鳖	*Pelodiscus sinensis*
4	有鳞目	鬣蜥科	丽纹龙蜥	*Japalura splendida*
5			米仓山龙蜥	*Japalura micangshanensis*
6		壁虎科	无蹼壁虎	*Gekko swinhonis*
7		石龙子科	蓝尾石龙子	*Eumeces elegans*
8		蜥蜴科	丽斑麻蜥	*Eremias argus*
9			山地麻蜥	*Eremias brenchleyi*
10			北草蜥	*Takydromus septentrionalis*
11		游蛇科	锈链腹链蛇	*Amphiesma craspedogaster*
12			草腹链蛇	*Amphiesma stolata*
13			黄脊游蛇	*Coluber spinalis*
14			翠青蛇	*Cyclophiops major*
15			黄链蛇	*Dinodon flavozonatum*
16			赤链蛇	*Dinodon rufozonatum*
17			赤峰锦蛇	*Elaphe anomala*
18			双斑锦蛇	*Elaphe bimaculata*
19			王锦蛇	*Elaphe carinata*
20			白条锦蛇	*Elaphe dione*
21			灰腹绿锦蛇	*Elaphe frenata*
22			玉斑锦蛇	*Elaphe mandarina*

（续）

序号	目	科	种	
			中文名	拉丁名
23	有鳞目	游蛇科	紫灰锦蛇	*Elaphe porphyracea*
24			红点锦蛇	*Elaphe rufodorsata*
25			黑眉锦蛇	*Elaphe taeniura*
26			平鳞钝头蛇	*Pareas boulengeri*
27			虎斑颈槽蛇	*Rhabdophis tigrinus*
28			黑头剑蛇	*Sibynophis chinensis*
29			赤链华游蛇	*Sinonatrix annularis*
30			华游蛇	*Sinonatrix percarinata*
31			乌梢蛇	*Zaocys dhumnades*
32		蝰科	菜花原矛头蝮	*Protobothrops jerdonii*
33			短尾蝮	*Gloydius brevicaudus*
34		眼镜蛇科	丽纹蛇	*Calliophis macclellandi*
（四）鸟　类				
1	潜鸟目	潜鸟科	黑喉潜鸟	*Gavia arctica*
2	䴙䴘目	䴙䴘科	小䴙䴘	*Tachybaptus ruficollis*
3			角䴙䴘	*Podiceps auritus*
4			黑颈䴙䴘	*Podiceps nigricollis*
5			凤头䴙䴘	*Podiceps cristatus*
6			赤颈䴙䴘	*Podiceps grisegena*
7	鹈形目	鹈鹕科	白鹈鹕	*Pelecanus onocrotalus*
8			卷羽鹈鹕	*Pelecanus crispus*
9			斑嘴鹈鹕	*Pelecanus philippensis*
10		鸬鹚科	［普通］鸬鹚	*Phalacrocorax carbo*
11	鹳形目	鹭科	苍鹭	*Ardea cinerea*
12			草鹭	*Ardea purpurea*
13			池鹭	*Ardeola bacchus*
14			绿鹭	*Butorides striatus*
15			夜鹭	*Nycticorax nycticorax*
16			牛背鹭	*Bubulcus ibis*
17			白鹭	*Egretta garzetta*
18			中白鹭	*Egretta intermedia*
19			大白鹭	*Egretta alba*
20			黄嘴白鹭	*Egretta eulophotes*
21			栗苇鳽	*Ixobrychus cinnamomeus*
22			紫背苇鳽	*Ixobrychus eurhythmus*
23			小苇鳽	*Ixobrychus minutus*
24			黄苇鳽	*Ixobrychus sinensis*
25			大麻鳽	*Botaurus stellaris*
26			黑鳽	*Dupetor flavicollis*
27			黑冠虎斑鳽	*Gorsachius melanolophus*
28		鹳科	白鹳	*Ciconia ciconia*

（续）

序号	目	科	种	
			中文名	拉丁名
29	鹳形目	鹳科	东方白鹳	*Ciconia boyciana*
30			黑鹳	*Ciconia nigra*
31			秃鹳	*Leptoptilos javanicus*
32		鹮科	白琵鹭	*Platalea leucorodia*
33	雁形目	鸭科	鸿雁	*Anser cygnoides*
34			豆雁	*Anser fabalis*
35			灰雁	*Anser anser*
36			白额雁	*Anser albifrons*
37			小白额雁	*Anser erythropus*
38			斑头雁	*Anser indicus*
39			红胸黑雁	*Branta ruficollis*
40			大天鹅	*Cygnus cygnus*
41			小天鹅	*Cygnus columbianus*
42			疣鼻天鹅	*Cygnus olor*
43			绿翅鸭	*Anas crecca*
44			绿头鸭	*Anas platyrhynchos*
45			斑嘴鸭	*Anas poecilorhyncha*
46			针尾鸭	*Anas acuta*
47			琵嘴鸭	*Anas clypeata*
48			罗纹鸭	*Anas falcata*
49			花脸鸭	*Anas formosa*
50			赤颈鸭	*Anas penelope*
51			白眉鸭	*Anas querquedula*
52			赤膀鸭	*Anas strepera*
53			赤麻鸭	*Tadorna ferruginea*
54			翘鼻麻鸭	*Tadorna tadorna*
55			青头潜鸭	*Aythya baeri*
56			红头潜鸭	*Aythya ferina*
57			凤头潜鸭	*Aythya fuligula*
58			斑背潜鸭	*Aythya marila*
59			白眼潜鸭	*Aythya nyroca*
60			赤嘴潜鸭	*Netta rufina*
61			鸳鸯	*Aix galericulata*
62			棉凫	*Nettapus coromandelianus*
63			鹊鸭	*Bucephala clangula*
64			长尾鸭	*Clangula hyemalis*
65			斑脸海番鸭	*Melanitta fusca*
66			斑头秋沙鸭	*Mergellus albellus*
67			普通秋沙鸭	*Mergus merganser*
68			中华秋沙鸭	*Mergus squamatus*
69	隼形目	鹰科	苍鹰	*Accipiter gentilis*

（续）

序号	目	科	种	
			中文名	拉丁名
70	隼形目	鹰科	金雕	*Aquila chrysaetos*
71			普通鵟	*Buteo buteo*
72			白头鹞	*Circus aeruginosus*
73			白尾鹞	*Circus cyaneus*
74			黑耳鸢	*Milvus lineatus*
75			鹗	*Pandion haliatus*
76		隼科	阿穆尔隼	*Falco amurebsis*
77			黄爪隼	*Falco naumanni*
78			游隼	*Falco peregrinus*
79			红隼	*Falco tinnunculus*
80	鸡形目	雉科	环颈雉	*Phasianus colchicus*
81			白冠长尾雉	*Syrmaticus reevesii*
82	鹤形目	三趾鹑科	黄脚三趾鹑	*Turnix tanki*
83		鹤科	灰鹤	*Grus grus*
84			丹顶鹤	*Grus japonensis*
85			白鹤	*Grus leucogeranus*
86			白头鹤	*Grus monacha*
87			白枕鹤	*Grus vipio*
88			蓑羽鹤	*Anthropoides virgo*
89		秧鸡科	普通秧鸡	*Rallus aquaticus*
90			白喉斑秧鸡	*Rallina eurizonoides*
91			小田鸡	*Porzana pusilla*
92			红胸田鸡	*Porzana fusca*
93			董鸡	*Gallicrex cinerea*
94			黑水鸡	*Gallinula chloropus*
95			白骨顶	*Fulica atra*
96			白胸苦恶鸟	*Amaurornis phoenicurus*
97			红脚苦恶鸟	*Amaurornis akool*
98		鸨科	大鸨	*Otis tarda*
99	鸻形目	雉鸻科	水雉	*Hydrophasianus chirurgus*
100		彩鹬科	彩鹬	*Rostratula benghalensis*
101		鸻科	凤头麦鸡	*Vanellus vanellus*
102			灰头麦鸡	*Vanellus cinereus*
103			灰斑鸻	*Pluvialis squatarola*
104			金[斑]鸻	*Pluvialis fulva*
105			环颈鸻	*Charadrius alexandrinus*
106			金眶鸻	*Charadrius dubius*
107			剑鸻	*Charadrius hiaticula*
108			铁嘴沙鸻	*Charadrius leschenaultii*
109			长嘴剑鸻	*Charadrius placidus*
110			东方鸻	*Charadrius veredus*

（续）

序号	目	科	种	
			中文名	拉丁名
111	鸻形目	鹬科	白腰杓鹬	*Numenius arquata*
112			斑尾塍鹬	*Limosa lapponica*
113			黑尾塍鹬	*Limosa limosa*
114			红脚鹤鹬	*Tringa erythropus*
115			林鹬	*Tringa glareola*
116			小青脚鹬	*Tringa guttifer*
117			矶鹬	*Tringa hypoleucos*
118			灰鹬	*Tringa incana*
119			青脚鹬	*Tringa nebularia*
120			白腰草鹬	*Tringa ochropus*
121			泽鹬	*Tringa stagnatilis*
122			红脚鹬	*Tringa totanus*
123			扇尾沙锥	*Gallinago gallinago*
124			大沙锥	*Gallinago megala*
125			孤沙锥	*Gallinago solitaria*
126			针尾沙锥	*Gallinago stenura*
127			黑腹滨鹬	*Calidris alpina*
128			弯嘴滨鹬	*Calidris ferruginea*
129			斑胸滨鹬	*Calidris melanotos*
130			长趾滨鹬	*Calidris subminuta*
131			乌脚滨鹬	*Calidris temminckii*
132			三趾滨鹬	*Crocethia alba*
133			丘鹬	*Scolopax rusticola*
134			半蹼鹬	*Limnodromus semipalmatus*
135			流苏鹬	*Philomachus pugnax*
136		反嘴鹬科	反嘴鹬	*Recurvirostra avosetta*
137			黑翅长脚鹬	*Himantopus himantopus*
138			鹮嘴鹬	*Ibidorhyncha struthersii*
139		燕鸻科	普通燕鸻	*Glareola maldivarum*
140	鸥形目	鸥科	海鸥	*Larus canus*
141			银鸥	*Larus argentatus*
142			渔鸥	*Larus ichthyaetus*
143			红嘴鸥	*Larus ridibundus*
144			棕头鸥	*Larus brunnicephalus*
145			灰背鸥	*Larus schistisagus*
146			黄脚银鸥	*Larus cachinnans*
147			织女银鸥	*Larus vegae*
148			须浮鸥	*Chlidonias hybrida*
149			白翅浮鸥	*Chlidonias leucoptera*
150			鸥嘴噪鸥	*Gelochelidon nilotica*
151			普通燕鸥	*Sterna hirundo*

（续）

序号	目	科	种	
			中文名	拉丁名
152	鸥形目	鸥科	白额燕鸥	*Sterna albifrons*
153			粉红燕鸥	*Sterna dougallii*
154	鸽形目	鸠鸽科	原鸽	*Columba livia*
155			岩鸽	*Columba rupestris*
156			珠颈斑鸠	*Streptopelia chinensis*
157			灰斑鸠	*Streptopelia decaocto*
158			山斑鸠	*Streptopelia orientalis*
159			火斑鸠	*Oenopopelia tranquebarica*
160	鹃形目	杜鹃科	大杜鹃	*Cuculus canorus*
161			四声杜鹃	*Cuculus micropterus*
162			噪鹃	*Eudynamys scolopacea*
163	鸮形目	鸱鸮科	雕鸮	*Bubo bubo*
164			领鸺鹠	*Glaucidium brodiei*
165			纵纹腹小鸮	*Athene noctua*
166			长耳鸮	*Asio otus*
167	雨燕目	雨燕科	白腰雨燕	*Apus pacificus*
168	佛法僧目	翠鸟科	冠鱼狗	*Ceryle lugubrus*
169			斑鱼狗	*Ceryle rudis*
170			普通翠鸟	*Alcedo atthis*
171			蓝翡翠	*Halcyon pileata*
172			白胸翡翠	*Halcyon smyrnensis*
173		戴胜科	戴胜	*Upupa epops*
174	鴷形目	啄木鸟科	灰头啄木鸟	*Picus canus*
175			大斑啄木鸟	*Dendrocopos major*
176			星头啄木鸟	*Picoides canicapillus*
177			斑姬啄木鸟	*Picumnus innominatus*
178	雀形目	八色鸫科	蓝翅八色鸫	*Pitta brachyura*
179		百灵科	短趾沙百灵	*Calandrella cinerea*
180			云雀	*Alauda arvensis*
181			小云雀	*Alauda gulgula*
182		燕科	崖沙燕	*Riparia riparia*
183			家燕	*Hirundo rustica*
184			金腰燕	*Hirundo daurica*
185		鹡鸰科	山鹡鸰	*Dendronanthus indicus*
186			白鹡鸰	*Motacilla alba*
187			灰鹡鸰	*Motacilla cinerea*
188			黄头鹡鸰	*Motacilla citreola*
189			黄鹡鸰	*Motacilla flava*
190			树鹨	*Anthus hodgsoni*
191			田鹨	*Anthus novaeseelandiar*
192			黄腹鹨	*Anthus rubescens*

（续）

序号	目	科	种	
			中文名	拉丁名
193	雀形目	鹡鸰科	水鹨	*Anthus spinoletta*
194		鹎科	白头鹎	*Pycnonotus sinensis*
195			黄臀鹎	*Pycnonotus xanthorrhous*
196			栗背短脚鹎	*Hypsipetes castanonotus*
197			黑短脚鹎	*Hypsipetes madagascariensis*
198			领雀嘴鹎	*Spizixos semitorques*
199		伯劳科	红尾伯劳	*Lanius cristatus*
200			虎纹伯劳	*Lanius tigrinus*
201			楔尾伯劳	*Lanius sphenocercus*
202			棕背伯劳	*Lanius schach*
203		黄鹂科	黑枕黄鹂	*Oriolus chinensis*
204		卷尾科	黑卷尾	*Dicrurus macrocercus*
205			灰卷尾	*Dicrurus leucophaeus*
206			发冠卷尾	*Dicrurus hottentottus*
207		椋鸟科	北椋鸟	*Sturnus sturninus*
208			灰椋鸟	*Sturnus cineraceus*
209			丝光椋鸟	*Sturnus sericeus*
210			八哥	*Acridotheres cristatellus*
211		鸦科	松鸦	*Garrulus glandarius*
212			红嘴蓝鹊	*Urocissa erythrorhyncha*
213			喜鹊	*Pica pica*
214			灰喜鹊	*Cyanopica cyana*
215			红嘴山鸦	*Pyrrhocorax pyrrhocorax*
216			小嘴乌鸦	*Corvus corone*
217			大嘴乌鸦	*Corvus macrorhynchos*
218			白颈鸦	*Corvus torquatus*
219		河乌科	褐河乌	*Cinclus pallasii*
220		鹪鹩科	鹪鹩	*Troglodytes troglodytes*
221		鹟科	红胁蓝尾鸲	*Tarsiger cyanurus*
222			北红尾鸲	*Phoenicurus auroreus*
223			红尾水鸲	*Rhyacornis fuliginosus*
224			小燕尾	*Enicurus scouleri*
225			白冠燕尾	*Enicurus leschenaulti*
226			黑背燕尾	*Enicurus immaculatus*
227			黑喉石䳭	*Saxicola torquata*
228			白顶溪鸲	*Chaimarrornis leucocephalus*
229			乌鸫	*Turdus merula*
230			斑鸫	*Turdus naumanni*
231			斑胸钩嘴鹛	*Pomatorhinus erythrocnemis*
232			棕颈钩嘴鹛	*Pomatorhinus ruficollis*
233			画眉	*Garrulax canorus*

（续）

序号	目	科	种	
			中文名	拉丁名
234	雀形目	鹟科	山噪鹛	*Garrulax davidi*
235			橙翅噪鹛	*Garrulax elliotii*
236			黑脸噪鹛	*Garrulax perspicillatus*
237			棕头鸦雀	*Paradoxornis webbianus*
238			震旦鸦雀	*Paradoxornis heudei*
239			强脚树莺	*Cettia fortipes*
240			大苇莺	*Acrocephalus arundinaceus*
241			东方大苇莺	*Acrocephalus orientalis*
242			厚嘴苇莺	*Acrocephalus aedon*
243			稻田苇莺	*Acrocephalus agricola*
244			钝翅稻田苇莺	*Acrocephalus concinens*
245			黑眉苇莺	*Acrocephalus bistrigiceps*
246			棕扇尾莺	*Cisticola juncidis*
247			黄眉柳莺	*Phylloscopus inornatus*
248			北灰鹟	*Muscicapa latirostris*
249			寿带[鸟]	*Terpsiphone paradisi*
250		山雀科	大山雀	*Parus major*
251			煤山雀	*Parus ater*
252			绿背山雀	*Parus monticolus*
253			沼泽山雀	*Parus palustris*
254			黄腹山雀	*Parus venustulus*
255			银喉长尾山雀	*Aegithalos caudatus*
256			红头长尾山雀	*Aegithalos concinnus*
257		绣眼鸟科	暗绿绣眼鸟	*Zosterops japonica*
258		文鸟科	[树]麻雀	*Passer montanus*
259			家麻雀	*Passer domesticus*
260			山麻雀	*Passer rutilans*
261		雀科	燕雀	*Fringilla montifringilla*
262			金翅[雀]	*Carduelis sinica*
263			黑尾蜡嘴雀	*Eophona migratoria*
264		鹀科	三道眉草鹀	*Emberiza cioides*
265			黄喉鹀	*Emberiza elegans*
266			戈氏岩鹀	*Emberiza godlewskii*
267			小鹀	*Emberiza pusilla*
268			田鹀	*Emberiza rustica*
269			灰头鹀	*Emberiza spodocephala*
（五）兽　类				
1	食虫目	猬科	刺猬	*Erinaceus europaeus*
2			达乌尔猬	*Hemiechinus dauricus*
3	兔形目	兔科	草兔	*Lepus capensis*
4	啮齿目	仓鼠科	大仓鼠	*Cricetulus triton*

（续）

序号	目	科	种	
			中文名	拉丁名
5	啮齿目	仓鼠科	黑线仓鼠	*Cricetulus barabensis*
6			棕色田鼠	*Lasiopodomys mandarinus*
7			麝鼠	*Ondatra zibethica*
8		鼠科	褐家鼠	*Rattus norvegicus*
9			北社鼠	*Niviventer confucianus*
10			小家鼠	*Mus musculus*
11	食肉目	鼬科	猪獾	*Arctonyx collaris*
12			狗獾	*Meles meles*
13			黄鼬	*Mustela sibirica*
14			青鼬	*Martes flavigula*
15			水獭	*Lutra lutra*
16		灵猫科	花面狸	*Paguma larvata*
17	偶蹄目	鹿科	河麂	*Hydropotes inermis*
18			小麂	*Muntiacus reevesi*
19		猪科	野猪	*Sus scrofa*

附录3　河南重点调查湿地概况

1. 宿鸭湖重点调查湿地

宿鸭湖重点调查湿地范围面积16700公顷，湿地面积为12894.81公顷，主要湿地类型为人工湿地(和沼泽湿地)。地理坐标东经114°12′~114°35′，北纬32°53′~33°06′；位于汝南县境内。

湿地高等植物1门10科18属19种。记录到外来植物物种1科1属1种。

湿地植被划分为2个植被型组。

脊椎动物5纲23目46科157种。其中，鱼类5目12科55种，两栖类1目4科9种，爬行类2目4科16种，鸟类12目22科73种，哺乳类3目4科4种。

国家重点保护野生动物14种，全部为湿地鸟类。其中，国家Ⅰ级保护野生动物4种，国家Ⅱ级保护野生动物10种。

于2001年建立省级自然保护区，受汝南县林业局部门管理，成立了汝南县宿鸭湖湿地省级自然保护区管理局。

主要受到污染、围垦、泥沙淤积、非法狩猎、外来物种入侵的威胁。

2. 三门峡库区重点调查湿地

三门峡库区重点调查湿地范围面积15000公顷，湿地面积为11980.83公顷，主要湿地类型为人工湿地(和河流湿地)。地理坐标东经110°21′~111°20′，北纬33°31′~35°05′；位于三门峡市境内，涉及湖滨区、灵宝市、陕县。

湿地高等植物2门35科75属87种。国家重点保护野生植物1种，其中国家Ⅱ级保护野生植物1种。记录到外来植物物种1科1属1种。

湿地植被划分为4个植被型组，9个植被型，80个群系。

脊椎动物4纲18目37科135种。其中，两栖类1目2科2种，爬行类1目1科2种，鸟类13目31科128种，哺乳类3目3科3种。

国家重点保护野生动物17种，全部为湿地鸟类。其中，国家Ⅰ级保护野生动物5种，国家Ⅱ级保护野生动物12种。

于1995年建立省级自然保护区，2003年晋升为国家级自然保护区(属河南黄河湿地国家级自然保护区)，受三门峡市林业和园林局管理，成立了河南黄河湿地国家级自然保护区三门峡管理处。

主要受到围垦、污染、泥沙淤积、基建和城市化、非法狩猎、外来物种入侵威胁。

3. 丹江口库区重点调查湿地

丹江口库区重点调查湿地范围面积64027公顷，湿地面积为51426.31公顷，主要湿地类型为人工湿地(和河流湿地)。地理坐标东经111°12′~111°39′，北纬32°45′~33°05′；位于淅川县内。

湿地高等植物3门38科81属89种。国家重点保护野生植物1种，其中国家Ⅱ级保护野生植物1种。记录到外来植物物种1科1属1种。

湿地植被划分为4个植被型组，8个植被型，60个群系。

脊椎动物5纲25目56科198种。其中，鱼类8目18科87种，两栖类2目5科12种，爬行类2目5科16种，鸟类11目26科81种，哺乳类2目2科2种。

国家重点保护野生动物6种。其中，国家Ⅰ级保护野生动物3种，国家Ⅱ级保护野生动物3种。在国家重点保护野生动物中，湿地鸟类4种，其中国家Ⅰ级保护鸟类2种，国家Ⅱ级保护鸟类2种。

记录到外来动物物种1门1纲1目1科1种。其中，无脊椎动物1纲1目1科1种。

于2001年建立省级自然保护区，2007年晋升为国家级自然保护区，受河南省林业厅管理，成立了河南丹江湿地国家级自然保护区管理处。

主要受到围垦、过度捕捞、非法狩猎、外来物种入侵的威胁。

4. 河南黄河湿地国家级自然保护区重点调查湿地

河南黄河湿地国家级自然保护区重点调查湿地范围面积53000公顷(不包括三门峡库区)，湿地面积为23800.63公顷，主要湿地类型为人工湿地(和河流湿地)。地理坐标东经110°22′~112°48′,北纬34°36′~34°48′；位于河南省西北部，涉及湖滨区、陕县、渑池县、新安县、孟津县、济源市、吉利区、孟州市。

湿地高等植物2门39科94属124种。国家重点保护野生植物1种，其中国家Ⅱ级保护野生植物1种。记录到外来植物物种1科1属1种。

湿地植被划分为5个植被型组，10个植被型，91个群系。

脊椎动物5纲29目66科259种。其中，鱼类7目14科66种，两栖类2目5科9种，爬行类2目5科14种，鸟类15目39科167种，哺乳类3目3科3种。

国家重点保护野生动物22种。其中，国家Ⅰ级保护野生动物3种，国家Ⅱ级保护野生动物19种。在国家重点保护野生动物中，湿地鸟类21种，其中国家Ⅰ级保护鸟类3种，国家Ⅱ级保护鸟类18种。

记录到外来动物物种1门1纲1目1科1种。其中，无脊椎动物1纲1目1科1种。

于1995年建立省级自然保护区，2003年晋升为国家级自然保护区，受河南省林业厅管理，成立了河南黄河湿地国家级自然保护区管理局。

主要受到湿地开垦、泥沙淤积、工业污染、农业面源污染、城市生活垃圾污染、外来物种入侵的威胁。

5. 河南新乡黄河湿地鸟类国家级自然保护区重点调查湿地

河南新乡黄河湿地鸟类国家级自然保护区重点调查湿地范围面积22780公顷，湿地面积为10683.57公顷，主要湿地类型为河流湿地和沼泽湿地(湖泊为淡水湖)。地理坐标东经114°13′~114°52′，北纬34°53′~35°06′；位于新乡市境内，涉及封丘县和长垣县。

湿地高等植物1门9科13属16种。国家重点保护野生植物1种，其中国家Ⅱ级保护野生植物1种。

湿地植被划分为2个植被型组，4个植被型，12个群系。

脊椎动物5纲23目41科92种。其中，鱼类6目10科32种，两栖类1目3科5种，爬行类2目3科7种，鸟类13目24科47种，哺乳类1目1科1种。

国家重点保护野生动物5种，全部为湿地鸟类。其中，国家Ⅰ级保护野生动物1种，国家Ⅱ级保护野生动物4种。

于1988年建立省级自然保护区，1996年晋升为国家级自然保护区，受新乡市环境保护局管理，成立了河南新乡黄河湿地鸟类国家级自然保护区管理处。

主要受到水利工程和引排水、围垦、泥沙淤积、污染、非法狩猎的威胁。

6. 河南郑州黄河湿地省级自然保护区重点调查湿地

河南郑州黄河湿地省级自然保护区重点调查湿地范围面积36574公顷，湿地面积为35137.15公顷，主要湿地类型为河流湿地和人工湿地(湖泊为淡水湖)。地理坐标东经112°48′~114°14′，北纬34°48′~35°00′；位于郑州市境内，涉及巩义市、惠济区、金水区、荥阳市、中牟县。

湿地高等植物2门27科45属45种。国家重点保护野生植物1种，其中国家Ⅱ级保护野生植物1种。记录到外来植物物种1科1属1种。

湿地植被划分为3个植被型组，7个植被型，24个群系。

脊椎动物4纲18目37科105种。其中，两栖类1目2科3种，爬行类1目1科1种，鸟类14目32科99种，哺乳类2目2科2种。

国家重点保护野生动物12种，全部为湿地鸟类。其中，国家Ⅰ级保护野生动物2种，国家Ⅱ级保护野生动物10种。

于2004年建立省级自然保护区，受郑州市林业局管理，成立了郑州黄河湿地自然保护区管理中心管理机构。

主要受到水利工程和引排水、围垦、污染、非法狩猎、泥沙淤积、基建和城市化、过度捕捞、外来物种入侵的威胁。

7. 河南开封柳园口省级湿地自然保护区重点调查湿地

河南开封柳园口省级湿地自然保护区重点调查湿地范围面积16148公顷，湿地面积为15950.27公顷，主要湿地类型为河流湿地和湖泊湿地(湖泊为淡水湖)。地理坐标东经114°12′~114°52′，北纬34°33′~35°01′；位于开封市境内，涉及金明区、龙亭区、开封县、兰考县。

湿地高等植物2门28科42属73种。国家重点保护野生植物1种，其中国家Ⅱ级保护野生植物1种。

湿地植被划分为5个植被型组，8个植被型，47个群系。

脊椎动物3纲14目27科54种。其中，鱼类2目3科8种，两栖类1目1科1种，鸟类11目23科45种。

国家重点保护野生动物6种，全部为湿地鸟类。其中，国家Ⅰ级保护野生动物3种，国家Ⅱ

级保护野生动物3种。

于1994年建立省级自然保护区，受开封市农林局管理，成立了开封市柳园口省级湿地自然保护区管理站。

主要受到水利工程和引排水、围垦、污染、非法狩猎、泥沙淤积、基建和城市化的威胁。

8. 河南濮阳黄河湿地省级自然保护区重点调查湿地

河南濮阳黄河湿地省级自然保护区重点调查湿地范围面积3300公顷，湿地面积为1020.17公顷，主要湿地类型为河流湿地。地理坐标东经115°21′~115°40′，北纬35°18′~35°25′；位于濮阳县境内。

湿地高等植物1门9科17属17种。国家重点保护野生植物1种，其中国家Ⅱ级保护野生植物1种。

湿地植被划分为2个植被型组，4个植被型，11个群系。

脊椎动物5纲19目40科145种。其中，鱼类2目3科7种，两栖类1目3科7种，爬行类2目3科12种，鸟类12目29科116种，哺乳类2目2科3种。

国家重点保护野生动物26种，全部为湿地鸟类。其中，国家Ⅰ级保护野生动物5种，国家Ⅱ级保护野生动物21种。

于2007年建立省级自然保护区，受濮阳县林业局管理，成立了濮阳县黄河湿地省级自然保护区管理中心。

主要受到生产经营活动、非法狩猎的威胁。

9. 河南白龟山库区湿地省级自然保护区重点调查湿地

河南白龟山库区湿地省级自然保护区重点调查湿地范围面积6600公顷，湿地面积为6347.17公顷，主要湿地类型为人工湿地和河流湿地。地理坐标东经113°02′~113°14′，北纬33°42′~33°45′；位于平顶山市境内，涉及新华区、湛河区、鲁山县。

湿地高等植物2门20科29属29种。国家重点保护野生植物1种，其中国家Ⅱ级保护野生植物1种。记录到外来植物物种1科1属1种。

湿地植被划分为4个植被型组，6个植被型，19个群系。

脊椎动物5纲18目33科111种。其中，鱼类5目11科27种，两栖类1目4科9种，爬行类2目3科14种，鸟类9目14科60种，哺乳类1目1科1种。

国家重点保护野生动物10种。其中，国家Ⅰ级保护野生动物3种，国家Ⅱ级保护野生动物7种。在国家重点保护野生动物中，湿地鸟类9种，其中国家Ⅰ级保护鸟类3种，国家Ⅱ级保护鸟类6种。

于2007年建立省级自然保护区，受平顶山市林业局管理，成立了平顶山市白龟山湿地自然保护区管理中心。

主要受到基建和城市化建设、外来物种入侵的威胁。

10. 河南内乡湍河湿地省级自然保护区重点调查湿地

河南内乡湍河湿地省级自然保护区重点调查湿地范围面积4547公顷，湿地面积为1715.45公顷，主要湿地类型为河流湿地。地理坐标东经111°47′~111°53′，北纬32°12′~33°58′；位于内乡县境内。

湿地高等植物2门17科33属33种。国家重点保护野生植物1种，其中国家Ⅱ级保护野生植物1种。记录到外来植物物种1科1属1种。

湿地植被划分为5个植被型组，7个植被型，24个群系。

脊椎动物5纲22目44科135种。其中，鱼类5目11科49种，两栖类2目4科9种，爬行类2目3科13种，鸟类11目24科62种，哺乳类2目2科2种。

国家重点保护野生动物8种。其中，国家Ⅰ级保护野生动物3种，国家Ⅱ级保护野生动物5种。在国家重点保护野生动物中，湿地鸟类7种，其中国家Ⅰ级保护鸟类3种，国家Ⅱ级保护鸟类4种。

于2001年建立省级自然保护区，受内乡县林业局管理，成立了河南内乡湍河湿地省级自然保护区管理局。

主要受到城市生活污水、垃圾和农施化肥、外来物种入侵的威胁。

11. 河南淮滨淮南湿地省级自然保护区重点调查湿地

河南淮滨淮南湿地省级自然保护区重点调查湿地范围面积3400公顷，湿地面积为2047.07公顷，主要湿地类型为人工湿地和河流湿地。地理坐标东经115°10′~115°35′，北纬32°15′~32°38′；位于淮滨县境内。

湿地高等植物2门10科12属12种。国家重点保护野生植物1种，其中国家Ⅰ级保护野生植物1种。记录到外来植物物种1科1属1种。

湿地植被划分为4个植被型组，5个植被型，7个群系。

脊椎动物5纲17目29科57种。其中，鱼类3目4科8种，两栖类1目2科3种，爬行类2目2科2种，鸟类9目18科41种，哺乳类2目3科3种。

国家重点保护野生动物16种，全部为湿地鸟类。其中，国家Ⅰ级保护野生动物5种，国家Ⅱ级保护野生动物11种。

记录到外来动物物种1门1纲1目1科1种。其中，无脊椎动物1纲1目1科1种。

于2001年建立省级自然保护区，受淮滨县林业局管理，成立了淮滨淮南湿地自然保护区管理处。

主要受到围垦、污染、外来物种入侵的威胁。

12. 河南固始淮河湿地省级自然保护区重点调查湿地

河南固始淮河湿地省级自然保护区重点调查湿地范围面积4387.78公顷，湿地面积为507.09公顷，主要湿地类型为河流湿地和人工湿地。地理坐标东经115°44′~115°55′，北纬32°27′~32°34′；位于固始县境内。

湿地高等植物1门12科22属23种。记录到外来植物物种1科1属1种。

湿地植被划分为2个植被型组，4个植被型，13个群系。

脊椎动物5纲15目29科48种。其中，鱼类4目5科8种，两栖类1目2科2种，爬行类1目1科1种，鸟类8目20科36种，哺乳类1目1科1种。

于2001年建立省级自然保护区，受固始县林业局管理，成立了固始淮河湿地自然保护区管理中心。

主要受到围垦、污染、外来生物入侵的威胁。

13. 河南商城鲇鱼山省级自然保护区重点调查湿地

河南商城鲇鱼山省级自然保护区重点调查湿地范围面积5805公顷，湿地面积为3551.36公顷，主要湿地类型为人工湿地。地理坐标东经115°15′~115°24′，北纬30°37′~31°53′；位于商城县境内。

湿地高等植物1门24科48属62种。国家重点保护野生植物1种，其中国家Ⅱ级保护野生植物1种。

湿地植被划分为3个植被型组，7个植被型，41个群系。

脊椎动物5纲25目53科252种。其中，鱼类7目15科86种，两栖类2目8科25种，爬行类2目5科26种，鸟类10目19科108种，哺乳类4目6科7种。

国家重点保护野生动物13种。其中，国家Ⅰ级保护野生动物2种，国家Ⅱ级保护野生动物11种。在国家重点保护野生动物中，湿地鸟类10种，其中国家Ⅰ级保护鸟类2种，国家Ⅱ级保护鸟类8种。

于2001年建立省级自然保护区，受商城县林业局管理，成立了河南商城鲇鱼山省级自然保护区管理处。

没有受到威胁。

14. 卢氏大鲵自然保护区重点调查湿地

卢氏大鲵自然保护区重点调查湿地范围面积40130公顷，湿地面积为584.99公顷，主要湿地类型为河流湿地。地理坐标东经110°35′~110°54′，北纬33°33′~34°20′；位于卢氏县境内。

湿地高等植物2门9科19属19种。

湿地植被划分为3个植被型组，4个植被型，10个群系。

脊椎动物3纲7目12科25种。其中，鱼类2目3科8种，两栖类1目1科1种，鸟类4目8科16种。

国家重点保护野生动物1种，属国家Ⅱ级保护野生动物。

于1982年建立省级自然保护区，受卢氏县农业局管理，成立了卢氏县大鲵管理所。

没有受到威胁。

15. 嵩县大鲵自然保护区重点调查湿地

嵩县大鲵自然保护区重点调查湿地范围面积6000公顷，湿地面积为613.89公顷，主要湿地类型为河流湿地(和人工湿地)。地理坐标东经111°14′~111°52′，北纬33°36′~34°00′；位于嵩县内。

湿地高等植物2门32科62属67种。国家重点保护野生植物1种，其中国家Ⅱ级保护野生植物1种。

湿地植被划分为2个植被型组，4个植被型，25个群系。

脊椎动物2纲5目10科14种。其中，两栖类1目1科1种，鸟类4目9科13种。

国家重点保护野生动物2种。其中，国家Ⅰ级保护野生动物1种，国家Ⅱ级保护野生动物1种。在国家重点保护野生动物中，湿地鸟类1种，属国家Ⅰ级保护野生动物。

于1996年建立县级自然保护区，受河南省农业厅水产局管理，成立了嵩县水产移民管理局管理机构。

没有受到威胁。

16. 河南太行山猕猴国家级自然保护区重点调查湿地

河南太行山猕猴国家级自然保护区重点调查湿地范围面积56600公顷，湿地面积为1131.29公顷，主要湿地类型为河流湿地(和人工湿地)。地理坐标东经112°02′~113°45′，北纬34°54′~35°40′；位于河南省北部，涉及济源市、焦作市的沁阳市、博爱县、修武县、中站区以及新乡市辉县市。

湿地高等植物2门22科36属46种。

湿地植被划分为3个植被型组，5个植被型，24个群系。

脊椎动物5纲19目33科75种。其中，鱼类1目2科8种，两栖类2目4科8种，爬行类3目5科15种，鸟类11目18科39种，哺乳类3目4科5种。

国家重点保护野生动物6种。其中，国家Ⅰ级保护野生动物2种，国家Ⅱ级保护野生动物4种。在国家重点保护野生动物中，湿地鸟类3种，其中国家Ⅰ级保护鸟类2种，国家Ⅱ级保护鸟类1种。

于1982年建立省级自然保护区，1998年晋升为国家级自然保护区，受河南省林业厅管理，成立了河南太行山猕猴国家级自然保护区管理总站管理机构。

基本未受到威胁。

17. 河南林州万宝山省级自然保护区重点调查湿地

河南林州万宝山省级自然保护区重点调查湿地范围面积8667公顷，湿地面积为150.18公顷，主要湿地类型为河流湿地(和人工湿地)。地理坐标东经113°48′~113°59′，北纬36°16′~36°20′；位于林州市境内。

湿地高等植物1门6科8属8种。

湿地植被划分为2个植被型组，4个植被型，8个群系。

脊椎动物1纲5目9科16种，全部为鸟类。

国家重点保护野生动物2种，全部为湿地鸟类。其中，国家Ⅰ级保护野生动物1种，国家Ⅱ级保护野生动物1种。

于2004年建立省级自然保护区，受林州市林业局管理，成立了万宝山省级自然保护区管理局管理机构。

主要受到上游工业污染、城市生活污水污及工矿企业的突发化学污染的威胁。

18. 河南小秦岭国家级自然保护区重点调查湿地

河南小秦岭国家级自然保护区重点调查湿地范围面积15160公顷，湿地面积为145.85公顷，主要湿地类型为河流湿地。地理坐标东经110°23′~110°44′，北纬34°23′~34°31′；位于灵宝市境内。

湿地高等植物3门15科24属28种。

湿地植被划分为3个植被型组，4个植被型，19个群系。

脊椎动物4纲14目23科62种。其中，两栖类1目1科1种，爬行类1目1科1种，鸟类10目19科58种，哺乳类2目2科2种。

国家重点保护野生动物1种，为湿地鸟类，属于国家Ⅰ级保护野生动物。

于1982年建立省级自然保护区，2006年晋升为国家级自然保护区，受三门峡市林业和园林局部门管理，成立了河南小秦岭国家级自然保护区管理局管理机构。

主要受到采矿、旅游等活动对湿地水体和水质影响的威胁。

19. 河南洛阳熊耳山省级自然保护区重点调查湿地

河南洛阳熊耳山省级自然保护区重点调查湿地范围面积32524.60公顷，湿地面积为348.18公顷，主要湿地类型为河流湿地(和人工湿地)。地理坐标东经111°10′~112°09′，北纬33°54′~34°31′；位于洛阳市境内，涉及洛宁县、宜阳县、嵩县、栾川四县。

湿地高等植物3门28科44属54种。

湿地植被划分为4个植被型组，6个植被型，25个群系。

脊椎动物3纲9目11科17种。其中，两栖类1目1科2种，鸟类6目8科13种，哺乳类2目2科2种。

于2004年建立省级自然保护区，受洛阳市林业局管理，成立了河南洛阳熊耳山省级自然保护区管理处。

基本没有受到威胁。

20. 河南伏牛山国家级自然保护区重点调查湿地

河南伏牛山国家级自然保护区重点调查湿地范围面积56000公顷，湿地面积为345.15公顷，主要湿地类型为河流湿地。地理坐标东经111°17′~112°17′，北纬32°50′~33°54′；位于河南省西部，涉及南阳市的西峡、内乡、南召3县，洛阳市的栾川、嵩县2县和平顶山市鲁山县。

湿地高等植物3门41科70属81种。国家重点保护野生植物1种，其中国家Ⅱ级保护野生植物1种。

湿地植被划分为4个植被型组，5个植被型，37个群系。

脊椎动物5纲21目49科191种。其中，鱼类5目12科67种，两栖类2目7科15种，爬行类2目4科18种，鸟类10目24科89种，哺乳类2目2科2种。

国家重点保护野生动物6种。其中，国家Ⅰ级保护野生动物1种，国家Ⅱ级保护野生动物5种。在国家重点保护野生动物中，湿地鸟类4种，其中国家Ⅰ级保护鸟类1种，国家Ⅱ级保护鸟类3种。

于1982年建立省级自然保护区，1997年晋升为国家级自然保护区，受河南省林业厅管理，成立了河南伏牛山国家级自然保护区管理局管理机构。

基本没有受到威胁。

21. 南阳恐龙蛋化石群古生物国家级自然保护区重点调查湿地

南阳恐龙蛋化石群古生物国家级自然保护区重点调查湿地范围面积78015公顷，湿地面积为5667.82公顷，主要湿地类型为河流湿地和人工湿地(湖泊为淡水湖)。地理坐标东经111°02′~112°18′，北纬32°51′~33°29′；位于南阳市境内，涉及西峡县、内乡县、淅川县、镇平县。

湿地高等植物3门37科76属88种。国家重点保护野生植物1种，其中国家Ⅱ级保护野生植物1种。记录到外来植物物种1科1属1种。

湿地植被划分为5个植被型组，9个植被型，74个群系。

脊椎动物5纲18目32科59种。其中，鱼类4目5科10种，两栖类1目2科2种，爬行类1目1科1种，鸟类11目23科45种，哺乳类1目1科1种。

国家重点保护野生动物1种，为湿地鸟类，属国家Ⅱ级保护野生动物。

于2000年建立省级自然保护区，2003年晋升为国家级自然保护区，受南阳市国土资源局管理，成立了南阳恐龙蛋化石群古生物国家级自然保护区管理局。

主要受到外来物种入侵的威胁。

22. 河南信阳四望山省级自然保护区重点调查湿地

河南信阳四望山省级自然保护区重点调查湿地范围面积14000公顷，湿地面积为105.61公顷，主要湿地类型为河流湿地。地理坐标东经113°45′~113°57′，北纬31°55′~32°07′；位于信阳市浉河区境内。

湿地高等植物1门25科36属38种。国家重点保护野生植物1种，其中国家Ⅱ级保护野生植物1种。

湿地植被划分为3个植被型组，5个植被型，16个群系。

脊椎动物1纲5目11科17种，全部为鸟类。

于2004年建立省级自然保护区，受信阳市浉河区林业局管理，成立了河南信阳四望山省级自然保护区管理局。

基本没有受到威胁。

23. 河南董寨国家级自然保护区重点调查湿地

河南董寨国家级自然保护区重点调查湿地范围面积46800公顷，湿地面积为803.96公顷，主要湿地类型为河流湿地(和人工湿地)。地理坐标东经114°18′~114°30′，北纬31°28′~32°09′；位于罗山县境内。

湿地高等植物1门34科61属74种。国家重点保护野生植物1种，其中国家Ⅱ级保护野生植物1种。记录到外来植物物种1科1属1种。

湿地植被划分为4个植被型组，5个植被型，40个群系。

脊椎动物4纲21目43科144种。其中，两栖类1目2科3种，爬行类2目6科11种，鸟类13目27科120种，哺乳类5目8科10种。

国家重点保护野生动物10种，全部为湿地鸟类。其中，国家Ⅰ级保护野生动物1种，国家Ⅱ级保护野生动物9种。

于1982年建立省级自然保护区，2001年晋升为国家级自然保护区，受信阳市林业局管理，成立了河南董寨鸟类国家级自然保护区管理局管理机构。

主要受到外来物种入侵的威胁。

24. 河南连康山国家级自然保护区重点调查湿地

河南新县连康山国家级自然保护区重点调查湿地范围面积10580公顷，湿地面积为75.91公顷，主要湿地类型为河流湿地。地理坐标东经114°45′～114°55′，北纬31°31′～31°40′；位于新县境内。

湿地高等植物3门30科40属40种。

湿地植被划分为3个植被型组，4个植被型，14个群系。

脊椎动物1纲7目9科9种，全部为鸟类。

国家重点保护野生动物有白冠长尾雉1种，属于国家Ⅱ级保护野生动物。

于1982年建立省级自然保护区，2005年晋升为国家级自然保护区，受信阳市林业局管理，成立了河南新县连康山国家级自然保护区管理局。

基本没有受到威胁。

25. 河南商城金刚台省级自然保护区重点调查湿地

河南商城金刚台省级自然保护区重点调查湿地范围面积2972公顷，湿地面积为33.58公顷，主要湿地类型为河流湿地。地理坐标东经115°28′～115°37′，北纬31°41′～31°45′；位于商城县境内。

湿地高等植物1门11科17属18种。

湿地植被划分为2个植被型组，3个植被型，9个群系。

脊椎动物4纲7目17科28种。其中，鱼类1目1科3种，两栖类2目6科12种，鸟类2目6科9种，哺乳类2目4科4种。

国家重点保护野生动物有大鲵1种，属国家Ⅱ级保护野生动物。

于1982年建立省级自然保护区，受商城县林业局管理，成立了河南商城金刚台省级自然保护区管理处。

基本没有受到威胁。

26. 河南郑州黄河国家湿地公园重点调查湿地

河南郑州黄河国家湿地公园重点调查湿地范围面积 1359 公顷，湿地面积为 1358.01 公顷，主要湿地类型为河流湿地(和人工湿地)。地理坐标东经 113°34′～113°40′，北纬 34°54′～34°55′；位于郑州市惠济区境内。

湿地高等植物 1 门 13 科 30 属 32 种。国家重点保护野生植物 1 种，其中国家Ⅱ级保护野生植物 1 种。

湿地植被划分为 2 个植被型组，6 个植被型，23 个群系。

脊椎动物 3 纲 15 目 27 科 70 种。其中，两栖类 1 目 3 科 5 种，爬行类 2 目 2 科 3 种，鸟类 12 目 22 科 62 种。

国家重点保护野生动物有 4 种，均为湿地鸟类。其中，国家Ⅰ级保护野生动物 1 种，国家Ⅱ级保护野生动物 3 种。

受郑州市林业局管理，成立了郑州黄河湿地自然保护区管理中心(代管)。

主要受到围垦、基建和城市化威胁。

27. 河南省淮阳龙湖国家湿地公园重点调查湿地

河南省淮阳龙湖国家湿地公园重点调查湿地范围面积 518.70 公顷，湿地面积为 491.88 公顷，主要湿地类型为湖泊湿地(和沼泽湿地)，(湖泊为淡水湖)。地理坐标东经 114°53′～114°54′，北纬 33°43′～33°44′；位于淮阳县境内。

湿地高等植物 1 门 17 科 34 属 35 种。国家重点保护野生植物 1 种，其中国家Ⅱ级保护野生植物 1 种。记录到外来植物物种 1 科 1 属 1 种。

湿地植被划分为 3 个植被型组，5 个植被型，23 个群系。

脊椎动物 5 纲 18 目 34 科 74 种。其中，鱼类 4 目 8 科 26 种，两栖类 1 目 2 科 2 种，爬行类 2 目 3 科 6 种，鸟类 10 目 20 科 39 种，哺乳类 1 目 1 科 1 种。

国家重点保护野生动物 3 种，为湿地鸟类，均属国家Ⅱ级保护野生动物。

受淮阳县林业局管理，成立了河南省淮阳龙湖国家湿地公园管理处。

主要受到城市生活污水、外来物种入侵的威胁。

28. 河南偃师伊洛河国家湿地公园重点调查湿地

河南偃师伊洛河国家湿地公园重点调查湿地范围面积 4509 公顷，湿地面积为 872.44 公顷，主要湿地类型为河流湿地。地理坐标东经 112°26′～113°00′，北纬 34°27′～34°50′；位于偃师市境内。

湿地高等植物 2 门 23 科 48 属 64 种。记录到外来植物物种 1 科 1 属 1 种。

湿地植被划分为 5 个植被型组，9 个植被型，45 个群系。

脊椎动物 5 纲 20 目 30 科 54 种。其中，鱼类 4 目 6 科 11 种，两栖类 1 目 1 科 1 种，爬行类 1 目 1 科 1 种，鸟类 11 目 19 科 38 种，哺乳类 3 目 3 科 3 种。

国家重点保护野生动物 7 种，均为湿地鸟类。其中，国家Ⅰ级保护野生动物 2 种，国家Ⅱ级保护野生动物5种。

受洛阳市林业局管理，成立了偃师市林业局管理机构。

主要受到围垦、污染、泥沙淤积、外来物种入侵的威胁。

29. 河南省平顶山白龟湖国家湿地公园重点调查湿地

河南省平顶山白龟湖国家湿地公园重点调查湿地范围面积673.31公顷，湿地面积为522.59公顷，主要湿地类型为人工湿地。地理坐标东经113°07′~113°11′，北纬33°45′~33°46′；位于平顶山市境内，涉及新华区、湛河区。

湿地高等植物1门8科9属9种。记录到外来植物物种1科1属1种。

湿地植被划分为3个植被型组，5个植被型，7个群系。

脊椎动物5纲18目35科111种。其中，鱼类5目11科27种，两栖类1目4科9种，爬行类2目3科14种，鸟类9目16科60种，哺乳类1目1科1种。

国家重点保护野生动物9种。其中，国家Ⅰ级保护野生动物2种，国家Ⅱ级保护野生动物7种。在国家重点保护野生动物中，湿地鸟类8种，其中国家Ⅰ级保护鸟类2种，国家Ⅱ级保护鸟类6种。

受平顶山市林业局管理，成立了平顶山市湿地管理保护中心。

主要受到基建和城市化建设、外来物种入侵的威胁。

30. 河南鹤壁淇河国家湿地公园重点调查湿地

河南鹤壁淇河国家湿地公园重点调查湿地范围面积332.51公顷，湿地面积为68.99公顷，主要湿地类型为河流湿地。地理坐标东经114°10′~114°13′，北纬35°45′~35°48′；位于鹤壁市境内，涉及淇县和淇滨区。

湿地高等植物1门9科13属15种。国家重点保护野生植物1种，其中国家Ⅱ级保护野生植物1种。

湿地植被划分为2个植被型组，4个植被型，15个群系。

脊椎动物5纲19目34科143种。其中，鱼类6目13科63种，两栖类1目3科6种，爬行类2目3科11种，鸟类9目14科62种，哺乳类1目1科1种。

国家重点保护野生动物7种，均为湿地鸟类。其中，国家Ⅰ级保护野生动物2种，国家Ⅱ级保护野生动物5种。

受鹤壁市林业局管理，成立了鹤壁淇河国家湿地公园管理中心管理机构。

基本没有受到威胁。

31. 河南漯河市沙河国家湿地公园重点调查湿地

河南漯河市沙河国家湿地公园重点调查湿地范围面积651.33公顷，湿地面积为368.96公顷，主要湿地类型为河流湿地和人工湿地。地理坐标东经113°44′~113°53′，北纬33°34′~33°37′；位于漯河市境内，涉及郾城区、舞阳县。

湿地高等植物1门13科20属20种。记录到外来植物物种1科1属1种。

湿地植被划分为3个植被型组，5个植被型，13个群系。

脊椎动物3纲10目20科30种。其中，鱼类2目3科4种，两栖类1目1科1种，鸟类7目16科25种。

受漯河市林业和园林局管理，成立了舞阳县林业局管理机构。

主要受到围垦、污染、外来生物入侵的威胁。

32. 河南省平顶山市白鹭洲城市湿地公园重点调查湿地

河南省平顶山市白鹭洲城市湿地公园重点调查湿地范围面积90公顷，湿地面积为21.76公顷，主要湿地类型为沼泽湿地。地理坐标东经113°15′~113°15′，北纬33°44′~33°45′；位于平顶山市新华区境内。

湿地高等植物1门4科4属4种。

湿地植被划分为2个植被型组，4个植被型，4个群系。

脊椎动物4纲10目14科22种。其中，鱼类3目4科9种，两栖类1目2科3种，鸟类5目7科9种，哺乳类1目1科1种。

受平顶山市住房和城乡建设局管理，成立了平顶山市城市建设投资开发中心管理机构。

基本没有受到威胁。

33. 河南省南阳市白河国家城市湿地公园重点调查湿地

河南省南阳市白河国家城市湿地公园重点调查湿地范围面积2450公顷，湿地面积为1169.40公顷，主要湿地类型为河流湿地。地理坐标东经112°30′~112°37′，北纬32°57′~33°03′；位于南阳市境内，涉及宛城区、卧龙区。

湿地高等植物2门19科41属45种。记录到外来植物物种1科1属1种。

湿地植被划分为2个植被型组，6个植被型，31个群系。

脊椎动物1纲7目12科21种，均为湿地鸟类。

受南阳市城市管理局管理，成立了南阳市白河国家城市湿地公园管理处管理机构。

主要受到污染、外来物种入侵威胁。

34. 彰武水库重点调查湿地

彰武水库重点调查湿地范围面积171.89公顷，湿地面积为171.89公顷，主要湿地类型为人工湿地。地理坐标东经114°06′~114°09′，北纬36°01′~36°05′；位于安阳市境内，涉及龙安区、安阳县。

湿地高等植物1门5科9属9种。

湿地植被划分为2个植被型组，4个植被型，5个群系。

脊椎动物1纲5目6科15种，均为湿地鸟类。

受安阳市水利局管理，成立了安阳市彰武南海水库工程管理局管理机构。

主要受到工业废水、网箱养鱼的饲料、周围居民点的生活垃圾、建筑垃圾威胁。

35. 小南海水库重点调查湿地

小南海水库重点调查湿地范围面积137.30公顷，湿地面积为137.30公顷，主要湿地类型为人工湿地。地理坐标东经114°04′~114°06′，北纬36°00′~36°02′；位于安阳县境内。

湿地高等植物1门4科6属6种。

湿地植被划分为1个植被型组，2个植被型，3个群系。

脊椎动物1纲5目6科9种，均为湿地鸟类。

国家重点保护野生动物有白头鹞1种，属国家Ⅱ级保护野生动物。

受安阳市水利局管理，成立了安阳市彰武南海水库工程管理局管理机构。

主要受到围垦、污染、外来物种入侵的威胁。

36. 盘石头水库重点调查湿地

盘石头水库重点调查湿地范围面积551.58公顷，湿地面积为551.58公顷，主要湿地类型为人工湿地。地理坐标东经113°56′~114°03′，北纬35°48′~35°51′；位于河南省北部，涉及林州市、鹤壁市淇滨区。

湿地高等植物1门19科28属31种。国家重点保护野生植物1种，其中国家Ⅱ级保护野生植物1种。记录到外来植物物种1科1属1种。

湿地植被划分为2个植被型组，5个植被型，29个群系。

脊椎动物4纲9目14科18种。其中，鱼类2目2科5种，两栖类1目2科2种，爬行类1目2科2种，鸟类5目8科9种。

受鹤壁市水利局管理，成立了鹤壁市盘石头水库建设管理局管理机构。

主要受外来物种入侵的威胁。

37. 汤河水库重点调查湿地

汤河水库重点调查湿地范围面积309.53公顷，湿地面积为309.53公顷，主要湿地类型为人工湿地。地理坐标东经114°14′~114°17′，北纬35°52′~35°55′；位于河南省北部，涉及安阳市汤阴县、鹤壁市山城区。

湿地高等植物1门5科7属7种。

湿地植被划分为1个植被型组，2个植被型，4个群系。

脊椎动物4纲19目38科148种。其中，鱼类5目12科58种，两栖类1目3科6种，爬行类2目4科12种，鸟类11目19科72种。

国家重点保护野生动物5种，均为湿地鸟类。其中，国家Ⅰ级保护野生动物1种，国家Ⅱ级保护野生动物4种。

受汤阴县水务局管理，成立了汤阴县水务局汤河库渠管理所管理机构。

主要受到污染威胁。

38. 白墙水库重点调查湿地

白墙水库重点调查湿地范围面积222.70公顷，湿地面积为222.70公顷，主要湿地类型为人工湿地。地理坐标东经112°45′~112°47′，北纬35°00′~35°01′；位于孟州市境内。

湿地高等植物1门8科10属10种。记录到外来植物物种1科1属1种。

湿地植被划分为2个植被型组，3个植被型，7个群系。

脊椎动物3纲11目14科21种。其中，鱼类1目1科3种，两栖类1目1科1种，鸟类9目12科17种。

国家重点保护野生动物有苍鹰1种，属国家Ⅱ级保护野生动物。

记录到外来动物物种1门1纲1目1科1种。其中，无脊椎动物1纲1目1科1种。

受孟州市水利局管理，成立了孟州市水利局白墙水库管理处管理机构。

主要受到污染、外来物种入侵的威胁。

39. 洛河(卢氏县)重点调查湿地

洛河(卢氏县)重点调查湿地范围面积1153.16公顷，湿地面积为1153.16公顷，主要湿地类型为河流湿地。地理坐标东经110°35′~111°13′，北纬33°57′~34°10′；位于卢氏县境内。

湿地高等植物2门12科23属23种。

湿地植被划分为2个植被型组，4个植被型，12个群系。

脊椎动物3纲12目17科30种。其中，鱼类2目3科8种，爬行类1目1科1种，鸟类9目13科21种。

国家重点保护野生动物2种，均为湿地鸟类。其中，国家Ⅰ级保护野生动物2种。

受三门峡市水利局管理，成立了卢氏县水电局管理机构。

主要受到污染、泥沙淤积威胁。

参考文献

[1]包聚生．白龟山水库鱼类区系组成分析[J]．河南水产，2005，2：10～11.
[2]常丽若，等．河南黄河湿地生物多样性价值评估[J]．河南林业科技，2006，26(2)：48～49.
[3]陈晓虹，等．河南发现斑腿树蛙[J]．河南师范大学学报(自然科学版)，2004，32(2)：104～105.
[4]陈晓虹，等．河南省发现合征姬蛙[J]．动物学杂志，2003，38(3)：89～90.
[5]陈晓虹，等．河南省蛙科一新纪录[J]．河南师范大学学报(自然科学版)，2003，31(1)：118～119.
[6]陈晓虹，等．河南省眼镜蛇科新纪录[J]．河南师范大学学报(自然科学版)，2010，38(4)：158～159.
[7]陈晓虹，等．河南树蛙科一新纪录[J]．四川动物，2003，22(3)：146～147.
[8]陈晓虹，等．宁陕齿突蟾的补充描述及地理分布探讨[J]．动物分类学报，2009，34(3)：647～653.
[9]陈晓虹，等．秦巴拟小鲵在河南的发现及地理分布探讨[J]．动物学杂志，2007，42(1)：148～150.
[10]陈晓虹，等．太行隆肛蛙补充描述(无尾目，蛙科)[J]．动物分类学报，2004，29(3)：595～599.
[11]陈晓虹，等．小弧斑姬蛙在河南的发现[J]．动物学杂志，2006，41(2)：124～125.
[12]陈晓虹，等．叶氏隆肛蛙(无尾目，蛙科)的补充描述[J]．动物分类学报，2004，29(2)：381～385.
[13]陈晓虹，等．中国小鲵属一新种(两栖纲：有尾目：小鲵科)[J]．动物分类学报，2001，26(3)：383～387.
[14]戴泽贵，等．宿鸭湖水库鱼类调查报告[J]．水利渔业，1990，5：31～34.
[15]丁宝章，王遂义．河南植物志(第二册)[M]．郑州：河南科学技术出版社，1988.
[16]丁宝章，王遂义．河南植物志(第三册)[M]．郑州：河南科学技术出版社，1997.
[17]丁宝章，王遂义．河南植物志(第四册)[M]．郑州：河南科学技术出版社，1998.
[18]丁宝章，王遂义．河南植物志(第一册)[M]．郑州：河南人民出版社，1981.
[19]甘雨，方保华．河南省野生动植物资源调查与保护[M]．郑州：黄河水利出版社，2004.
[20]耿明生，等．宿鸭湖褶纹冠蚌的生物学特性及其综合利用[J]．名特水产，2009，10：32～33.
[21]国家林业局调查规划设计院．河南漯河市沙河国家湿地公园总体规划[R]．北京：2011.
[22]国家林业局调查规划设计院．河南平顶山白龟湖国家湿地公园总体规划[R]．北京：2010.
[23]国家林业局调查规划设计院．河南省淮阳龙湖国家湿地公园总体规划[R]．北京：2009.
[24]国家林业局调查规划设计院．河南省郑州黄河国家湿地公园总体规划[R]．北京：2008.
[25]国家林业局林产工业规划设计院．河南偃师伊洛河国家湿地公园总体规划[R]．北京：2009.
[26]河南省林业调查规划院．河南白龟山库区湿地省级自然保护区总体规划[R]．郑州：2006.
[27]河南省林业调查规划院．河南丹江湿地国家级自然保护区规范化建设项目可行性研究报告[R]．郑州：2012.
[28]河南省林业调查规划院．河南伏牛山国家级自然保护区总体规划[R]．郑州：2012.
[29]河南省林业调查规划院．河南鹤壁淇河国家湿地公园总体规划[R]．郑州：2011.
[30]河南省林业调查规划院．河南黄河湿地国家级自然保护区总体规划[R]．郑州：2012.
[31]河南省林业调查规划院．河南开封柳园口省级湿地自然保护区基础设施建设项目可行性研究报告[R]．郑州：2007.
[32]河南省林业调查规划院．河南林州万宝山省级自然保护区总体规划[R]．郑州：2007.
[33]河南省林业调查规划院．河南内乡湍河湿地省级自然保护区总体规划[R]．郑州：2006.

[34]河南省林业调查规划院．河南商城金刚台省级自然保护区总体规划[R]．北京：2008.
[35]河南省林业调查规划院．河南宿鸭湖湿地省级自然保护区总体规划[R]．郑州：2005.
[36]河南省林业调查规划院．河南太行山猕猴国家级自然保护区总体规划[R]．郑州：2012.
[37]河南省林业调查规划院．河南信阳四望山省级自然保护区总体规划[R]．郑州：2005.
[38]河南省林业调查规划院．河南郑州黄河湿地省级自然保护区总体规划[R]．郑州：2008.
[39]河南省林业调查规划院．濮阳县黄河湿地省级自然保护区湿地保护工程建设项目可行性研究报告[R]．郑州：2012.
[40]河南省林业调查规划院．郑州市林业局野生动植物保护管理站等6个国家级陆生野生动物疫源疫病监测站建设工程可行性研究报告[R]．郑州：2007.
[41]河南省林业厅野生植物保护处．河南黄河湿地自然保护区科学考察集[M]．北京：中国环境科学出版社，2001.
[42]介子林．河南省渔业湿地现状及保护对策[J]．河南水产，2009，2：1~3.
[43]瞿文元，等．河南省爬行动物地理区划研究[J]．四川动物，2002，21(3)：142~146.
[44]瞿文元．河南蛇类及其地理分布[J]．河南大学学报，1985，(3)：59~61.
[45]李红敬，等．信阳鱼类资源调查[J]．信阳师范学院学报(自然科学版)，2003，1(16)：54~57.
[46]李红敬．河南商城观音山鱼类调查及区系分析[J]．信阳师范学院学报(自然科学版)，2003，1(16)：51~53.
[47]李家美，等．河南蕨类植物增补与订正[J]．西北植物学报，2010，30(9)：1913~1916.
[48]李仲辉，等．河南鱼类的地理分布[J]．信阳师范学院学报，1983，4(40)：65~75.
[49]林晓安，曲进社．河南湿地[M]．郑州：黄河水利出版社，1997.
[50]刘冰许，等．黑鹳在中国河南省的概况与保护对策[J]．河南畜牧兽医，1996，17(2)：19~20.
[51]刘永奇，等．河南统计年鉴2012[M]．北京：中国统计出版社，2012.
[52]路纪琪，等．河南啮齿动物志[M]．郑州：河南科学技术出版社，1997.
[53]吕九全，等．河南的药用鱼类[J]．河南水产，1997，1：10~11.
[54]马朝红，等．河南黄河湿地国家级自然保护区孟津段水鸟资源调查[J]．四川动物，2008，27(5)：902~904.
[55]牛俊英，等．河南省鸟类新纪录—震旦鸦雀、红胸黑雁[J]．动物学杂志，2008(5)：113~113.
[56]屈长义，等．海河支流卫河水系河南流域鱼类区系组成初步分析[J]．河南水产，2011，2：34~35.
[57]屈长义，等．黄河流域(河南段)鱼类区系组成分析[J]．河南水产，2011，4：32~34.
[58]邵文杰，等．河南省志－动物志[M]．郑州：河南人民出版社，1992.
[59]邵文杰，等．河南省志－林业志[M]．郑州：河南人民出版社，1992.
[60]邵文杰，等．河南省志－植物志[M]．郑州：河南人民出版社，1993.
[61]石灵，等．河南丽蚌属淡水软体动物研究[J]．安徽农业科学，2011，39(21)：12912~12913.
[62]宋朝枢，等．宝天曼自然保护区科学考察集[M]．北京：中国林业出版社，1994.
[63]宋朝枢，等．董寨鸟类自然保护区科学考察集[M]．北京：中国林业出版社，1996.
[64]宋朝枢，等．伏牛山自然保护区科学考察集[M]．北京：中国林业出版社，1994.
[65]宋朝枢，等．太行山猕猴自然保护区科学考察集[M]．北京：中国林业出版社，1996.
[66]孙红霞．河南省湿地资源的现状与保护[J]．安徽农业科学，2007，35(13).
[67]王辰，等．中国湿地植物图鉴[M]．重庆：重庆大学出版社，2011.
[68]王新民，等．豫北黄河故道湿地鸟类自然保护区科学考察与研究[M]．郑州：黄河水利出版社，1995.
[69]王新卫，等．广义金线侧褶蛙河南3个地理种群的形态分析及分类探讨[J]．河南大学学报(自然科学版)，2010，40(6)：612~616.

[70]吴淑辉，等. 河南省两栖动物区系研究[J]. 新乡师范学院学报，1984，41(1)：89～92.
[71]吴征镒，等. 中国种子植物区系地理[M]. 北京：科学出版社，2008.
[72]吴征镒. 中国种子植物属的分布区类型[J]. 云南植物研究(增刊Ⅳ)，1991：1～139.
[73]溪波，等. 董寨国家级自然保护区红脚苦恶鸟新纪录[J]. 野生动物杂志，2007，28(3)：71.
[74]夏杰. 河南省渔业水域污染现状与防治措施[J]. 河南水产，2009，2：4～6.
[75]新乡师范学院生物系鱼类志编写组. 河南鱼类志[M]. 郑州：河南科学技术出版社，1984.
[76]邢铁牛，等. 河南省典型湿地冬季水鸟资源调查初报[J]. 河南林业科技，1998，18(3)：12～15.
[77]许人和，等. 河南省无脊椎动物调查(Ⅱ)(软体动物和节肢动物)[J]. 河南师范大学学报(自然科学版)，1995，23(3)：68～72.
[78]许涛清，等. 河南省鱼类补遗[J]. 河南师范大学学报(自然科学版)，1991，1：81～83.
[79]闫光兰. 河南省南阳市野生鱼类资源调查[J]. 安徽农业科学，2007，35(2)：51～56，439～441.
[80]杨杰，等. 豫北太行山区中国林蛙的生态学研究[J]. 河南师范大学学报(自然科学版)，2007，35(1)：160～163.
[81]张金泉，等. 河南省植被的分类和系统[J]. 华南师范大学学报(自然科学版)，1984，1.
[82]张全来，等. 郑州黄河湿地生态特征及保护利用研究[J]. 河南林业科技，2009，2.
[83]赵海鹏，等. 河南省鱼类新纪录——红尾副鳅 [J]. 安徽农业科学，2012，40(4)：39～41.
[84]赵海鹏，等. 河南蜥蜴新纪录——米仓山龙蜥[J]. 动物学杂志，2012，47(3)：129～131.
[85]郑合勋，等. 卢氏县的大鲵资源[J]. 河南大学学报(自然科学版)，1992，22(4)：51～56.
[86]周家兴，等. 河南省哺乳动物名录[J]. 新乡师范学院、河南化工学院联合学报，1961，(2)：45～52.

附　件

河南湿地资源调查主要参与单位及人员

河南省林业调查规划院：孙银安、王春平、方保华、张全来、王华庚、刘铁军、刘继平、姚现玉、卢春霞、杨齐、刘晓辉、马宪霞、牛墩、赵丹阳、李秀玲

清华大学3S研究中心：马洪兵、王侠、燕国青、李树伟、谢磊

河南农业大学：叶永忠、袁志良、王亚平、王岩

河南师范大学：陈晓虹、李发启、吕九全、杨相甫

河南大学：赵海鹏、袁王俊

南阳师范学院：梁子安、刘宗才

焦作师范专科学校：牛俊英

信阳师范学院：杨怀

黄淮学院：禹明甫、张世卿、焦江洪

新乡医学院：杨杰、段红艳

河南省林业学校：张冠臣

河南省野生动物救护中心：张光宇

郑州市动物园：刘冰许

郑州市城区河道管理处：赵文珍

商水县第一高级中学：王新卫

河南野鸟会：黄晓敏、张军

郑州市林业局：朱云川、郭海军

郑州黄河湿地自然保护区管理中心：王恒瑞、王威、路长青

郑州市中原区农业农村工作委员会：刘季科、秦书行、王媛媛

郑州市金水区农业农村工作委员会：陈冲、张春松、王辉

郑州市二七区农村经济委员会：王新香、刘小龙

郑州市管城回族区农业农村工作委员会：刘彦喜、陈月

郑州市惠济区林业局：吴宏亮、张磊

新密市林业局：陈现伟、王颖凯、樊东洋、郑理鹏

中牟县林业局：王长海、王国欣、李自明、李小巧、王丽萍、张伟平、任玲霞

荥阳市林业局：张宗文、陈振江、朱广志、陈旭彬、王金标、姚彦萍

登封市林业局：张俊涛、董耐凡、王占标、刘洪昌、李金涛、黄帅彬

新郑市林业局：王景超、朱全中、陈静、李世民、岳建业、胡展

巩义市林业局：陈留聪、谢盈鸽、刘瑶、郭鹏飞、曹柱、卫晓峰、孙银宏、付爱华

开封市柳园口省级湿地自然保护区管理站：王松林、李洪杰
开封市龙亭区林业服务中心：郝杰、吴红彬、单勤勇、程建民、崔岭
开封市禹王台区林业服务中心：刘胜利、朱志强、王孝然、陈志华、黄明兰
开封市顺河回族区农林牧机局：童广松、郭广意、田法、潘红旗、韦凤芹、王磊
开封市金明区林业局：李永涛
开封市鼓楼区：朱丽娟、张金来、裴云、刘云
开封县林业局：吴俊其、李文涛、贾新荣、胡瑞敏
通许县农林局：张冬冬、田新中、张海峰、葛国华、王胜、李鹏
杞县林业局：王庆功、朱家奎、童书起
尉氏县林业局：关伟杰、张飞、张连青、贾建录、苏学前、孙华杰、鲁高翔
兰考县林业局：陈国伟、朱传峰、许文涛、贾明慈、范爱东
河南黄河湿地国家级自然保护区洛阳管理处：郭凌、秦向民、王文博
河南黄河湿地国家级自然保护区吉利管理站：王家鹏、殷辉、程伟成
河南黄河湿地国家级自然保护区新安管理站：邵清良、王新伟、刘冰、韩瑞森、卢静、徐国玲、郭颖
河南黄河湿地国家级自然保护区孟津管理局：陈宏涛、马朝红、潘艳丽、李同治、刘建标、王仲夏、李继红、刘洋洋、张亚敏、姚晓明、谢川川、张会端
洛阳市洛龙区农林局：牛靖、刘国亮、桑东霞
嵩县林业局：苏海涛、曹少伟、张超建、王继锋、屈迎雷
洛宁县林业局：王先保、王校伟、李欣欣、高英才、孟兵锁、段明波、张建龙、孙海民、李效宁、王秀江、赵江涛、刘长乐、薛涛涛、杜志峰、曹洪涛、张朝锋、贺丹、孙新安、焦保武、段生君、郑秀琴
汝阳县林业局：张兴、董于、屈巧格、牛红灿、宁灵霞、郭亚明、姚宏坡、傅军锋、董凯歌、杨旭辉、刘中现、刘战朝、朱健、刘宏学、郭建斌、刘建林
偃师市林业局：蔡廷凯、翟利平、锁喜鹏、张斌、马洪军、杨晓燕、李琴义、高丽苹、杨伟、马利娜
伊川县林业局：史凤姣、曹巧凤、宋玲凡、李卫刚、张荣侠、郭建云、杜俊
栾川县林业局：许育红、郭鹏鹏、张保卫、赵更森、郝延卿、康占芳、卫长松、许慧毅、焦东阳
宜阳县林业局：张强力、叶志红、段少将、高凤丽、赵一龙
平顶山市林业局：李艳叶
河南省白龟山水库湿地自然保护区管理中心：李建成、黄志强、刘小平、张乐、李红霞、戴玲玲、李先志、张舸、刘银萍、郭建设、和国顺、王贝贝、付元海
平顶山市新华区农林局：方新叶、王精彩、彭巧珍、钱峰、滕云飞
平顶山市湛河区农林水利局：徐建岭、李冠伟、王书玉、李二伟、杨磊、孔全其
平顶山市卫东区农林水利局：宋志海、陈国峰、李志国、赵兵兵
平顶山市石龙区农林水利局：武呼雷、魏乃哲
鲁山县林业局：周耀伟、段孝卿、许延松、戚延文、王占营、史慧聪、张明明、许鲁娟

宝丰县林业局：王振西、姜学信、马怀义、孙成军、张亚旭、胡伟伟
郏县林业局：顾德生、宋利攀、邵帅兵、王明洋
舞钢市林业局：王建明、张迎新、李文波、冯伟东、赵保文、赖新怀、闫保红
叶县林业局：李玉铭、李现民、韩小康、李卫和、贾真伟
安阳市林业局：刘玉龙、刘波、王瑞攀、张勇、张莉、钱峰
安阳市文峰区农林水牧局：张丽、李艳飞、苏长林、王振利
安阳市北关区农林水务局：贠有杰、杨书云、刘军
安阳市殷都区农委：孙天顺、马高峰、郭步霞
安阳市龙安区林业局：张金林、赵海印、李晓杭、张玉忠、刘海昌
汤阴县林业总站：丁树彬、吴继勇、仝国彦、于超、陈保齐、朱建成、苏辉、李金武
安阳县林业局：牛用生、王永合、王合现、张晨良、李德武、马志杰、张用花、李青叶、郑思明、郭云霞
内黄县林业局：刘自安、窦现杰、苏云峰、杨勤华、都军芳、薛晓军、张俊峰、张志杰、董玖利、赵杨勇
林州市林业局：冯荣生、李红玉、李韬、刘苹、李庆强、王帅、元军生
鹤壁市林业局：曹荣举、郭朝蓝、靳秀媛、高海军、董飞
鹤壁市鹤山区林业局：郭晓华、杜学军
鹤壁市山城区林业局：闫长明、王文明
淇滨区林业局：陈国旺、刘强、徐祖明、宋长民、秦献丽、张晓静、宋春华、彭翔、刘磊
淇县林业局：魏增利、高玉中、刘习虎、李晋超
浚县林业局：杨振霞、苏自新、郑国增、宋炎、朱海超、张朝阳
新乡市林业局：刘建华、姜林凯、李元
新乡市红旗区林业局：连军、崔恒文、崔运福
新乡市牧野区农林局：侯鑫辉、王俊坤、王明英、戴庚生、姜萌、梁斌
新乡市卫滨区林业局：刘永珍、郭麟、李贵江
新乡市凤泉区林业局：王平利、牛硕、张存保、马可
卫辉市林业局：崔伟、牛瑞清、刘伟、李志祥、孟庆祥
新乡县林业局：李晓亮、杨红芳、秦霞、王爱云、赵 楠、李鑫
延津县林业局：王定之、常增献、王金中、王潇浚、杨武宝、杨鹏
获嘉县林业局：温全保、张光辉、李金星、张光海、王瑞芳
原阳县林业局：胡传勇
河南省国有原阳林场：尚道义、孟凡辉、娄国彬、娄伟丽、于新军、李新宇、刘超
封丘县林业局：李文军、张亚宾、程彦、李书胜、邹慧倩、胡秀慧、赵公玺、朱志华、王元、冯新斐
辉县市林业局：施法安、张华、周延富、洪军辉、吴习文、张新文、杨栋、高玉东、郭超、崔成旺、崔长喜、刘旭、段秀琴、闫玉荣、霍虹
长垣县林业局：李元功、邵长柱、赵国强、赵春奇、贾冰、邢卫玲

焦作市林业局：宋跃林
孟州市黄河湿地国家级自然保护区：张立功、朱建国、王晓燕、尤洋、刘莉莉
河南太行山猕猴国家级自然保护区沁阳管理分局：李迎建
焦作市山阳区林业局：刘斌、王林彦
焦作市中站区林业局：韩松山、张月玲、魏明、张红亮、、吴海涛
博爱县林业局：张朝晖 李刚
修武县林业局：李玉雷、毛伟、王长运、王小龙、范小芬、张佳
武陟县林业局：牛力学、刘玉香、高宝丽、李志磊
温县林业局：何灵丽、尚小婷、赵永利
孟州市林业局：赵社教、韩更新、高小平
沁阳市林业局：魏长根、赵庆丰、张建设、肖勇辰、周寒
济源市林业局：杨倩、王向东、李中央、王长青、马兴旗、李红运、贾长荣、韦天雨、乔王铁、王兵、程建民、王建东、李剑侠、常富智、侯卫锋、刘晓良、翟立海、李伟波、乔永胜、范明亮、薛茂盛、谢会芳、田燕、邢凯艳、卫亚亚、王小涛、姚秀霞
濮阳市林业局：陶庆红、覃岸 、张传豹、李新江
濮阳县黄河湿地省级自然保护区管理中心：张洪北、张杰、王铭、李永佩、潘亚菲、赵磊
濮阳市华龙区林业局：王新刚、赵艳莉、娄志玲、张永杰
濮阳市开发区农业科技服务中心：杨光乾、谢翠翠、李全岭
范县林业局：吕照光、王丹丹、王玉芹、刘建华、杨厚堃、张可超
清丰县林业局：孟祥平、曹航、王胜国、王利军、梁保印
台前县林业局：王峰、王童、张传师、孙晓兵
南乐县林业局：杨会权、袁自庚、赵金花、刘伟欣、曹利红
许昌市林业局：马永生、王磊、王向阳
许昌市魏都区城市园林绿化中心：李博、孙朋涛
襄城县林业局：尹晓军、铁晓奇、郑海涛
许昌县林业局：刘全信、廖伟超、王永生
禹州市林业发展中心：贾振豪、王莉飞、王亚柯、吕金龙、田龙
鄢陵县林业局：刘建党、文淑英、晋旭、靳月笑、晋丽杰
长葛市林业局：王许平、张晓涛、李海亮
漯河市林业局：董秋彪
漯河市市城乡绿化设计院：亓春华、田爱芳、郭彩鸽、孙鹏、袁同印
漯河市源汇区林业管理站：阎华锋、张向阳、孔令兴、张勇
郾城区林业局：赵红旗、师二帅、李志远、孟晨光、鞠志华、丁红佑、樊孝忠、安鹏
召陵区林业局：王亚娟、李巧娜、高立、丁俊敏、李迎歌
舞阳县林业局：赵文杰、王建军、闫向辉
临颍县林业局：吕保平、贾会萍、谌丽萍、靳丰伟、范小杰
三门峡市林业和园林局：李合申、辛石狮、李溢香

河南黄河湿地国家级自然保护区三门峡管理处： 张斌强、董睿龙、张莉、张艺凡

河南小秦岭国家级自然保护区： 李东伟、韩军旺、刘海宁

三门峡市湖滨区林业局： 许爱菊、韩栋栋、党明珍、郑春果、王惠芳、张晓莉

陕县林业调查规划设计队： 郭月坤、李书亮、李志祥、任晓、刘吉军、加晓波、孙建帅、刘玉民、杨江勇、李嘉、崔书龙、王飞、王睿、任晓毅、韩明哲、兰碧波、马东晓、张义勇

义马市林业局： 董伟伟、邹磊

卢氏县林业局： 马怀安、刘玉亭、郭春光、刘占文、张东伟、冯建立、贾婷、宋建东

灵宝市林业局： 孟高丽、牛文梅、郭百忍、李会斌、宋国亮、王顺妮、武秀妮、杭晓花、郭黎军、阴萍萍、王龙龙、王耀辉、张安波、赵鹏辉、吴艳奎、陈占英、张云峰、宋强、高峰、闫榜泽、方军超、焦瑞轩、严亚明、李建建、张海让、陈赞辉、邵拓、吴冬、李转征、许甲寅、王海峰、张改婷、阴胜迪、宋辉

渑池县林业局： 罗留松、董智朝、张艺、王毅、王秀丽、王红梅、赵肃然、刘洁

南阳市野生动植物保护与自然保护区管理站： 王庆合、张宝丽、赵振江、余乐献、孙向伟、王梅林、魏亚平

河南丹江湿地国家级自然保护区管理处： 吴廷会、王光理、邓天鹏、肖欢、李颜丽、高国林、裴建欣、张银涛、王统、杨卓

内乡湍河湿地省级自然保护区管理局： 张国雄、王珊珊、王万里、袁新联、杜红伟、岳锋

南阳市宛城区林业局： 刘纪建、许兆武、宋海龙、张宇、李华镇

南阳市卧龙区林业局： 潘蕾、陈建伟、王超然、周龙、王志远、栾德昌、秦成宛、邓天军、杨刚牛

方城县林业局： 马东方、姬中强、魏森林、银小辉、张元文、苏森、陈万康

南召县野生动植物保护站： 吕永军、苗立旺、田文晓、田超、王柯力、王丽、周育秀、陈锋、王自鹏、马斌、生辉、郝洪冠、徐文克、冯涛、王金操、沈东峰、余世华、王坤、李建忠、冯朝奇、李朝运、张居科

新野县林业局： 张海鼎、程元峰、陶勇

淅川县林业局： 武建宏、李习芳、张伟星、孙立、李新、陈奇滔、张德安、孙传才、张根柱、戴新东、吴廷顺、周灵潮、杨伟、凌金合、马玉汉、周喜建、赵军、邹旭军、杨平

社旗县林业局： 王青山、刘崇坡、董馥阳、薛文哲、王宏伟、张策、张浩、刘书景

唐河县林业局： 郭浩、张学友、袁玺、吕建奎、刘涛、姚金松、陈新丽、王丽娜、王洪娟

桐柏县林业调查规划设计队： 李林全、刘辉、郝群章、李洪波、刘帆、白万山、李全兴、曲静、王勇、田斌、左振琴、尹田生、陈良、陈恩

镇平县林业局： 郭平、郭振邦、程胜全、李秀春、宋文清、王捷、梁卓、李晓梦、姚旭、唐晓东、赵丰涛、杨朝波、孟庆高

内乡县林业局： 张国雄、王珊珊、许先坤、王万里、申军伟、刘继林、冯硕、袁新联、岳锋、雷改平、张恒、张书运

西峡县林业局： 彭振生、邢海芹、魏远新、张道建、刘学波、王建春、刘献华、唐里、曹帆、李瑞

邓州市林业调查规划设计队：王志学、王泽佩、彭先辉、彭永波、兰家钦、杨栋

商丘市林业局：后燕红、谢晓青、张新璞、魏震

商丘市梁园区林业局：刘金城、丁振民、王金峰、付保中、杨帆、卢天伟

商丘市睢阳区林业局：李远东、李雪林、刘艳玲、王勋、刘冬梅、方国林、左燕青、孙永欣、柳伟庆、陈玫君、齐朦、谢晗

睢县林业局：李剑飞、李广泉、郭秀丽、宋红芹、祝冬艳、邓立建、侯景军、马国良、梁洪远、黄英堂、王露、皮行东、梁珂、姚大卫

虞城县林业局：朱利民、周为民、马永清、王树林、张红振、张思刚、高龙、赵华鑫、郑功利、葛卿、张健、王思忠、王志伟、宋新东、郭静、卢加战、潘红强、张庆伟、曹华侨、任飞、李爱文

宁陵县林业局：庞雪娜、梁宗峰、洪建中、董瑞 、刘宁、张宏亮、王锋、黄彩霞、杨佩佩、沙慧敏、魏献花、孟令杰、王亚梅、王建华

夏邑县林业局：关红梅、班俊来、苏培、王天玉、李磊

民权县林业局：杨海亭、陶伟、高红林、郑祥福、周海彬、王保军、王芬芳、吴文博、郭俊华、金超杰、赵威、谢莉莉、吴乃山、谢艳霞、宋秋华、白伟亮、周冰

柘城县林业局：谢威儒、贯志全、翟秀花、胡辉、张冰、王秀玲、李雪勤、李英、宋霞、王凤敏、张月梅、王慧、李志先、施红霞、施美霞、李秋英、徐建英、李慧兰、高淑兰、汤晓丽

永城市林业局：王云生、张建民、杜波、丁成会、刘四凤、李玲、蒋得瑞、石鑫鑫、李玉梅、黄涛

信阳市林业局：熊林春、裴晓军、徐海、杨淮

河南董寨鸟类国家级自然保护区管理局：袁德军、杜志勇

河南商城鲇鱼山省级自然保护区：文卫华、胡焕富、吴军彰、刘云飞

河南商城金刚台自然保护区：易成郁、侯明根、曾林、雷军

河南新县连康山国家级自然保护区管理局：张圣全

信阳四望山自然保护区：井忠建、柳保国

淮滨淮南湿地自然保护区：郭正祥、丁丽、叶宗辉、贺鹏、陈秀、缪四梅、王莹、陈亚萍

河南固始淮河湿地省级自然保护区管理局：张帅、吕净

信阳市浉河区林业局：严加强、朱朝斌、井忠建、柳保国、丁四海、王迎、谢丹丹

信阳市平桥区林业局：赵莲花、夏玉宝、卢红、冯强、刘常明、龚奭、赵春乐、王冠春

新县林业局：华日刚、徐国强、胡荣坤、徐东升、张志强、陈志勇

光山县林业局：王淮、王德琳、汪增超、易善运、曹作峰、张瑞明、黄永尚、周伟、张云、周磊、刘巍

商城县林业局：黄真富、宋仁明、王成国、黄镇、吴军彰、杨贇、扶廷国、严东

潢川县林业局：宋国庆、李鹏宝、李士保、曹建福、张道树、黄守保

息县林业局：黄魁、夏天、孙海军、朱军辉、张永涛、苏莹、冯娟、姚希友、张艳、桂冬

固始县林业局：曾垂强、刘泽伟、张亮、黄永磊、何生永、王严、郭燃、姚杰、汪中红、韩宁静、杨庆丽、李伟、钱庭柱

罗山县林业局：邵远玉、厉娜、王勇军、吴胜虎、罗波、殷丽华、蔡凌云
周口市林业技术推广站：陈宏义
周口市川汇区林业工作站：晋图强、盖民、张川江、程浩杰
淮阳县林业局：时开春、刘毅、晁玉霞、彭爱华、崔海霞、位国栋、路玉祥
扶沟县林业局：张富恩、张建军、陈景立、张化民、刘全民、肖援朝
商水县林业局：邵长宏、冯占芳、张向阳、马延年、张卫国、田国庆
太康县林业局：孙银霞、张立俊、曹先进、张志、郭玉华、刘艳阳、杨春霞
西华县林业局：张巧兰、王宇明、宋建坡、王亚丽、王晓卫、李浩、刘海超、卢规划、轩文涛
沈丘县林业技术推广站：赵耀平、丁晓广、胡庆华、赵东、崔永超、王绍银、李文郎、秦喜才、王孟、海森、张立权
项城市林业局：金天玺、唐永伟、邓鹏、张长征、杨忠伟、杨全喜、李红梅、刘广
郸城县林业局：张德良、杨廷民、关锋
鹿邑县林业局：丁德勇、黄金锋、李春岭、王勇、樊华、高铭、安燕
驻马店市林业局：杨保森、刘国安、禹明甫、苏平、刘翠鸽
驿城区林业局：李波、李大营、李静
西平县林业局：胡俊成、王杰、彭培华、吴晓军、翟建设、王耀臣
汝南县林业局：王晓卡、吕晓、刘文军、赵道伟、万广军、李胜利、王春丹、王丽、李冰、李珅、张宇、张迪、丁中宝、杨恒、朱宏伟、刘洋、张存良、王晨、肖俊峰、李证明、张林、李全红、龚红美、张东升、刘合理、左烨、李宏松、贾文秀、付翔、李爱国、王胜利、杨华玉
上蔡县林业局：朱永发、刘静民、齐彦娜
正阳县林业局：李有学、刘小鸟、梁国民、李玉凤
遂平县林业局：田耀华、刘鹏辉、闫静、谷梅红
确山县林业局：董永娟、贺权利、邓清上、卢翠
新蔡县林业局：李新杰、张乐平、李莉、张喜友
泌阳县林业局：韩本贵、张玉、曹恒宽、彭月明、张金才、韩永启、彭晓飞
平舆县林业局：韩建功、王永亮、范秋灵、戴继辉、单梦之、刘红谜、陈志明
滑县林业局：李玉太、段鑫洋、刘参军、刘新林、杜素飞、都广朝

后　记

湿地资源调查是湿地保护管理的一项十分重要的基础性工作。省林业厅曾于1995~2003年开展了首次全省湿地资源调查，摸清了全省湿地资源基本情况，为科学保护、恢复和合理利用湿地资源，履行《湿地公约》提供了决策依据。随着时间流逝和我省经济的快速发展，湿地面临着前所未有的变化，湿地退化的趋势仍未得到有效遏制，急需全面掌握全省湿地资源现状及动态变化情况，以便及时调整湿地资源保护管理政策和法律法规，使湿地资源保护管理工作尽快走上规范化、科学化和法制化轨道。为此，省林业厅按照国家林业局的安排，于2011年7月至2013年3月，组织1250名专家和技术人员完成了全省湿地资源调查。调查工作取得了丰硕成果，达到了预期目的，并产生了良好的社会影响。主要体现在以下4个方面：

(1)首次将"3S"技术应用于全省湿地资源调查，初步构建了全省湿地资源调查与监测GIS框架，为今后进一步扩建多用途的湿地资源GIS奠定了基础，促进了湿地资源调查与监测工作的技术进步。

(2)基本查清了全省湿地类型、面积、分布和湿地野生动植物资源，对国家重要湿地、湿地自然保护区、湿地公园等重点湿地的保护与利用情况进行了详细调查，建立了湿地资源数据库。

(3)首次对全省湿地的水文、水质和生态状况进行了定量评价，分析了湿地受威胁状况和湿地资源动态变化原因，有针对性地提出了保护管理与开发利用建议。

(4)通过调查，锻炼了队伍，发现了问题和新的目标，扩大了宣传，为进一步深化我省湿地资源保护管理工作奠定了良好基础。

为充分展现第二次全省湿地资源调查成果，为湿地保护管理工作提供技术支持，省林业厅根据国家林业局湿地保护管理中心的相关要求，组织技术人员编写了《中国湿地资源·河南卷》。

该书是一部全面反映河南湿地状况和资源的专著，也是"中国湿地资源"系列丛书的重要组成部分。为顺利完成编写任务，保证图书质量，省林业厅成立了以陈传进厅长为主任的编辑委员会，并要求相关单位提高认识，积极抽调技术人员组成编写组，在经费、时间等方面提供保障。在整理、编辑过程中，既要严格按照国家林业局湿地保护管理中心、中国林业出版社的有关要求，同时又尽可能体现河南地方特色。

编辑委员会根据国家林业局、省林业厅和中国林业出版社的有关要求，结合编写组人员的专业特点进行了分工，制定了目标责任制和工作进度安排表。2014年7月至9月，完成了书稿的编写、初审、再审和修订等工作，提交中国林业出版社；2014年9月至12月，根据中国林业出版社的意见对书稿进一步修改完善。

《中国湿地资源·河南卷》是一部全面反映我省湿地资源状况的专著。全书共分为六章十三节，简要概述了河南自然、人文、社会经济状况，图文并举，详细描述了湿地类型、面积及分布，在分析评价的基础上，充分论述了全省湿地资源动态变化，保护利用管理存在的主要问题及建议。

本卷汇集了全省各流域、湿地区和县市区的各湿地类型数据，附有全省湿地分布图、重点调查湿地分布图，图形与数据属性相互直观显示。详细论述了全省湿地资源动态变化情况、保护利用现状、存在问题，并提出了保护管理建议，填补了我省湿地生态建设领域的空白。该书内容充实，数据准确，语言简明流畅，为各级政府制定科学的湿地保护和管理政策、推进保护与管理项目开展提供科学依据，对从事湿地保护管理、科研教学、规划设计和开发利用等方面的人员具有重要参考价值。

本卷主编王学会、卓卫华。书中各章执笔人员为：前言，王春平；第一章，王春平、索延星、李秀玲；第二章，王华庚、赵丹阳、沈文修；第三章，王春平、张全来、方佳；第四章，张全来、姚现玉、张苗苗；第五章，张全来、姚现玉、张苗苗；第六章，刘铁军、马宪霞、刘晓辉；附录，王春平、张全来；图版，刘铁军、王华庚、马宪霞；后记，王春平、刘铁军。书稿由王春平统一汇总整理，卓卫华、曹冠武、张玉洁、孙银安、方保华、叶永忠、陈晓虹、路纪琪、王文林审核。

本书在撰写过程中，河南省林业调查规划院两任领导给予大力支持，特别是曹冠武、冯慰冬、孙银安、王萌等做了大量组织协调工作；河南省林业厅、河南省环境保护厅、河南省水利厅、河南省农业厅提供大量成果资料；河南农业大学叶永忠教授、郑州大学路纪琪教授、河南师范大学陈晓虹教授等有关专家在各自专业技术方面给予帮助和支持，在此表示衷心感谢。

《中国湿地资源·河南卷》编写组

2015 年 12 月